U0260999

SUJIANGZHU
XINPINZHONG
XUANYU LUNWENJI

苏姜猪
新品种选育论文集
（一）

经荣斌　主编

中国农业出版社
北　京

图书在版编目（CIP）数据

苏姜猪新品种选育论文集．一 / 经荣斌主编．—北京：中国农业出版社，2019.1
ISBN 978-7-109-25627-9

Ⅰ．①苏…　Ⅱ．①经…　Ⅲ．①猪—家畜育种—文集　Ⅳ．①S828.02-53

中国版本图书馆 CIP 数据核字（2019）第 126981 号

——————————————————————

中国农业出版社出版
地址：北京市朝阳区麦子店街 18 号楼
邮编：100125
责任编辑：刘　玮
版式设计：王　晨　　　责任校对：周丽芳
印刷：中农印务有限公司
版次：2019 年 1 月第 1 版
印次：2019 年 1 月北京第 1 次印刷
发行：新华书店北京发行所
开本：787mm×1092mm　1/16
印张：17.25
字数：450 千字
定价：108.00 元
——————————————————————

出 版 说 明

　　本论文集收录文章自 1996 年起，至 2015 年止，共收录 48 篇文章。文中采用人名、地名、研究结果等均为文章发表时名称、结果，可能与现用名称、现研究结果有不一致，请读者朋友注意。

本书编者名单

主　编　经荣斌
副主编　赵旭庭　杨廷桂　周春宝　宋成义　王宵燕
编　者　（按姓氏笔画排序）

丁家桐　王日君　王学峰　王利红　王宵燕　王海飞
卞桂华　孙丽亚　吉文林　李庆岗　朱荣生　朱淑斌
任善茂　宋成义　张　牧　张金存　陈华才　陈章言
何庆玲　赵旭庭　经荣斌　周春宝　杨元清　金　文
郝志敏　赵　芹　胡在朝　贺生中　袁书林　高　波
倪黎纲　夏新山　陶　勇　韩大勇　掌子凯　彭德旺
滕　勇

由江苏畜牧兽医职业技术学院、扬州大学、江苏省畜牧总站、江苏省泰州市农业委员会、原姜堰市种猪场和江苏姜曲海种猪场等单位共同承担培育的苏姜猪新品种，自1996年开始培育，历经16年于2013年通过国家新品种的审定，成为我国一个产仔数多、肉质优良且具有较高瘦肉率，有自主知识产权的新的瘦肉型猪品种。

在苏姜猪培育过程中，研究团队的专家从一个新品种培育的不同层面、环节进行研究，其内容主要包括苏姜猪基础亲本的性能测定，基础群组建杂交方案、选育方案、苏姜猪营养需要、主要生产性能及部分种质特性测定、疾病控制和杂交利用等。此外，研究团队的专家及部分博士、硕士研究生，对苏姜猪分子标记辅助育种进行了探索性研究，内容涉及与猪生长、繁殖和肉质等性状相关的候选基因的多态性及其对性状的影响，积累了较丰富的基础资料。本论文集还提供了在培育猪新品种过程中，在我国率先进行的探索多世代选育应用ESR基因提高猪窝产仔数的研究资料。

在苏姜猪新品种的培育过程中，国家发展和改革委员会、江苏省农业委员会和江苏省科技厅等相关部门对科研基础研究、应用研究、科技成果转化等给予了大力支持，不仅使苏姜猪新品种的培育顺利开展，而且还促进了苏姜猪新品种遗传基础研究、培育技术研究、成果转化和新品种产业化新模式的探索。

本论文集是对苏姜猪新品种培育1996—2015年期间所做研究的总结，列为《苏姜猪新品种选育论文集（一）》，以期与我国养猪学界和养猪企业界的同行专家、技术人员交流。苏姜猪新品种作为一个新培育猪种，一个新的畜牧品种资源，今后其推广利用、产业化的路还很长。我们必须要进行持续选育及创新、研究，期望能再出版《苏姜猪新品种选育论文集（二）、（三）……》，为我国猪育种事业及养猪生产做出更大贡献。

经荣斌

2018 年 8 月 18 日

目 录

第 3 部分　功能基因在苏姜猪中的表达

第 4 部分　苏姜猪的营养研究

第 5 部分　苏姜猪的疾病控制研究

第6部分　苏姜猪的杂交利用研究

第7部分　附　　件

第1部分

苏姜猪选育方案、选育结果及早期性状的研究

苏姜猪新品种培育及展望

经荣斌[1]，吉文林[2]，赵旭庭[2]，周春宝[2]，宋成义[1]，王日君[2]，杨廷桂[2]，
掌子凯[3]，王宵燕[1]，彭德旺[4]，杨元清[5]，韩大勇[6]，倪黎钢[6]
（1. 扬州大学；2. 江苏省畜牧兽医职业技术学院；3. 江苏省畜牧总站；
4. 泰州市农业委员会；5. 姜堰市种猪场；6. 江苏姜曲海猪种猪场）

由江苏省畜牧兽医职业技术学院、扬州大学、江苏省畜牧总站、江苏省泰州市农业委员会、原姜堰市种猪场、江苏姜曲海猪种猪场等单位共同承担培育的苏姜猪新品种，自1996 年开始，历经 16 年，完成 6 个世代的选育，达到了预定的育种目标，于 2013 年通过了国家新品种的审定。

1 新品种的育种方案

1.1 选育目标

育成产仔数多，肉质优良且有较高瘦肉率的瘦肉型新品种猪。

1.1.1 体形外貌 全身被毛黑色，耳中等大小、下垂，嘴筒中等长且直，背腰平，腹线较平，后躯丰满，乳头 7 对以上。

1.1.2 繁殖性能 母猪初产仔数 10.5 头以上，经产仔数达 13.5 头。

1.1.3 肥育及胴体性能 体重 20～90kg 肥育期间平均日增重 550g 以上，料肉比 3.3∶1，90g 体重时屠宰胴体瘦肉率 56％以上。

1.1.4 肉质优良 肌肉 pH_1 6.0 以上，肉色评分 3.0 以上，肌内脂肪 3％以上。

1.1.5 杂交利用 杂交猪体重 20～90kg 肥育期间日增重 650 g 以上，胴体瘦肉率 60％以上，肉质优良。

1.2 选育方案

1.2.1 亲本猪群来源及血统 苏姜猪新品种父本、母本来源较广，且血统丰富。

父本杜洛克公猪共有 22 个血统（美系 16 个、中国台系 6 个）28 头公猪，来源于深圳市、广东省、江西省、湖北省、浙江省和江苏省的 8 个杜洛克种猪场。

母本姜曲海猪来源于江苏省姜堰市种猪场的 12 个血统 22 头母猪；枫泾猪来源于上海市松江县种猪场 2 个血统 2 头公猪。

1.2.2 基础群组建杂交方案（图 1） 为了使育成的苏姜猪新品种具有优良遗传背景，对父本杜洛克猪、母本姜曲海猪和枫泾猪，均在杂交前进行氟烷基因检测，剔除

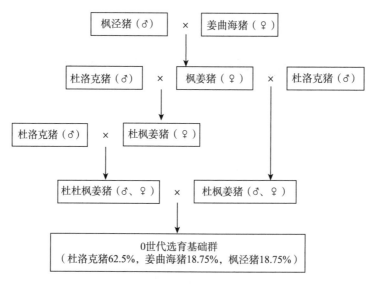

图 1　基础群组建杂交方案

Hal^{n}等位基因个体。通过杂交组建选育基础群时，共含有 15 个家系血统，其中 10 个正交家系，5 个反交家系。

　　基础群的血缘成分杜洛克猪占 62.5%，姜曲海猪和枫泾猪各占 18.75%。

　　1.2.3　选育方案　育种群采用群体继代选育方法，自基础群组建后进入 0 世代，以后连续 5～6 个世代（1～1.5 年一个世代），头胎留种。每一世代种猪的选择分 4 个阶段，即 45 日龄断奶、120 日龄、180 日龄和初产母猪断奶。

　　（1）第一阶段选择

　　Ⅰ. 选择时间：仔猪 45 日龄断奶时。

　　Ⅱ. 选择原则：多留初选，尽可能保留公猪血统。

　　Ⅲ. 选择方法：首先，淘汰出现遗传损征的全窝仔猪（或在其中留少数母猪）和外形失格个体（指毛色、头型、乳头数不符合品种要求）；主要选择窝产仔数，结合仔猪生长发育以窝选为主。每窝仔猪中至少选择 1 头公仔猪，2～3 头母仔猪。

　　Ⅳ. 选留比例：公猪约选 40%（在断奶仔猪中选择）；母猪约选 75%（在断奶仔猪中选择）。

　　（2）第二阶段选择

　　Ⅰ. 选择时间：120 日龄。

　　Ⅱ. 选择原则：酌情淘汰少数公猪个体和较多母猪个体。

　　Ⅲ. 选择方法：个体表型选择，淘汰体型外貌差，45～120 日龄阶段平均日增重低于群体平均数 1.5 个标准差以下者和患病者。体型外貌要求符合瘦肉型：颈、肩部紧凑，背腰长，腿臀丰满。

　　（3）第三阶段选择

　　Ⅰ. 选择时间：180 日龄。

　　Ⅱ. 选择原则：重点选择阶段。在提高选择准确性的目标下，加强选择强度，多淘汰。

Ⅲ. 选择方法：进行外型鉴定（外型鉴定标准见表 1），不合格者不参加指数选择；采用选择指数法。

180 日龄采用指数计算公式：

$$I = 3.22x_1 + 3.88x_2 - 35.84x_3$$

表 1　苏姜猪 6 月龄品种特征、体质、外型评分标准

序号	项目	最高评分	理想个体评分标准
1	品种特征及体质	20	全身被毛黑色，耳中等大小、稍垂向前下方，嘴筒中等长而直。体质结实
2	头颈部	8	头部符合品种特征。颈部肌肉较丰满，与头、肩结合良好
3	前躯部	14	前胸较宽深。肩部较宽、平，与颈、胸结合良好
4	中躯部	26	背腰部较宽、平，肌肉发育好。腹部充实，腹线略平 乳房发育良好，有效乳头 7 对以上，分布均匀，形状正常
5	后躯部	24	臀部较宽、平，大腿肌肉丰满，外生殖器正常
6	四肢	8	四肢姿势正直，系部强有力，蹄形端正
合计		100	

Ⅳ. 选留比例：公猪选择为断奶阶段选留数的 20%～30%；母猪选择为断奶阶段选留数的 30%左右。

（4）第四阶段选择

Ⅰ. 选择时间：母猪初产后断奶时。

Ⅱ. 选择原则：母猪以本身的繁殖成绩选择，公猪以同胞母猪繁殖成绩选择。

Ⅲ. 选择方法：按照母猪繁殖成绩（窝产仔数、断乳窝重等）进行选择，凡生器官有疾患且屡配不孕，后代中出现遗传缺陷者不予进行选择。

1.2.4　选配方法

（1）杜枫姜猪与杜杜枫姜猪选配时为随机交配，同时结合同质选配，以增加群体内基因随机组合频率，多出现优秀个体，经过选择建立基础群。

（2）第 1 世代选配原则是家系内避开全同胞和半同胞的随机交配和适当跨相邻家系间选配；第 2 世代采用家系间随机交配（避开半同胞）；第 3 世代以后则又采用家系内交配，同时注意优秀个体的重复交配。

2　选育结果

2.1　毛色分离与纯合

基于选育目标，选育过程中选留毛色为黑色的个体，淘汰非黑毛色个体，同时采用选种选配来控制非黑毛色个体出现的频率，所得后代中黑毛色个体的比例明显增加。经过选育，苏姜猪非黑毛色个体出现的频率稳定在 2.0%以下。统计育种场第 6 世代 401 窝 4 536 头苏姜猪仔猪，其中全黑毛色个体 4 465 头，占 98.43%；非黑毛色个体 71 头，占 1.57%。

毛色选育结果见表 2。

表 2　苏姜猪各世代毛色选育情况

世代	统计窝数（窝）	仔猪数（头）	黑毛		非黑毛	
			头数	比例（%）	头数	比例（%）
0	186	2 036	1 615	79.32	421	20.68
1	292	3 386	2 796	82.58	590	17.42
2	243	2 548	2 347	92.11	201	7.89
3	350	3 880	3 694	95.21	186	4.79
4	450	5 199	5 030	96.75	169	3.25
5	458	5 271	5 180	98.27	91	1.73
6	401	4 536	4 465	98.43	71	1.57

2.2　繁殖性能

2.2.1　母猪初情期与初配体重　苏姜猪母猪初情期为 159.05±20.06d，发情周期为 20.31±2.05d，初次配种时间根据实际情况而定，通常在 2～3 情期配种，初配体重为 78.29±6.15kg。统计结果见表 3。

表 3　苏姜母猪发情配种情况

初情日龄		初情体重（kg）		发情周期（d）		初配体重（kg）（第 3 次情期体重）	
n	$\bar{x}\pm SD$	n	$\bar{x}\pm SD$	n	$\bar{x}\pm SD$	n	$\bar{x}\pm SD$
130	159.05±20.06	130	57.60±6.79	125	20.31±2.05	125	78.29±6.15

2.2.2　母猪窝产仔数　苏姜猪各世代产仔性状见表 4。苏姜猪各世代的初产母猪平均总产仔数在 10.5 头以上，经产母猪 3～6 胎平均窝总产仔数由 0 世代 13.41 头提高到 6 世代 13.90 头，变异系数由 13.18% 降低到 11.04%（表 4）。统计分析表明：苏姜猪 0～6 世代初产母猪平均总产仔数的群体遗传进展为 0.34，平均每世代的遗传进展为 0.06；经产母猪平均窝总产仔数的群体遗传进展为 0.49，平均每世代的遗传进展为 0.08。

表 4　苏姜猪各世代产仔性状

世代	1 胎			2 胎			3～6 胎		
	n（头）	$\bar{x}\pm SD$（头）	遗传进展（C. V.）	n（头）	$\bar{x}\pm SD$（头）	遗传进展（C. V.）	n（头）	$\bar{x}\pm SD$（头）	遗传进展（C. V.）
0	53	10.58±2.55	24.12	52	11.15±1.56	14.02	76	13.41±1.77	13.18
1	81	10.68±2.40	22.49	61	11.38±2.52	22.19	140	13.57±1.80	13.26
2	80	10.59±2.10	19.81	74	10.88±2.15	19.78	81	13.46±1.96	14.58
3	104	10.88±1.77	16.29	98	11.42±1.82	15.90	143	13.69±1.85	13.53

（续）

世代	1 胎			2 胎			3～6 胎		
	n（头）	$\bar{x}\pm$SD（头）	遗传进展（C. V.）	n（头）	$\bar{x}\pm$SD（头）	遗传进展（C. V.）	n（头）	$\bar{x}\pm$SD（头）	遗传进展（C. V.）
4	109	10.72±1.74	16.27	92	11.20±1.77	15.79	235	13.82±1.85	10.43
5	107	10.86±1.75	16.07	106	11.22±1.59	14.14	264	13.78±1.45	10.51
6	105	10.92±1.70	15.58	103	11.02±1.85	16.81	191	13.90±1.53	11.04

2.3　肥育、胴体和肉质性状

2.3.1　**肥育性状**　苏姜猪各世代肥育性状测定结果见表5。肥育期试验结果表明，苏姜猪平均日增重由 0 世代 657.28g 提高到 6 世代 700g，变异系数由 10.55% 降低到 6.14%；说明苏姜猪平均日增重逐步提高，变异系数逐步降低。

表 5　苏姜猪各世代肥育性状

世代	n	始重（kg）$\bar{x}\pm$SD	末重（kg）$\bar{x}\pm$SD	平均日增重$\bar{x}\pm$SD（g）	变异系数（%）	料肉比
0	10	27.83±2.98	89.97±8.73	657.28±69.36	10.55	(3.28±0.45)：1
1	10	30.58±3.15	89.74±5.17	642.47±78.52	12.22	(3.42±0.37)：1
2	15	29.26±2.72	90.73±6.33	651.63±53.51	8.22	(3.15±0.19)：1
3	20	27.16±3.46	89.45±4.75	673.63±71.69	10.64	(3.21±0.27)：1
4	50	25.88±5.00	92.07±5.89	661.98±31.16	4.71	(3.24±0.14)：1
5	80	27.65±6.84	99.37±9.79	652.03±58.46	8.97	(3.19±0.34)：1
6	72	28.18±3.97	93.33±4.96	700±43.00	6.14	(3.20±0.20)：1

2.3.2　**胴体性状**　胴体性状测定结果见表6。苏姜猪第 6 世代的屠宰率达 72.4%，胴体瘦肉率由 0 世代 55.27% 提高到 6 世代 56.6%，变异系数由 9.48% 降低到 6.18%，平均背膘厚由 0 世代 29.81mm 降低到 6 世代 28.45mm，说明苏姜猪的胴体性状指标逐步提高，变异系数呈降低趋势。

表 6　苏姜猪各世代胴体性状

世代	n	宰前活重（kg）$\bar{x}\pm$SD	屠宰率（%）$\bar{x}\pm$SD	平均背膘厚（mm）$\bar{x}\pm$SD	眼肌面积（cm²）$\bar{x}\pm$SD	胴体瘦肉率（%）$\bar{x}\pm$SD	变异系数
0	6	89.48±6.21	68.56±3.29	29.81±3.43	26.38±5.37	55.27±5.24	9.48
1	8	91.85±4.27	69.12±4.72	28.73±2.61	27.53±4.43	54.78±4.15	7.58
2	8	90.74±5.12	70.86±2.92	24.67±4.24	30.27±3.98	55.49±3.85	6.94
3	10	89.45±4.75	71.77±3.94	27.35±1.63	32.41±2.12	53.92±3.54	6.57

（续）

世代	n	宰前活重 (kg) $\bar{x} \pm SD$	屠宰率 (%) $\bar{x} \pm SD$	平均背膘厚 (mm) $\bar{x} \pm SD$	眼肌面积 (cm²) $\bar{x} \pm SD$	胴体瘦肉率 (%) $\bar{x} \pm SD$	变异系数
4	30	92.05±5.14	72.07±2.95	26.93±5.57	33.06±5.76	55.67±3.62	5.86
5	31	96.71±10.62	73.45±3.78	27.10±5.81	31.93±5.99	56.77±4.11	7.24
6	38	92.10±2.90	72.40±2.90	28.45±2.49	33.94±2.94	56.60±3.50	6.18

2.3.3 肉质性状 苏姜猪肉质性状测定结果见表7。苏姜猪第6世代的 pH_1 值为 6.20，无 PSE 肉和 DFD 肉，肉色评分为 3.10，肌内脂肪含量为 3.20%。另外，对苏姜 猪第6世代背最长肌中脂肪酸组成比例、风味物质及组织学结构等进行研究，结果表明，不饱和脂肪酸占总脂肪酸的比例为 55.58%，肌苷酸含量为 1.68g/kg，肌纤维直径 为 66.90μm。

表 7 苏姜猪各世代肉质性状

世代	样本数 (头)	pH_1 $\bar{x} \pm SD$	肉色评分 (五级评分) $\bar{x} \pm SD$	肌内脂肪含量 (%) $\bar{x} \pm SD$
0	6	6.02±0.17	3.08±0.37	3.32±1.18
1	8	6.16±0.32	3.06±0.32	3.55±1.83
2	8	6.05±0.24	3.00±0.38	3.45±1.44
3	10	6.06±0.21	3.05±0.37	3.33±1.28
4	30	6.01±0.31	3.03±0.35	3.38±1.57
5	31	6.03±0.45	3.08±0.48	3.12±1.21
6	38	6.20±0.46	3.10±0.30	3.20±0.30

2.4 杂交配合力试验

苏姜猪培育的目的是可以直接生产优质黑猪肉，也可以作为母本品种，与国外引进瘦 肉型父本品种进行商品猪杂交生产，因此，在培育过程中，我们多次进行苏姜猪与长白 猪、大约克夏猪的杂交配合力测定（表8），试验结束后随机选取部分个体进行屠宰，测 定其胴体性状。从表8、表9可以看出，苏姜猪与长白猪、大约克夏猪进行杂交均具有较 好的配合力。

表 8 苏姜杂交猪肥育性状测定结果

世代	组合	n	始重 (kg) $\bar{x} \pm SD$	末重 (kg) $\bar{x} \pm SD$	平均日增重 (g) $\bar{x} \pm SD$	料肉比
4	大白×苏姜	36	34.89±1.03	89.41±5.76	686.63±16.68	3.09：1
	长白×苏姜	20	33.92±2.78	90.27±4.14	704.558±114.83	3.15：1

（续）

世代	组合	n	始重（kg）$\bar{x}\pm SD$	末重（kg）$\bar{x}\pm SD$	平均日增重（g）$\bar{x}\pm SD$	料肉比
5	大白×苏姜	25	32.54±2.13	91.26±4.67	718.12±97.84	2.84：1
	长白×苏姜	29	33.87±1.78	89.75±5.07	685.57±106.78	3.02：1
6	大白×苏姜	30	33.29±1.85	91.83±4.16	711.61±89.72	2.92：1
	长白×苏姜	30	34.63±2.11	90.18±4.87	697.13±99.84	2.99：1

表 9　苏姜杂交猪胴体性状测定结果

项目	4 世代		5 世代		6 世代	
	大白×苏姜	长白×苏姜	大白×苏姜	长白×苏姜	大白×苏姜	长白×苏姜
样本数（头）	24	12	10	8	10	10
屠宰率（%）（$\bar{x}\pm SD$）	72.87±3.94	70.49±4.83	72.01±2.47	71.87±3.95	72.85±3.18	72.05±3.83
胴体瘦肉率（%）（$\bar{x}\pm SD$）	61.39±2.37	59.62±4.83	59.62±3.14	60.55±2.37	60.74±2.85	60.17±3.26
胴体斜长（cm）（$\bar{x}\pm SD$）	90.97±1.51	87.82±4.12	89.94±4.32	90.63±3.51	89.25±3.27	88.74±3.13
平均背膘厚（mm）（$\bar{x}\pm SD$）	25.41±1.73	22.87±4.65	21.92±3.19	23.54±4.27	20.33±2.96	22.72±3.17
眼肌面积（cm²）（$\bar{x}\pm SD$）	40.86±1.56	37.92±3.87	39.58±6.45	38.86±3.56	40.41±2.73	39.82±3.13

2.5　ESR 基因在苏姜猪世代选育中的应用研究

在苏姜猪世代选育过程中，我们探讨苏姜猪 ESR 基因的 PvuⅡ酶切位点多态性在世代选育过程中的遗传变异及与猪群产仔数的关系，采用 PCR-RFLP 的方法对 906 头 2～6 世代苏姜猪 ESR 基因 PvuⅡ酶切位点的多态性进行分析，并采用最小二乘法和单因子方差分析该位点多态性与苏姜猪群的产仔数的关联效应，结果表明，ESR 基因在苏姜猪的第 2～6 世代中 B 等位基因频率呈现出不断升高的趋势，BB 基因型个体从第 3 世代开始出现，并且频率呈现出上升的趋势（表 10）。仅考虑公猪基因型，与配母猪总产仔数、产活仔数及死胎数之间无显著差异（表 11），但不同基因型公、母猪交配后母猪产仔数则有显著差异（$P<0.05$）（表 12）。ESR 基因的 PvuⅡ酶切位点的多态性对不同基因型公、母猪交配后母猪的产仔数有显著影响。

表 10　苏姜猪 ESR 基因型及基因频率分布

世代	猪群总数（群）	公猪数（头）	基因型频率			等位基因频率		卡方检验	杂合度	PIC
			AA	AB	BB	A	B			
2	121	39	0.36	0.64	0	0.68	0.32	24.18	0.44	0.34
3	151	47	0.40	0.54	0.06	0.67	0.33	7.06	0.44	0.34

（续）

世代	猪群总数（群）	公猪数（头）	基因型频率			等位基因频率		卡方检验	杂合度	PIC
			AA	AB	BB	A	B			
4	221	73	0.42	0.46	0.12	0.64	0.36	0.15	0.46	0.36
5	194	73	0.52	0.40	0.08	0.72	0.28	0.09	0.40	0.32
6	220	97	0.33	0.45	0.22	0.56	0.44	1.41	0.49	0.37

注：卡方检验，$\chi^2 0.05$（1）＝3.841；$\chi^2 0.01$（1）＝6.63。

表 11　公猪不同 ESR 基因型对母猪产仔数性状的影响

基因型	AA	AB	BB
公猪数量（头）	62	11	6
总产仔数（头）	9.18±2.77	8.69±2.51	11.50±1.76
产活仔数（头）	8.66±2.70	7.99±2.72	10.00±3.52
死仔数（头）	0.52±0.99	0.67±1.61	1.50±3.21

表 12　不同基因型公、母猪配种对产仔数性状的影响

公、母猪基因型（公/母）	数量（头）	总产仔数（头）	产活仔数（头）	死仔数（头）
AA/AA	18	9.11±2.37[ab]	8.39±2.62[a]	0.72±1.13[a]
AA/AB	25	9.28±3.08[ab]	8.68±2.82[a]	0.60±1.08[a]
AB/AA	37	8.68±2.59[a]	8.08±2.48[a]	0.57±1.56[a]
AB/AB	48	8.38±2.50[a]	7.77±2.69[a]	0.56±1.18[a]
AB/BB	5	10.00±2.24[ab]	8.20±2.95[a]	1.80±2.49[a]
BB/AA	3	12.00±2.00[b]	9.33±5.03[a]	2.67±4.62[b]

注：同列不同字母表示差异显著（$P<0.05$），同列相同字母表示差异不显著（$P<0.05$）。

3　展望

（1）今后在相关部门的支持下，进一步增强推广力度，扩大推广范围，提高市场占有率。

（2）开展持续选育，不断提高苏姜猪生产性能，重点提高产仔数，保持优良肉质。同时以苏姜猪为母本，开展配套系选育，提高苏姜猪生命力。

（3）有计划地进行苏姜猪种质特性测定和肉质优、抗病性的分子水平的创新研究。

（4）探索产业化开发新模式。以加工企业和苏姜猪育种场为双核心，联合养殖企业（合作社），形成"育种场＋扩繁场＋养殖企业（合作社）＋深加工企业"的新型产业化经营模式，不断增强与养殖企业的利益联结，共同建设苏姜猪生产基地，发挥市场品牌效应，形成苏姜猪产业品牌优势。

姜曲海猪瘦肉品系的培育
Ⅰ. 基础亲本（母）筛选试验

经荣斌[1]，陈华才[2]，张金存[2]，胡在朝[3]，黄富林[4]

（1. 扬州大学；2. 江苏省姜堰市种猪场；

3. 江苏省农林厅畜牧局；4. 江苏省姜堰市多种经营管理局）

姜曲海猪是江苏省中部地区一个历史悠久、数量众多的优良地方猪种。姜曲海猪体躯较矮小，具有繁殖力高、肉质鲜嫩、骨皮比例较低、早熟易肥等特点，但生长速度慢、胴体瘦肉率低[1~2]。目前，以姜曲海猪为母本的二元杂种肉猪胴体瘦肉率不高，已不适应市场要求；而生产三元杂种肉猪，建立其繁育体系又较复杂，投资较大。因此，为了适应养猪生产和猪肉市场的需要，急需培育姜曲海猪瘦肉品系，在保持姜曲海猪产仔数高、肉质好等优良性状的同时，提高其胴体瘦肉率和生长速度。

按照育种方案，应先进行导入优良地方猪种枫泾猪、里岔黑猪血缘成分的试验。枫泾猪为太湖猪类群之一，具有产仔数多、体型中等的特点[1]；里岔黑猪具有生长快、瘦肉率较高和繁殖力中等特点[3]。导入此两猪种血缘成分的目的，是为了探索枫泾猪、里岔黑猪对改良姜曲海猪繁殖性能、肥育性能和胴体品质的作用，最终确定出姜曲海猪瘦肉品系的杂交基础亲本。

1 材料与方法

1.1 试验猪的选择与分组

以枫姜（枫泾猪×姜曲海猪）母猪、里姜（里岔黑猪×姜曲海猪）母猪为试验组，姜曲海母猪为对照组，对比分析繁殖性能。各组经产母猪头数分别为 114、13 和 78 头。用同一头长白公猪分别与枫姜母猪、里姜母猪和姜曲海母猪配种，产生长枫姜猪、长里姜猪和长姜猪 3 个杂交组合，前两组合为试验组，后一组合为对照组，各组猪均为 12 头，比较 3 个组猪的肥育性能、胴体品质和经济效益。

1.2 试验猪的饲养管理

同一生理阶段的各组猪饲料配方及营养水平相同，见表 1。母猪每日饲喂 2 次，以饲喂配合饲料为主，加喂少量青饲料；哺乳 45d 断奶。生长肥育猪均饲养于同一幢猪舍，每组又分成 3 圈，环境条件相似。预试期按常规防疫、去势。试验分前期（体重 15～40kg）、中期（体重 40～65kg）、后期（体重 65～85kg）3 个阶段。日喂 2 次，饲料定时限量，自由饮水。

表 1 饲料配方及营养水平

项　　目	母猪妊娠前期	母猪妊娠后期	哺乳母猪	肥育猪前期	肥育猪后期
大麦（%）	43	40.5	40	11.0	34.5
玉米（%）	18	18	20	63.0	37.0
米糠（%）	10	10	8	—	—
豆粕（%）	—	4.5	6	17.0	6.0
菜饼（%）	2	—	5	5.0	10.0
麸皮（%）	15	15	13	2.0	11.0
石粉（%）	1.2	1.3	1.4	1.15	1.0
磷酸氢钙（%）	0.3	0.2	0.1	0.55	—
三七糠（%）	10.5	10.5	6.5	0.3	0.5
可消化能（MJ/kg）	11.70	11.75	12.12	12.83	13.33
粗蛋白质（%）	11.35	12.26	14.10	16.02	14.99
钙（%）	0.62	0.63	0.66	0.67	0.60
磷（%）	0.50	0.49	0.47	0.42	0.40

1.3　测定项目和资料整理

（1）分别整理 1994—1997 年上半年母猪群产仔与哺育记录。计算各年度初产 1~2 胎和经产母猪的产仔数、初生活仔数、初生活仔个体重、窝重以及 20 日龄、45 日龄仔猪头数、个体重、窝重，采用 SAS 软件系统进行方差显著性检验。

（2）按 GB3038—1982 方法，测定不同体重阶段的空腹体重、增重、平均日增重、饲料消耗量、饲料转化率、胴体品质和经济效益。胴体瘦肉率因受经济条件限制，仅用腿臀瘦肉率等间接估测，估测公式为 ＝1.203＋0.8637 腿臀瘦肉率＋0.9310 腿臀重－4.3033 腰大肌重－0.6456 板油率－0.1152 胴体重[4]。

2　结果与分析

2.1　产仔数、育成仔猪数和哺育率

由表 2 可见，在初产母猪中，枫姜母猪与里姜母猪、姜姜母猪的产仔数、初生活仔数无显著差异（$P>0.05$），这主要与母猪 1、2 胎繁殖性能不稳定有关；枫姜母猪 20 日龄、45 日龄仔猪数则显著（$P<0.05$）高于里姜母猪，但与姜姜母猪相近。经产枫姜母猪产仔数、初生活仔数和 45 日龄仔猪数，分别比里姜母猪多 1.46、1.45、1.50 头，差异显著（$P<0.05$）；分别比姜姜母猪多 1.37、1.06、0.90 头，差异极显著（$P<0.01$）。经产枫姜母猪 20 日龄仔猪数极显著（$P<0.01$）多于里姜母猪和姜姜母猪。仔猪存活率和断乳哺育率，经产枫姜母猪、姜姜母猪均显著（$P<0.05$）高于里姜母猪，而经产枫姜母猪和姜姜母猪之间则无显著差异。

表 2　不同组合母猪产仔数、育成仔猪数和哺育率

项　　目	初产母猪（1，2胎）			经产母猪		
	枫姜 F×J	里姜 L×J	姜姜 J×J	枫姜 F×J	里姜 L×J	姜姜 J×J
窝数（窝）	97	32	68	114	13	78
初生产仔数（头）	12.48±2.09^a	11.98±1.83^a	12.34±2.62^a	15.54±2.64^a	14.08±2.81^b	14.17±2.29^{Bb}
初生活仔数（头）	12.15±2.11^a	11.72±1.71^a	12.04±2.58^a	14.83±2.30^{Aa}	13.38±2.14^b	13.77±2.23^{Bb}
初生存活率（%）	97.24±0.51^a	98.16±0.77^a	98.04±0.51^a	96.60±1.00^a	94.50±2.00^b	97.70±1.00^a
20日龄仔猪数（头）	11.88±2.17^a	10.80±1.76^b	11.32±2.44^a	14.37±2.01^A	12.69±1.84^B	13.32±2.10^B
45日龄仔猪数（头）	11.79±2.18^a	10.75±1.72^b	11.28±2.43^a	14.19±1.97^{Aa}	12.69±1.84^b	13.29±2.11^{Bb}
45日龄哺育率（%）	96.70±0.67^a	94.84±1.92^b	94.66±1.06^a	96.90±0.50^a	91.80±4.00^b	97.20±1.00^a

注：同一行不同小写字母间差异显著（$P<0.05$），不同大写字母间差异极显著（$P<0.01$），相同字母差异不显著。

2.2　各日龄阶段仔猪个体重和窝重

在表 3 中，虽然初产里姜母猪 1、2 胎后代初生个体重极显著（$P<0.01$）高于枫姜母猪和姜姜母猪的后代，但 20 日龄窝重、45 日龄窝重和个体重与枫姜母猪、姜姜母猪的后代无显著差异。经产里姜母猪的后代初生个体重、20 日龄个体重和 45 日龄个体重，与枫姜母猪的后代无显著差异，表明此两组合母猪的后代在哺乳期间的生长速度相近。而枫姜母猪的后代，因为 20 日龄、45 日龄仔猪数较多，所以此两日龄阶段的仔猪窝重均极显著（$P<0.01$）高于里姜母猪和姜姜母猪的后代，表明枫姜母猪的哺育能力强于另两种母猪。综上所述，枫姜母猪的繁殖性能在 3 个品种（组合）母猪中最佳。

表 3　不同品种（组合）母猪的仔猪各日龄阶段窝重及个体重

项目	初产母猪（1，2胎）			经产母猪		
	枫姜 F×J	里姜 L×J	姜姜 J×J	枫姜 F×J	里姜 L×J	姜姜 J×J
窝数（窝）	93	30	52	114	13	78
初生窝重（kg）	10.66±2.21^a	11.56±2.46^{Aa}	10.18±2.32^{Bb}	13.08±1.76^a	12.16±3.07^{Aa}	11.84±2.22^{Bb}
初生个体重（kg）	0.89±0.14^B	0.99±0.17^A	0.88±0.16^B	0.90±0.14^a	0.90±0.14^a	0.90±0.14^a
20日龄窝重（kg）	34.33±8.30^a	35.88±5.83^a	33.85±6.18^a	43.32±8.61^A	39.09±5.54^B	35.93±7.29^B
20日龄个体重（kg）	3.02±0.74^b	3.38±0.58^a	3.17±0.57^a	3.07±0.53^{Aa}	3.13±0.39^a	2.88±0.60^{Bb}
45日龄窝重（kg）	96.82±23.29^a	88.68±21.55^a	94.62±19.58^a	117.53±25.58^A	94.46±15.39^B	107.84±20.85^B
45日龄个体重（kg）	8.46±1.89^a	8.09±1.92^a	8.82±1.52^a	8.43±1.68^{ab}	7.58±1.23^a	8.56±1.63^b

注：同一行不同小写字母间差异显著（$P<0.05$），不同大写字母间差异极显著（$P<0.01$），相同字母差异不显著。

2.3　增重和饲料转化率

试验全期以长姜猪肥育性能较好（表 4），平均日增重极显著（$P<0.01$）高于长里姜猪；而长枫姜猪次之，与长里姜猪则无显著差异。各杂种猪在不同时期表现出不同的增重特点，长姜猪前、中期增重较快，后期增重较慢，这说明受姜曲海猪早熟特性的遗传影响较强。长里姜猪表现为中、后期增重较快，而前期增重较慢，说明受里岔黑猪晚熟特性的遗传影响较强。

表 4　各杂交组合不同体重阶段增重及饲料转化率比较

体重阶段（kg）	杂交组合	头数（头）	天数（d）	始重（kg）	末重（kg）	平均日增重（g）	饲料转化率（%）
15~40	长枫姜 L×F×J	12	56	14.84±0.57ª	40.42±2.94	456.70±51.20b	2.63
	长里姜 L×Li×J	12	56	14.88±0.69ª	39.13±2.83	432.90±43.90b	2.78
	长姜 L×J	12	56	14.74±0.85ª	41.98±2.86	486.40±47.50ª	2.60
40~65	长枫姜 L×F×J	12	47	40.42±2.94	67.20±8.47	569.78±138.41ª	3.49
	长里姜 L×Li×J	12	45	39.13±2.83	65.25±4.43	580.44±53.78ª	3.57
	长姜 L×J	12	38	41.98±2.86	67.42±4.70	669.47±118.75b	3.64
65~85	长枫姜 L×F×J	12	38	67.20±8.47	88.54±8.20	561.40±69.70B	3.32
	长里姜 L×Li×J	12	38	65.25±4.43	83.00±6.10	467.11±112.56A	3.99
	长姜 L×J	12	38	67.42±4.71	86.08±3.87	491.58±99.63A	3.80
全期	长枫姜 L×F×J	12	141	14.84±0.57	88.54±8.20	522.69±59.70bc	3.14
	长里姜 L×Li×J	12	139	14.88±0.69	83.00±6.10	490.05±43.69Bb	3.40
	长姜 L×J	12	132	14.74±0.85	86.08±3.87	540.45±33.34Cc	3.29

注：同一行不同小写字母间差异显著（$P<0.05$），不同大写字母间差异极显著（$P<0.01$），相同字母差异不显著。

2.4　胴体品质

在宰前活重相近的条件下，长里姜猪平均膘厚及腿臀脂肪、花板油的比例最低，比长姜猪分别低 0.30cm 及 1.63、2.11 个百分点；腿臀比例和胴体瘦肉率最高，分别高出 3.85 和 5.44 个百分点，显示长里姜猪有较好的产肉性能。长枫姜猪腿臀脂肪和花板油的比例，比长姜猪低 0.84 和 0.51 个百分点，平均膘厚则相近；而腿臀比例和胴体瘦肉率分别高出 3.16 和 3.29 个百分点，显示其产肉性能仅次于长里姜猪，而高于长姜猪。

表 5　各杂交组合猪胴体品质比较

杂交组合	头数（头）	宰前活重（kg）	屠宰率（%）	平均膘厚（cm）	花板油比例（%）	腿臀脂肪比例（%）	腿臀比例（%）	胴体瘦肉率（%）	腿臀骨皮比例（%）
长枫姜 L×F×J	3	87.50	72.00	3.03	9.83	18.49	28.89	53.61	10.97
长里姜 L×Li×J	3	85.30	73.97	2.75	8.23	17.70	29.58	55.76	10.11
长姜 L×J	3	87.0	73.30	3.05	10.34	19.33	25.73	50.32	12.43

2.5　经济效益比较

当各杂种猪体重达 85.0kg 左右时结束试验，因长枫姜猪增重和饲料转化率均较好，故活猪出售经济效益较高，每头活猪约比长姜猪提高 25.58%；而长里姜猪日增重、饲料转化率均低于长姜猪，经济效益约比长姜猪低 20.11%（表 6）。

表 6　各杂交组合猪活猪平均每头经济效益比较*

杂交组合	头数（头）	仔猪成本（元）	耗料（kg）	耗料支出（元）	增重（kg）	增重收入（元）	净收入（元）	比较	
								实值（元）	％
长枫姜 L×F×J	12	81.62	231.42	386.88	73.70	589.60	202.72	＋24.67	＋25.58
长里姜 L×Li×J	12	81.84	231.66	386.08	68.12	544.96	158.88	－19.39	－20.11
长姜 L×J	12	81.07	234.44	392.58	71.26	570.08	177.50	NA	NA

注：* 前、中期饲粮 1.78 元/kg，后期饲粮 1.40 元/kg，活猪售价 8.0 元/kg。NA 表示无数据。

3　结论与讨论

枫姜母猪、里姜母猪和姜姜母猪繁殖性能对比试验表明，经产枫姜母猪产仔数、初生活仔数、20 日龄、45 日龄仔猪数明显高于经产里姜母猪和姜姜母猪，而经产枫姜母猪、里姜母猪的后代在断奶前的生长发育无明显差异。

在相同饲养管理条件下，肉猪肥育性能以长姜猪最好，其次为长枫姜猪和长里姜猪。各杂种肉猪在不同体重阶段增长出现不同的特点，这与其杂交亲本的经济成熟早迟有关，经济较早熟的亲本，在其杂种猪中所占血缘成分多或遗传影响强，则杂种猪一般表现在前期或中期阶段增长较快；反之，经济较晚熟的亲本，在其杂种猪中所占血缘成分高或遗传影响强，则杂种猪一般表现中期或后期增长较快，前期增长较慢。

在体重相近时，长里姜猪胴体产瘦肉最多，产脂肪最少，胴体品质较好；其次为长枫姜猪；长姜猪则胴体品质较差。肉猪从体重 15kg 饲养到体重 85kg 左右出售，经济效益以长枫姜猪最佳，其次为长姜猪，而长里姜猪较差。

根据枫姜母猪、里姜母猪和姜姜母猪的繁殖性能及其后代长枫姜猪、长里姜猪和长姜猪的肥育性能、胴体品质、活猪出售经济效益等试验结果，最终确定了在姜曲海猪基础上，吸收枫泾猪血缘成分形成枫姜猪，作为培育姜曲海猪瘦肉品系的基础母本，比在姜曲海猪基础上吸收里岔黑猪血缘成分效果好。因此，本试验为姜曲海猪瘦肉品系基础母本的确定提供了科学依据。

致谢　范新民、张劲松、黄平、张勇、周春宝同志参加了部分工作，谨此致谢。

参考文献

[1] 中国猪品种志编写组 . 中国猪品种志 [M]. 上海：上海科学技术出版社，1986.
[2] 张照 . 中国姜曲海猪 [M]. 南京：江苏科学技术出版社，1995.
[3] 史东阳，陈汝新 . 里岔黑猪种质特性的研究 [J]. 养猪，1993（1）：25-28.
[4] 陈润生 . 猪生产学 [M]. 北京：中国农业出版社，1995.

姜曲海猪瘦肉品系的亲本选择
Ⅱ．基础亲本（母）肥育性能和胴体性状的观察

张金存[1]，陈华才[1]，经荣斌[2]，胡在朝[3]，黄富林[4]，吴立军[5]

（1. 姜堰市种猪场；2. 扬州大学；3. 江苏省农林厅畜牧局；

4. 姜堰市多种经营管理局；5. 扬州市畜牧兽医站）

为了改变苏中地区地方猪种姜曲海猪胴体瘦肉率低的缺点，保持其产仔数多、肉质好等优良性状[1]，引进里岔、枫泾、二花脸猪的血统进行杂交。里岔猪具有生长速度较快、胴体瘦肉率较高的特点[2]，而枫泾猪和二花脸猪比姜曲海猪产仔数略多[3]。通过本试验探索里岔猪、枫泾猪和二花脸猪对改良姜曲海猪肥育性能和胴体品质的作用，以明确引入何猪种血统与姜曲海猪结合形成瘦肉品系的基础母本。

1 材料与方法

1.1 供试猪的选择和分组

从国营姜堰市种猪场的 4 个杂交组合（长二姜、长枫姜、长里姜、长姜）中选择体重相近的 60 日龄断乳仔猪 48 头参加试验，分成 4 组，每组 12 头。长二姜猪、长枫姜猪、长里姜猪为试验组，长姜猪为对照组。

1.2 试验猪饲养管理

试验从 1996 年 3 月 31 日开始至 8 月 28 日结束，各组分批进入同一幢猪舍，平均每组分 3 个圈饲养，环境条件相似。预试期按常规防疫、去势。试验分前期（体重 15～40kg）、中期（体重 40～65kg）、后期（体重 65～85kg）三个时期，分别饲喂两种营养水平饲粮，体重 65kg 前饲喂Ⅰ号饲粮，65kg 以后饲喂Ⅱ号饲粮（表 1），日喂 2 次，定时、定量，自由饮水。

表 1 饲粮配方及营养水平

| 编号 | 饲料组成 | | | | | | | | 营养水平 | | | | |
	玉米(%)	大麦(%)	豆饼(%)	菜饼(%)	麸皮(%)	石粉(%)	磷酸氢钙(%)	盐(%)	消化能(MJ/kg)	粗蛋白(%)	赖氨酸(%)	钙(%)	磷(%)
Ⅰ	63.00	11.00	17.00	5.00	2.00	1.15	0.55	0.30	12.87	16.02	0.76	0.67	0.42
Ⅱ	37.00	34.50	6.00	10.00	11.00	1.00	—	0.50	13.35	14.99	0.56	0.60	0.40

1.3　测定项目

测定各组不同体重阶段的空腹体重、增重、平均日增重、饲料消耗量、饲料转化率，各组体重 87kg 时胴体品质以及经济效益。

1.4　测定方法

增重、饲料消耗、胴体品质中屠宰率、平均膘厚、花板油比例、后腿比例均按常规方法测定。胴体骨、肉、皮、脂分离，因限于经济上考虑，仅用后腿骨、肉、皮、脂分离间接反映不同杂交组合猪的情况，并通过估测公式（$-y=1.2034+0.8637$ 后躯瘦肉率 $+0.9310$ 后躯重 -4.3033 腰大肌重 -0.6456 板油率 -0.1152 胴体重）[4]，计算胴体瘦肉率。

2　结果及分析

2.1　增重和饲料转化率

各杂种猪不同时期的增重及饲料转化率见表 2。试验全期以长姜猪肥育性能较好，长枫姜猪、长里姜猪和长二姜猪肥育性能较差，平均日增重长姜猪极显著（$P<0.01$）高于长里姜猪，显著（$P<0.05$）高于长二姜猪；而长二姜猪、长枫姜猪和长里姜猪三者则无显著差异（$P>0.05$）。各杂种猪在不同时期表现出不同的增长特点，长姜猪前、中期增重较快，后期增重较慢，这说明是受姜曲海猪经济早熟的遗传影响较强。长里姜猪表现中、后期增重较快，而前期增重较慢，说明受里岔猪晚熟特性的遗传影响较强。

表 2　增重和饲料转化率比较

体重阶段（kg）	杂交组合	天数（d）	始重（kg）	末重（kg）	平均日增重（g）	饲料转化率（%）
15~40	长二姜	56	14.49±0.75A	37.25±3.79	406.40±68.20Aa	2.83
	长枫姜	56	14.84±0.57A	40.42±2.94	456.70±51.20c	2.63
	长里姜	56	14.88±0.69A	39.13±2.83	432.90±43.90c	2.78
	长姜	56	14.74±0.85A	41.98±2.86	486.40±47.50Bb	2.60
40~65	长二姜	51	37.25±3.79	68.66±9.68	616.00±146.84ab	3.31
	长枫姜	47	40.42±2.94	67.20±8.47	569.78±138.41a	3.49
	长里姜	45	39.13±2.83	65.25±4.43	580.44±53.78a	3.57
	长姜	38	41.98±2.86	67.42±4.70	669.47±118.75bc	3.64
65~85	长二姜	38	68.66±9.68	85.71±8.90	448.42±121.17A	4.47
	长枫姜	38	67.20±8.47	88.54±8.20	561.40±69.70B	3.32
	长里姜	38	65.25±4.43	83.00±6.10	467.11±112.56A	3.99
	长姜	38	67.42±4.71	86.08±3.87	491.58±99.63A	3.80
全期	长二姜	145	14.49±0.75	85.71±8.90	491.15±61.49b	3.36
	长枫姜	141	14.84±0.57	88.54±8.20	522.69±59.70bc	3.14
	长里姜	139	14.88±0.69	83.00±6.10	490.05±43.69Bb	3.40
	长姜	132	14.47±0.85	86.08±3.87	540.45±33.34Cc	3.29

注：大写字母不同者表示差异极显著（$P<0.01$），小写字母不同者表示差异显著（$P<0.05$），字母相同者差异不显著。

2.2 胴体品质比较

在宰前活重相近的条件下，三种杂种猪分别与长姜猪比较胴体肉质。从表3可见，长里姜猪平均膘厚、后腿脂肪比例和花板油比例最低，比长姜猪分别低0.3cm、1.63个百分点和2.11个百分点；后腿比例和胴体瘦肉率最高，分别高出3.85和5.44个百分点，显示长里姜猪有较好的产肉性能。长枫姜猪与长姜猪相比，后腿脂肪比例和花板油比例分别低0.84和0.51个百分点，平均膘厚相近；后腿比例和胴体瘦肉率，分别高出3.16和3.29百分点，表现其产肉性能仅次于长里姜猪。长二姜猪平均膘厚、花板油比例和后腿脂肪比例均比长姜猪高，分别高出0.95cm、0.31个百分点和6.27个百分点；后腿比例和胴体瘦肉率略高于长姜猪，说明其产脂能力较强，产肉性能较差，因而胴体品质不佳。

表3 胴体品质比较

杂交组合	头数（头）	宰前活重（kg）	屠宰率（%）	平均膘厚（cm）	花板油比例（%）	后腿脂肪比例（%）	后腿比例（%）	胴体瘦肉率（%）	后腿骨皮分离（%）
长二姜	3	87.00	73.30	4.00	10.65	25.60	27.75	50.70	8.77
长枫姜	3	87.50	72.00	3.03	9.83	18.49	28.89	53.61	10.97
长里姜	3	85.30	73.97	2.75	8.23	17.70	29.58	55.76	10.11
长姜	3	87.00	73.30	3.05	10.34	19.33	25.73	50.32	12.43

2.3 经济效益比较

2.3.1 活猪经济效益比较 当各杂种猪体重达85.0kg左右时结束试验，比较经济效益（表4）。表4说明，因长枫姜猪增重和饲料转化率均较好，故活猪出售经济效益较好，每头活猪约比长姜猪提高14.20%，而长里姜猪和长二姜猪日增重、饲料转化率均低于长姜猪，经济效益约比长姜猪分别低10.49%和9.66%。

表4 不同杂种猪活猪经济效益比较

杂交组合	头数（头）	每头耗料（kg）	每头耗料支出（元）	每头增重（kg）	每头增重收入（元）	每头净收入（元）
长二姜	12	239.26	409.33	71.21	569.68	160.35
长枫姜	12	231.42	386.88	73.70	589.60	202.72
长里姜	12	231.66	386.08	68.12	544.96	158.88
长姜	12	234.44	392.58	71.26	570.08	177.50

注：前、中期饲粮1.78元/kg，后期1.44元/kg，活猪售价8.0元/kg。

2.3.2 胴体的经济效益比较 由表5看出，若将体重相近的肉猪屠宰，仅计算胴体瘦肉的收入，长里姜猪因胴体瘦肉产量最多，瘦肉收入最高，平均每头分别比长姜猪、长枫姜猪和长二姜猪多收入64.89元、29.61元和59.85元，分别提高9.63%、4.18%和8.82%；长枫姜猪瘦肉收入次之，长二姜猪和长姜猪瘦肉收入最少。由表3分析可推测，若测出胴体脂肪总产量并计算其收入，长里姜猪胴体的经济效益将更高于其他3个杂种猪，长枫姜猪仍处于第2位，长二姜猪和长姜猪胴体经济效益仍较低。

表5　不同杂交组合胴体瘦肉的经济效益

杂交组合	头数（头）	胴体重（kg/头）	胴体瘦肉量（kg/头）	胴体瘦肉收入（元/头）
长二姜	3	63.77	32.33	678.93
长枫姜	3	63.00	33.77	709.17
长里姜	3	63.10	35.18	738.78
长姜	3	63.77	32.09	673.89

注：瘦肉售价21.0元/kg。

3　结论和讨论

在相同饲养管理条件下，肉猪肥育性能以长姜猪最好，其次为长枫姜猪、长里姜猪和长二姜猪。各杂种猪在不同体重阶段增长出现不同的特点，这与其杂交亲本的经济成熟的早迟有关，经济较早熟的亲本在杂种猪中所占血统成分高，或遗传影响强，则杂种猪一般表现在前期或中期阶段增长较快；反之，经济较晚熟的亲本在杂种猪中所占血统成分高或遗传影响强，则杂种猪一般表现后期阶段增长较快。

在体重相近时，长里姜猪胴体产瘦肉最多、产脂肪最少，胴体品质最好；其次为长枫姜猪；长姜猪和长二姜猪最差。

肉猪从体重15kg饲养到体重85kg左右出售，经济效益以长枫姜最佳；其次为长姜猪；而长里姜猪和长二姜猪较差。在体重87.0kg左右时屠宰，则胴体的经济效益以长里姜猪最佳；其次为长枫姜猪；长二姜猪和长姜猪较差。鉴于最终拟培育成姜曲海猪瘦肉品系，通过本试验，基本可以明确吸收二花脸猪血统，以形成二姜杂种猪为基础母本是不可取的。但是，是吸收枫泾猪还是吸收里岔猪血统，以形成枫姜猪、里姜猪作为基础母本，还需要结合繁殖性能及其经济效益以及其他因素，进行综合分析才能确定。

参考文献

[1] 张照. 中国姜曲海猪 [M]. 南京：江苏科学技术出版社，1995.
[2] 史东阳，陈汝新. 里岔黑猪种质特性的研究 [J]. 养猪，1993（1）：25-28.
[3] 张照. 中国太湖猪 [M]. 杭州：浙江科学技术出版社，1991.
[4] 陈润生. 猪生产学 [M]. 北京：中国农业出版社，1995.

姜曲海猪瘦肉型品系基础亲本的肥育性能 胴体品质和血液生化指标比较

陈华才[1]，经荣斌[2]，张金存[1]，黄富林[3]，胡在朝[4]

（1. 姜堰市种猪场；2. 扬州大学；3. 姜堰市多种经营管理局；

4. 江苏省农林厅畜牧局）

引用国外优良的瘦肉型品种猪和太湖猪与姜曲海猪[1]杂交，培育姜曲海猪瘦肉型品系，是江苏省发展商品瘦肉型猪生产，满足城乡人民生活水平提高后日益增加的瘦肉需求的重要任务。在姜曲海猪瘦肉型品系培育的阶段性工作中，利用太湖猪（枫泾猪）、杜洛克猪与姜曲海猪杂交，形成新品系的基础亲本杜枫姜猪。为了探明枫姜猪、杜姜猪、杜枫姜猪（姜曲海猪瘦肉型新品系的基础亲本）的肥育性能、胴体品质和血液生化指标，为选育新品系提供科学依据，进行了本次试验。

1 材料与方法

1.1 试验猪

在姜堰市种猪场，选择生长发育正常的姜曲海猪、枫姜猪、杜姜猪和杜枫姜猪共 27 头，按组合成 4 组。各组试验猪为 90 日龄，饲养于同一幢猪舍相邻 4 间猪圈。限量饲喂，日喂 3 次。

1.2 日粮配方和营养水平

各组日粮配方和营养水平参考我国瘦肉型生长肥育猪饲养标准（GB471—1987）[2]制定（表1）。

表 1 日粮配方及营养水平

日粮及养分	90～150 日龄	150～210 日龄
日粮组成		
玉米（%）	44	44
大麦（%）	20	24
麸皮（%）	17	19
菜饼（%）	5	7
豆饼（%）	9	4
进口鱼粉（%）	3	
石粉（%）	1.7	1.7
食盐（%）	0.3	0.3

（续）

日粮及养分	90～150 日龄	150～210 日龄
营养水平		
消化能（MJ/kg）	13.07	12.74
粗蛋白（%）	16.92	14.14
赖氨酸（%）	0.78	0.65
粗纤维（%）	3.75	4.02
钙（%）	0.87	0.74
磷（%）	0.55	0.48

1.3　屠宰测定

试验猪从 90 日龄饲养至 210 日龄，各组合均抽取 5 头猪进行屠宰测定。按国家标准 GB3038—1982 测定试验猪肥育性能、胴体性状，并测定部分血液生化指标。

1.4　资料统计分析方法

在 SPSS 数据管理系统建立原始数据库，应用 SAS 统计分析软件进行方差分析、相关关系计算，用 LSD 法进行多重比较。

2　试验结果

2.1　肥育性能

在 4 个组合中，平均日增重以杜姜猪最高，其次依次为杜枫姜猪、枫姜猪、姜曲海猪。饲料转化率则以杜枫姜猪为最佳，杜姜猪次之，枫姜猪和姜曲海猪较差（表 2）。

表 2　增重和饲料转化率

组　　别	杜枫姜猪	杜姜猪	枫姜猪	姜曲海猪
数量（头）	8	8	5	6
始重（kg）	24.19±2.26	29.31±2.54	18.25±2.38	19.04±2.79
末重（kg）	85.13±3.17	85.68±6.78	68.31±4.32	65.25±2.93
饲料天数（d）	117	117	123	117
平均日增重（g）	521.00±97.93	587.00±54.56	407.00±26.69	394.33±32.89
料肉比	3.36∶1	3.37∶1	3.66∶1	3.76∶1

2.2　屠宰测定及胴体品质

屠宰测定结果（表 3）显示，杜枫姜猪、杜姜猪、枫姜猪屠宰率均达到 70% 以上，明显高于姜曲海猪，差异极显著。后腿比例，杜枫姜猪、杜姜猪也明显高于枫姜猪、姜曲海猪，差异极显著。板油比例，姜曲海猪极显著高于其他 3 个组合。但平均背膘厚度，4 个组合间差异不显著。

表3　屠体品质

组　　别	杜枫姜猪	杜姜猪	枫姜猪	姜曲海猪
数量（头）	5	5	5	5
屠宰率（%）	73.64±1.43^B	71.60±4.55^{BC}	77.67±2.44^A	68.04±1.49^C
胴体直长（cm）	87.62±5.98^A	89.12±1.53^A	79.46±5.95^B	78.12±2.32^B
平均背膘厚（cm）	3.03±0.35	3.14±0.32	3.03±0.34	3.15±0.32
板油比例（%）	3.91±1.03^B	3.88±0.58^B	4.56±0.51^A	7.10±1.34^A
后腿重（kg）	7.25±0.87^A	7.31±0.77^A	5.58±0.63^B	4.35±0.26^C
后腿比例（%）	26.17±0.85^A	26.40±1.49^A	23.08±0.97^B	23.09±1.12^B

注：表内横行数字角标相同者差异不显著，不同小写字母者差异显著，不同大写字母差异极显著。

　　胴体组成中（表4），杜枫姜猪和杜姜猪的瘦肉比例明显高于其他2个组合，差异极显著，而杜枫姜猪又极显著地高于杜姜猪，这为确定杜枫姜猪作为姜曲海猪瘦肉型品系的主要基础亲本提供了科学依据。皮肤的比例，姜曲海猪显著高于杜枫姜猪、杜姜猪，而与枫姜猪无显著差异。脂肪的比例，杜枫姜猪、杜姜猪虽呈下降趋势，但与枫姜猪、姜曲海猪间无显著差异。骨骼比例，4组合间差异均不显著。

表4　胴体组成（%）

项　　目	杜枫姜猪	杜姜猪	枫姜猪	姜曲海猪
骨骼	11.77±0.86	11.53±1.51	10.93±0.97	11.95±0.71
皮肤	12.54±2.18^{bc}	12.27±2.20^c	14.68±0.56^{ab}	15.45±0.75^a
瘦肉	50.53±2.49^A	47.22±1.57^B	42.86±2.46^C	43.41±1.54
脂肪	25.17±4.36	28.98±3.99	31.53±3.05	29.19±1.36

注：表内横行数字角标相同者差异不显著，不同小写字母者差异显著，不同大写字母者差异极显著。

2.3　血液生化指标

　　血液生化指标中，甘油三酯、总胆固醇、脲氮和GPT，4组合间均无显著差异。仅枫姜猪血液中的GOT显著低于杜枫姜猪、杜姜猪、姜曲海猪，而杜枫姜猪、杜姜猪、姜曲海猪3组合间则无差异（表5）。

表5　血液生化指标

项　　目	杜枫姜猪	杜姜猪	枫姜猪	姜曲海猪
甘油三酯（mg/dL）	52.26±25.18	47.47±15.18	46.71±23.19	67.67±14.85
总胆固醇（mmol/L）	2.10±1.10	2.56±0.76	2.49±0.20	2.50±0.24
脲氮（mmol/L）	4.39±1.68	4.01±1.30	4.28±0.67	4.94±2.93
GPT（卡门氏单位）	38.40±16.38	35.00±15.17	26.10±8.49	36.75±5.55
GOT（酶活力单位）	105.26±9.84^a	103.36±47.53^a	57.30±11.62^b	105.93±33.42^a

注：GPT 谷丙转氨酶；GOT 谷草转氨酶。

2.4　血液生化指标与日增重、胴体性状的相关关系

从表6中血液生化指标与日增重、胴体性状的相关关系分析结果可见，甘油三酯、总胆固醇、脲氮与胴体脂肪比例呈现一定程度的正相关关系，而GPT、GOT与胴体瘦肉率比例呈现一定的正相关关系，而与胴体脂肪比例基本上不存在相关关系。GPT、GOT与日增重存在一定程度的正相关关系。

表6　血液生化指标

项　　目	杜枫姜猪	杜姜猪	枫姜猪	姜曲海猪
甘油三酯（mg/dL）	52.26±25.18	47.47±15.18	46.71±23.19	67.67±14.85
总胆固醇（mmol/L）	2.10±1.10	2.56±0.76	2.49±0.20	2.50±0.24
脲氮（mmol/L）	4.39±1.68	4.01±1.30	4.28±0.67	4.94±2.93
GPT（酶活力单位）	18.50±7.90	16.87±7.31	12.58±4.09	17.71±2.68
GOT（酶活力单位）	105.26±9.84	103.36±47.53	57.30±11.62	105.93±33.42

注：GPT 谷丙转氨酶；GOT 谷草转氨酶。

3　讨论

杜枫姜猪是培育姜曲海猪瘦肉品系，组成育种基础群的主要基础亲本猪。杜枫姜猪的平均日增重虽比枫姜猪多114g，比姜曲海猪约多127.0g，但由于杜枫姜猪个体间日增重差异较大，因此经方差分析，并未表现出与枫姜猪、姜曲海猪之间的显著差异。杜枫姜猪个体间日增重存在的较大差异，为育种群的选择提供了有利条件。

猪胴体中的脂肪主要由皮下脂肪和板油组成[3]，而以皮下脂肪所占比重较大。由于杜枫姜猪、杜姜猪、枫姜猪和姜曲海猪平均背膘厚无显著差异，虽然杜枫姜猪、杜姜猪板油比例显著低于枫姜猪和姜曲海猪，但是4个组合猪胴体中脂肪比例无显著差异。

4个组合猪血液中甘油三酯、总胆固醇含量与胴体脂肪比例呈一定程度正相关，这与毛国祥（1999）研究隆昌鹅、太湖鹅血液总胆固醇含量与各周龄体重呈一定程度正相关的结果一致。本次试验中，血液GPT、GOT活性与210日龄时胴体瘦肉率呈一定程度正相关，这与杨凤萍（1999）研究兔时GOT活性与8个兔种的屠体净肉率呈一定程度正相关一致。杜枫姜猪、杜姜猪、枫姜猪和姜曲海猪血液GPT和GOT研究结果亦相一致。但是，由于此次研究中样本数较少，因此，猪血液总胆固醇含量、GPT、GOT活性能否作为降低猪胴体脂肪率和总胆固醇含量以及提高日增重的辅助选择标记[4~6]，还需进一步研究。

参考文献

[1] 张照. 中国姜曲海猪 [M]. 南京：江苏科技出版社，1995.

[2] 徐孝义. 瘦肉型猪饲养标准 [M]. 北京：中国标准化出版社，1988.

[3] 许振英. 中国地方猪种质特性 [M]. 杭州：浙江科技出版社，1989.

[4] 杨公社. 猪血清酶活性与产肉性能关系的研究 [J]. 西北农业大学学报，1991（1）：61-64.

[5] 张力，等. 瘦肉型生长肥育猪某些血液化学性状与增重关系 [J]. 福建农学院学报，1993（3）：341-343.

[6] 朱年华，等. 生长猪血液生化指标与生产性能及肉质关系 [J]. 江西畜牧兽医杂志，1997（1）：13-17.

姜曲海猪瘦肉型品系基础亲本若干经济性状比较

经荣斌[1]，张金存[2]，陈华才[2]，黄富林[3]，杨元清[2]，

胡在朝[4]，霍永久[1]，宋成义[1]

（1. 扬州大学畜牧兽医学院动物科学系；2. 江苏省姜堰市种猪场；

3. 江苏省姜堰市多种经营管理局；4. 江苏省农林厅畜牧局）

引用国外优良瘦肉型品种猪和江苏省优良地方品种猪杂交，培育瘦肉型品系，是江苏省发展商品瘦肉型猪生产、满足市场需求的迫切要求。在姜曲海猪瘦肉型品系培育的阶段性工作中，利用杜洛克猪、太湖猪与姜曲海猪杂交，形成瘦肉型品系的基础亲本杜枫姜猪（杜洛克猪×枫泾猪×姜曲海猪，D×FJ）。本试验测定了杜枫姜猪以及姜曲海猪的其他杂交组合杜姜猪（杜洛克猪×姜曲海猪，D×J）、枫姜猪（枫泾猪与姜曲海，F×J）和姜曲海猪（J×J）的肥育性能、胴体品质、血液生化指标和肌肉组织学等性状，为新品系选育提供科学依据。

1 材料与方法

1.1 试验猪选择与饲养

在姜堰市种猪场选择生长发育正常的杜枫姜猪、杜姜猪、枫姜猪和姜曲海猪27头，按组合分成4组。饲养分90～150、151～210日龄两个阶段，限量饲喂，日喂2次，自由饮水。

1.2 日粮配方与营养水平

参考我国瘦肉型生长肥育猪饲养标准（GB 8471—1987）制订试验猪日粮配方，各组日粮营养水平相同。90～150日龄猪日粮组成（％）为：玉米44，大麦20，麸皮17，菜饼5，豆粕9，鱼粉（进口）3，石粉1.7，盐0.3；其营养水平为：消化能13.07MJ/kg，粗蛋白16.92％，赖氨酸0.78％，粗纤维3.75％，钙0.87％，磷0.55％。151～210日龄猪日粮组成（％）为：玉米44，大麦24，麸皮19，菜饼7，豆粕4，石粉1.7，盐0.3；其营养水平为：消化能12.74MJ/kg，粗蛋白14.14％，赖氨酸0.65％，粗纤维4.02％，钙0.74％，磷0.48％。

1.3 测定项目

1.3.1 试验猪肥育及胴体性状测定 从90日龄饲养至210日龄，各组均抽取5头猪

进行屠宰，按国家 GB3038—82 标准测定。

　　1.3.2　血液生化指标测定　血清甘油三酯：GPO - POD 法；总胆固醇：CHOD - PAP 法；尿素氮：Berthlot 比色法；谷丙转氨酶（GPT）：赖氏法；谷草转氨酶（GOT）：比色法。

　　1.3.3　肌肉组织学测定　取背最长肌肉样一小块放入甲醛固定液固定，常规石蜡包埋切片，厚度为 5μm，HE 染色，拍片。每张切片随机测量 30 根以上肌纤维直径，取其平均值，并测量肌小束间距。

　　1.3.4　肌肉常量化学成分测定　水分：烘干法（100～105℃）；粗蛋白质：凯氏半微量定氮法；粗脂肪：索氏浸提法；粗灰分：55℃灼烧至恒重；钙：EDTA 滴定法；磷：钼黄比色法，722 型分光光度计比色。

　　1.3.5　肌肉超微结构观测　采 4 个组合猪背最长肌小块肉样，2.5%戊二醛预固定，而后剪肉样成 1mm 小块放入戊二醛中继续固定。经 PBS 液冲洗锇酸固定后，切成 500Å 切片，经醋酸铀和柠檬酸铅双染色，H-300 透射电镜观察肌纤维间脂肪颗粒分布。

1.4　数据统计分析

　　在 SPSS 数据管理系统建立原始数据库，应用 SAS 统计分析软件进行方差分析、相关系数计算，用 LD 法进行多重比较。

2　结果与分析

2.1　肥育性能

　　4 个组合中，平均日增重以杜姜猪最高，其次为杜枫姜猪，而枫姜猪和姜曲海猪则较差，但组间差异不显著。饲料转化率则以杜枫姜猪最佳，杜姜猪次之，姜曲海猪和枫姜猪较差（表 1）。

表 1　4 个组合猪平均日增重和饲料转化率

项　　目	杜枫姜猪 D×FJ	杜姜猪 D×J	枫姜猪 F×J	姜曲海猪 J×J
头数	8	8	5	6
始重（90 日龄）(kg)	24.19±2.26	29.31±2.54	18.25±2.38	19.04±2.79
末重（210 日龄）(kg)	85.13±3.17	85.68±6.78	68.31±4.32	62.25±2.93
饲养天数 (d)	117	117	123	117
平均日增重 (g)	521.00±97.93	587.00±54.56	407.00±26.69	394.33±32.89
饲料转化率	3.36:1	3.37:1	3.66:1	3.76:1

2.2　胴体品质

　　从表 2 可以看出，杜枫姜猪、杜姜猪、枫姜猪屠宰率均在 71% 以上，极显著高于姜曲海猪（$P<0.01$）；后腿比例，杜枫姜猪、杜姜猪极显著高于枫姜猪、姜曲海猪（$P<0.01$）；板油比例，姜曲海猪极显著高于其他 3 个组合猪（$P<0.01$）；平均背膘厚度，4

个组合间很接近，差异不显著。

表2　胴体测定结果*

项　　目	杜枫姜猪 D×FJ	杜姜猪 D×J	枫姜猪 F×J	姜曲海猪 J×J
头数	5	5	5	5
屠宰率（%）	73.64±1.43[B]	71.60±4.55[B]	77.67±2.44[A]	68.04±1.49[C]
胴体直长（cm）	87.62±5.98[A]	89.12±1.53[A]	79.46±5.95[B]	78.12±2.32[B]
平均背膘厚（cm）	3.03±0.35	3.14±0.32	3.03±0.34	3.15±0.32
板油重（kg）	1.09±0.34	1.09±0.26	1.08±0.20	1.35±0.32
板油比例（%）	3.91±1.03[B]	3.88±0.58[B]	4.56±0.51[B]	7.10±1.34[A]
后腿重（kg）	7.25±0.87[A]	7.31±0.77[A]	5.58±0.63[B]	4.35±0.26[C]
后腿比例（%）	26.17±0.85[A]	26.40±1.49[A]	23.08±0.97[B]	23.09±1.12[B]

注：* 右上角不同字母表示数值间差异极显著（$P<0.01$）。

2.3　胴体各组织比例

由表3可见，胴体组成中，杜枫姜猪和杜姜猪的瘦肉比例明显高于其他2个组合猪，差异极显著（$P<0.01$），而杜枫姜猪又极显著高于杜姜猪（$P<0.01$），这是确定杜枫姜猪作为瘦肉型新品系的主要基础亲本的科学依据。脂肪比例，杜枫姜猪、杜姜猪虽呈下降趋势，但与枫姜猪、姜曲海猪无显著差异。骨骼比例，4个组合间差异不显著。皮肤比例，姜曲海猪显著高于杜枫姜猪、杜姜猪（$P<0.05$），而与枫姜猪无显著差异。

表3　胴体各组织百分组成*

项　　目	杜枫姜猪 D×FJ	杜姜猪 D×J	枫姜猪 F×J	姜曲海猪 J×J
骨骼（%）	11.77±0.86	11.53±1.51	10.93±0.97	11.95±0.71
皮肤（%）	12.54±2.18[bc]	12.27±2.20[c]	14.68±0.56[ab]	14.45±0.75[a]
瘦肉（%）	50.53±2.49[A]	47.22±1.57[B]	42.86±2.46[C]	43.41±1.54[C]
脂肪（%）	25.17±4.36	28.98±3.99	31.53±3.05	29.19±1.36

注：* 右上角不同小写字母表示数值间差异显著（$P<0.05$），不同大写字母表示数值间差异极显著（$P<0.01$）。

2.4　血液生化指标

血液生化指标中，甘油三酯、总胆固醇、脲氮含量和GPT活性，4个组合间无显著差异，仅枫姜猪血液中GOT活性显著低于其他3个组合猪（$P<0.05$），而杜枫姜猪、杜姜猪、姜曲海猪3个组合间则无显著差异（表4）。

表4　4个组合猪的血液生化指标变化情况

项　　目	杜枫姜猪 D×FJ	杜姜猪 D×J	枫姜猪 F×J	姜曲海猪 J×J
甘油三酯（mmol/L）	52.26±25.18	47.47±15.18	46.71±23.19	67.67±14.85
总胆固醇（mmol/L）	2.10±1.10	2.56±0.76	2.49±0.20	2.50±0.24
脲氮 BUN（mmol/L）	4.39±1.68	4.01±1.30	4.28±0.67	4.94±2.93
谷丙转氨酶 GPT（U/L）	38.40±16.38	35.00±15.17	26.10±8.49	36.75±5.55
谷草转氨酶 GOT（U/L）	105.26±9.84[a]	103.36±47.53[a]	57.30±11.62[b]	105.93±33.42[a]

注：* 右上角不同字母表示数值间差异显著（$P<0.05$）。

2.5 血液生化指标与日增重、胴体性状相关关系

试验结果表明：甘油三酯、总胆固醇、脲氮与胴体脂肪比例呈一定程度正相关，GPT、GOT活性与胴体瘦肉率呈现一定程度正相关，而与胴体脂肪比例几乎不存在相关关系。GPT、GOT活性与日增重亦存在一定程度的正相关关系。

2.6 背最长肌肌肉组织学比较

由表5可见，杜枫姜猪肌背最长肌肌纤维直径极显著粗于枫姜猪、姜曲海猪（$P<0.01$）；而杜枫姜猪与杜姜猪、枫姜猪与姜曲海猪肌纤维直径相近。杜枫姜猪的肌小束间距极显著小于杜姜猪、姜曲海猪（$P<0.01$），显著小于枫姜猪（$P<0.05$）。杜姜猪、枫姜猪、姜曲海猪3个组合的肌小束间距则无显著差异。

表5 背最长肌肌肉组织学比较

项　　目	杜枫姜猪 D×FJ	杜姜猪 D×J	枫姜猪 F×J	姜曲海猪 J×J
肌纤维直径（μm）	51.52±5.49c	48.34±5.50Abc	47.03±6.15Aab	46.45±6.78Aa
肌小束间距（μm）	9.87±2.66Ab	11.83±2.36B	11.73±3.09Ba	11.25±3.26B

注：*右上角不同小写字母表示数值间差异显著（$P<0.05$），不同大写字母表示数值间差异极显著（$P<0.01$）。

2.7 背最长肌化学成分变化

表6表明：杜枫姜猪、枫姜猪背最长肌粗蛋白质含量较多，均极显著高于姜曲海猪（$P<0.01$）；杜姜猪则与姜曲海猪无显著差异。脂肪含量，杜枫姜猪极显著低于姜曲海猪（$P<0.01$）。粗灰分含量，除枫姜猪较高外，其他3个组合猪均相近，差异不显著。

表6 背最长肌化学成分比较

项　　目	杜枫姜猪 D×FJ	杜姜猪 D×J	枫姜猪 F×J	姜曲海猪 J×J
水分（%）	72.67±0.82	70.68±2.62	72.28±0.61	71.73±0.50
粗蛋白质（%）	21.77±0.15aA	21.05±0.51Aab	22.84±0.49B	20.92±0.72bC
粗脂肪（%）	3.07±0.67A	5.24±1.61B	4.12±0.64aB	4.98±1.49B
粗灰分（%）	0.99±0.00A	0.96±0.01A	1.17±0.00B	1.00±0.00A
钙（%）	0.02±0.00	0.02±0.00	0.02±0.01	0.03±0.01
磷（%）	0.21±0.01b	0.20±0.01a	0.22±0.01b	0.21±0.01b

注：*右上角不同小写字母表示数值间差异显著（$P<0.05$），不同大写字母表示数值间差异极显著（$P<0.01$）。

2.8 背最长肌肌肉超微结构观察

杜枫姜猪、杜姜猪、枫姜猪背最长肌肌肉组织纵切面（×10 000）观察，肌纤维直径，与表5中测定结果相一致，即杜枫姜猪＞杜姜猪＞枫姜猪。4个组合猪背最长肌肌肉组织纵切面（×10 000）观察，则杜枫姜猪、杜姜猪单根肌纤维间脂肪颗粒几乎看不到（图1a、图1b），而姜曲海猪、枫姜猪单根肌纤维间分布着较多脂肪颗粒（图1c、图1d）。

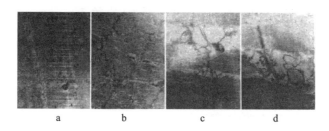

图 1　背最长肌肌纤维间脂肪细胞

a. 杜姜猪；b. 杜枫姜猪；c. 姜曲海猪；d. 枫姜猪

3　讨论

（1）杜枫姜猪是培育姜曲海猪瘦肉型品系组成 0 世代基础群的主要亲本猪。杜枫姜猪的平均日增重虽比枫姜猪多 114g，比姜曲海猪多 127g，但由于本试验中猪头数较少和各组内猪个体间日增重差异较大，尤其是杜枫姜猪组个体间差异大，因此经方差分析，并未表现出与枫姜猪、姜曲海猪之间的显著差异。然而，杜枫姜猪个体间存在日增重的较大差异，为新品系育种群的选择提供了有利条件。

（2）猪肌纤维直径的粗细与肌肉品质性状关系密切。据川井田博[1]研究报道，肌纤维越细，肌纤维数量越多的品种，肌肉系水力越强，适口性越好。曾勇庆等[2]的研究结果表明，猪肌肉纤维直径与肌肉品质性状呈负相关，肌纤维直径越粗，则肌肉品质越差。国外瘦肉型猪背最长肌肌纤维直径比我国地方猪粗 16.71%，单位面积内肌纤维根数少 26% 左右[3]。本试验中，杜枫姜猪因含有国外瘦肉型品种杜洛克猪血统，故其肌纤维直径分别比姜曲海猪粗 10.91%，比枫姜猪粗 9.55%，差异显著（$P < 0.05$）。我们已经确定杜枫姜猪为培育姜曲海猪瘦肉品系的基础亲本，其肌纤维直径增粗是否会引起新品系肌肉品质下降，需进一步研究确定。

（3）肌肉营养价值主要与其蛋白质、脂肪含量有关。肌肉的肌间脂肪与肌肉的多汁性、嫩度和风味有关[4~6]。在一定的脂肪含量范围内，肌肉中脂肪越多，则肉的多汁性越好。欧洲一些国家的专家认为，肌间脂肪超过 3%，则猪肉具有理想的嫩度[7]。本试验中，杜枫姜猪肌肉脂肪含量为 3.07%，虽比亲本姜曲海猪（4.98%）低，但处于较适宜的含量范围内。此外，杜枫姜猪肌肉粗蛋白质含量比姜曲海猪高 0.85%（$P < 0.01$）。这表明杜枫姜猪的肌肉营养价值比其起始亲本姜曲海猪有一定程度的提高。

（4）胆固醇是胆酸和固醇类激素的前体，促进组织中蛋白质和脂肪的分解，调节细胞分裂和分化，增加氨基酸和 FFA 释放入血液，是细胞生长发育所必需[8]。刘宗华等研究长白猪×大白猪×小梅山猪三元杂种猪，得出血液总胆固醇浓度与 2 月龄日增重呈负相关（−0.52），与 4 月龄日增重呈正相关（0.01），但均不显著（$P > 0.05$）。本试验姜曲海猪及其二元杂种猪 7 月龄血液胆固醇浓度与育肥期日增重呈正相关（0.09）。易国华等[9]研究大白猪、长白猪和杜洛克仔猪血液 GPT 活性与仔猪断奶重呈正相关，相关系数分别为 0.1411、0.2238 和 0.1369。伍革民等[10]研究 4 种杂种猪血液 GPT 活性与日增重呈负相关（-0.500）。本试验中，血液 GPT 活性与育肥期日增重呈正相关（0.17）。综上所述，血液总胆固醇和 GPT 活性与日增重的表型相关，但许多试验结果表明相关不显著，因此，血液胆固醇浓度、GPT 活性作为猪日增重的辅助选择标记，尚需进一步研究。

（5）通过肌肉组织超微结构观察，发现含 100% 中国地方猪血统的枫姜猪，肌肉单根肌纤维之间分布有较多的脂肪颗粒，而有 50% 国外瘦肉型猪血统的杜姜猪和杜枫姜猪，单根肌纤维间几乎观察不到脂肪颗粒，这为中国地方猪肌肉食用时的柔嫩口感和较佳风味提供了组织学依据。这一研究结果目前尚未见报道。

参考文献

［1］川井田博. 猪肉肌纤维粗细与肉质的关系 ［J］. 国外畜牧学·猪与禽，1983（3）：51-54.

［2］曾勇庆，许振英，孙玉民，等. 莱芜猪肌肉组织学特性与肉质关系的研究 ［J］. 畜牧兽医学报，1998，29（6）：486-492.

［3］许振英. 中国地方猪种种质特性 ［M］. 杭州：浙江科技出版社，1989：352-353.

［4］孙玉民，罗明. 畜禽肉品学 ［M］. 济南：山东科技出版社，1993.

［5］Ellis M，Mckeith F K. Pig meat quality as affected by genetics and production systems ［J］. Outlook on Agriculture，1995，24（1）：17-22.

［6］Lan Y H，Mckeith F K，Novakofski J，et al. Carcass and muscle Characteristics of Yorkshire，Meishan，Yorkshir×Meishan，Meishan×Yorkshire，Feng jing×Yorkshire and Minzhu×Yorkshire pigs ［J］. Anim Sci，1993，71（12）：3344-3349.

［7］Wood J D，Mcbride W，Staudt M L，et al. Manipulating meat quality and composition ［J］. Proc Nutrsoc，1999，58（2）：363-370.

［8］向涛. 家畜生理学原理 ［M］. 北京：农业出版社，1990：445-448.

［9］易国华，柳小春，成廷水，等. 猪的血浆生化指标和蛋白位点基因平均杂合度与断奶关系的研究 ［J］. 养猪，1998（2）：28-29.

［10］伍革民，柳小春，施启顺，等. 血浆酶活性与猪生产性状及其杂种优势相关研究 ［J］. 甘肃畜牧兽医，1999（5）：3-5.

姜曲海瘦肉型新品系亲本母猪早期体重增长及体尺变化的研究

王宵燕[1]，经荣斌[1]，宋成义[1]，朱荣生[1]，张金存[2]，
陈华才[2]，杨元青[2]，郑小莉[2]
（1. 江苏省扬州大学畜牧兽医学院；2. 江苏省姜堰市种猪场）

猪体尺数据直接反映猪体型大小、体躯结构的发育状况，也间接反映猪体组织器官发育状况，它与猪的生理机能、生产性能、抗病力、对外界生活条件的适应能力等密切相关。由于该品种是新培育品种，对其体重、体尺的生长发育规律还未进行过系统的研究，因此本试验通过对姜曲海瘦肉型新品系亲本母猪早期体重增长及体尺变化的研究，为进一步的选育和科学饲养提供理论依据。

1 材料和方法

1.1 实验动物

选取体况相似、胎次接近、预产期接近的母猪数窝，产后再在其中选择母猪泌乳性能良好，产仔数接近，初生体重接近的 80 头仔猪用以测量体重体尺。实验动物全部来自江苏省姜堰市种猪场。采用猪场常规饲养管理，定期驱虫和免疫注射，45 日龄断奶，饲料组成及营养水平见表 1，鸭舌式饮水器保证供水，栏舍保证清洁、干燥。

表 1 饲料成分及营养水平

原料		营养水平	
成分	数值	指标	数值
玉米（%）	59.6	消化能（kJ/kg）	13 911.8
豆粕（%）	33.9	粗蛋白（%）	20.6
鱼粉（%）	1.3	粗脂肪（%）	2.8
碳酸钙（%）	0.2	粗纤维（%）	2.7
预混料（%）	5	钙（%）	0.75
		磷（%）	0.66

1.2 测定项目及方法

测定姜曲海瘦肉型新品系亲本母猪初生、15、30、45、60、75 日龄的体重、体尺，测定项目主要有：

（1）体重：早晨空腹称重。

（2）体长：枕骨脊至尾根的距离，用塑料软尺沿背线紧贴体表量取。

（3）胸围：切于肩胛后角的胸部垂直周径，用塑料软尺紧贴体表量取。

（4）体高：鬐甲至地面的垂直距离，用杖尺量取。

（5）腿臀围：自左侧膝关节前缘，经肛门绕至右侧膝关节前缘的距离，用软尺紧贴体表量取。

（6）管围：左前肢管部最细处的周长，用软尺紧贴体表量取。

1.3　统计

采用 SPSS 软件系统进行统计分析，体重与体尺指标进行相关性分析，差异显著性采用 Duncan 法检验。

2　结果与分析

2.1　不同日龄姜曲海瘦肉型新品系亲本母猪的体重及体尺

由表 2 可见，姜曲海瘦肉型新品系亲本母猪体重、体尺随着日龄的增长而增加。

表 2　不同日龄姜曲海瘦肉型新品系亲本母猪体重及体尺

项　　　目	初生	15 日龄	30 日龄	45 日龄	60 日龄	75 日龄
体重（kg）	1.21±0.07	2.90±0.09	5.46±0.41	9.94±0.66	15.56±1.71	26.24±1.63
体长（cm）	25.98±1.44	32.82±0.96	42.08±1.13	51.38±1.32	59.35±0.24	62.50±7.82
管围（cm）	5.35±0.34	6.75±0.57	7.80±0.16	9.20±0.36	10.35±0.19	11.28±1.41
体高（cm）	15.48±0.76	22.10±0.49	30.78±0.69	34.00±3.11	42.45±2.73	43.82±2.86
胸围（cm）	22.75±0.53	31.52±0.43	37.62±0.63	43.58±1.52	51.50±2.48	62.45±1.44
腿臀围（cm）	15.30±0.63	23.18±1.00	33.15±0.34	36.10±2.46	43.25±1.26	58.75±0.84

2.2　不同日龄姜曲海瘦肉型新品系亲本母猪平均日增重和体重的相对生长率

相对生长率是由阶段内后一日龄体重与前一日龄体重的差值除以后一日龄体重而得到。由表 3 可以看出，平均日增重随着日龄的增长而不断提高，0～60 日龄相对生长率呈下降趋势，尤其在 45～60 日龄段仅为 0.36，可能是因为断奶应激所造成的。

表 3　不同生长阶段猪日增重和相对生长率的变化

项　　　目	0～15 日龄	15～30 日龄	30～45 日龄	45～60 日龄	60～75 日龄
绝对生长（kg）	1.69	2.56	4.48	5.62	10.68
平均日增重（g）	112.67	170.67	290.67	374.67	712.00
相对生长率（%）	0.58	0.47	0.45	0.36	0.41

2.3　不同日龄体重和体尺各指标的相关性

由表 4 可以看出，初生、15、30、45 和 60 日龄体重与体尺各指标相关不显著，仅在初生时体重与胸围相关显著，相关系数为 0.951（$P<0.05$），30 日龄体重与胸围、体长相关极显著（$P<0.01$）。而 75 日龄的体重与体长、管围、体高、胸围相关均显著（$P<0.05$）。

表 4　体重和体尺各项指标的相关

日龄		体长（cm）		管围（cm）		体高（cm）		胸围（cm）		腿臀围（cm）	
		相关系数	Sig.	相关系数	Sig.	相关系数	Sig.	相关系数	Sig.	相关系数	Sig.
0	体重	0.821	0.089	0.683	0.158	0.242	0.379	0.951	0.025*	0.850	0.075
15	体重	0.786	0.107	−0.239	0.381	0.819	0.090	−0.507	0.247	−0.846	0.077
30	体重	0.983	0.008**	0.639	0.180	0.562	0.219	0.992	0.004**	0.217	0.391
45	体重	0.663	0.169	−0.208	0.396	0.224	0.388	0.347	0.326	0.737	0.131
60	体重	0.440	0.280	0.546	0.227	0.090	0.455	0.608	0.196	−0.435	0.282
75	体重	0.902	0.049*	0.910	0.045*	0.914	0.043*	0.904	0.048*	0.585	0.208

注：＊表示相关在 0.05 水平显著；＊＊表示相关在 0.01 水平显著。

3　讨论

（1）15 日龄内仔猪的平均日增重最低，仅为 112.7g，但是相对生长率最高。此阶段仔猪营养几乎全部由母乳供给，应该重视母猪的饲养管理，满足母猪的营养需要。随着年龄的增长，平均日增重越来越高，但是相对生长率却越来越低。这与动物一般生长发育规律相一致。在 45～60 日龄段，可能是断奶应激对仔猪造成的影响，其相对生长率呈急剧下降趋势，而到 60～75 日龄段又有所回升。因此在生产实践中应抓好仔猪断奶这一关。断奶时期是仔猪身体生长奠基时期，正处在需要高蛋白、高能量日粮和精料量较多的饲料阶段。而母猪的泌乳量在此时期正逐渐下降。因此养殖场应根据实际情况训练仔猪早开食，提高仔猪断奶重和断奶后对成年猪饲料类型的适应能力，减少断奶应激造成的影响，充分利用好这一生长的黄金时期。

本试验主要研究姜曲海瘦肉型新品系亲本母猪在 75 日龄内的生长发育情况，此时猪还未进入育成期，使用 Logistic 曲线和 Gompertz 曲线来模拟效果并不理想。

（2）通过对姜曲海瘦肉型新品系母猪的不同日龄体重与体尺之间相关性的研究发现，体长、管围、体高、腿臀围和体重之间都有不同程度的相关，其中胸围指标在初生、30 日龄和 75 日龄都和体重呈现显著相关，30 日龄还呈极显著相关（$P<0.01$）。因此，进行阶段性选择时，要始终重视胸围这个指标，以提高选种效果。而体长、管围、体高在 75 日龄与体重都呈显著相关，因此这几个指标可以作为 75 日龄时选种的依据。而 15 日龄的管围、胸围和腿臀围都和体重呈不同程度的负相关，具体原因有待进一步查明。

（3）由于实验条件的限制，本试验只进行了姜曲海瘦肉型新品系亲本母猪早期的体重体尺发育的研究，以期为科学饲养管理及进一步选育提供参考依据。其后期体重体尺指标有待进一步研究。

姜曲海瘦肉型品系母猪
早期生殖激素变化的研究

朱荣生[1]，张牧[1]，经荣斌[1]，王宵燕[1]，
张金存[2]，杨元清[2]，陈华才[2]
（1. 扬州大学畜牧兽医学院；2. 江苏省姜堰市种猪场）

　　动物体内生殖激素的调控作用几乎贯穿于整个生命活动的过程，表现为对生殖器官发育、性成熟、发情、排卵、妊娠直至分娩等一系列生殖活动的调控。自 20 世纪 60 年代以来，随着生物化学和生理学等生命科学的发展以及放射免疫测定等现代分析方法的建立，人们对内分泌系统有了较为完善的认识，认识到丘脑下部-垂体-性腺轴（Hypothalmus-pituilary-gonadal axis）构成的生殖内分泌调节体系对整个生殖活动起着核心作用。

　　姜曲海瘦肉型品系猪是以江苏省的两个高产品种——姜曲海猪和枫泾猪（太湖猪的一个类群）为基础，经导入杜洛克猪血液进行杂交选育而成。目前，该品系已建立了零世代猪群。本试验对零世代及亲本早期（0～75 日龄）生殖激素的内分泌生理水平进行了研究，以期深入了解瘦肉型品系母猪的种质特性，为进一步的选育利用提供理论基础。

1　材料与方法

1.1　实验动物

　　在江苏省姜堰市国营种猪场选取姜曲海瘦肉型品系零世代母猪、亲本杜枫姜（杜洛克猪×枫泾猪×姜曲海猪）母猪各 24 头。从初生至 75 日龄，每 15 日龄屠宰 4 头。所有试验母猪均在同一条件下进行饲养管理，45 日龄断奶。

1.2　血样采集与处理

　　屠宰当日上午 8：00 开始前腔静脉采血，每半小时采血一次，连续采 4 次，每次 5mL。3 000r/min 离心 20min，分离血清，−20℃存放备用。

1.3　激素测定

　　测定项目有促黄体素（LH）、促卵泡素（FSH）、雌二醇（E_2）、孕酮（P）和睾酮（T）。放射性免疫试剂盒均由上海生物制品研究所提供，人用试剂盒异源替代，^{125}I 标记，SN-695A 型智能放射性免疫 γ 测定仪，测定程序经改进后进行。各试剂的质量指标及技

术参数见表 1 和表 2。

表 1 促黄体素和促卵泡素质量指标及技术参数

激素	标准曲线范围	交叉反应	零管结合率	非特异性结合率
促黄体素	0～150mIU/mL	FSH<5%，HCG<7%	>30%	<5%
促卵泡素	0～80mIU/mL	LH<5%，HCG<10%	>30%	<5%

表 2 雌二醇、孕酮和睾酮质量指标及技术参数

激素	标准曲线范围	灵敏度	批内变异系数	批间变异系数
雌二醇	0～2000pg/mL	10.0pg/mL	<8.0%	<7.7%
孕酮	0～100ng/mL	0.05ng/mL	3.4%～7.2%	6.9%～8.9%
睾酮	0～2000ng/dL	0.2ng/dL	5.4%～7.4%	6.5%～9.5%

1.4 数据处理

测定结果均用平均数±标准差表示。数据统计及作图用 SPSS 软件分析处理，LSD 方差分析进行显著性检验。

2 结果与分析

2.1 促黄体素（LH）和促卵泡素（FSH）的浓度变化

相对整个 0～75 日龄阶段，零世代和亲本 LH 浓度的总体变化趋势有相似之处（图 1），初生时 LH 浓度较高，分别为 2.404±0.940mIU/mL 和 9.274±2.94mIU/mL，二者差异极显著（$P<0.01$），后有所降低。零世代与亲本的最低值分别出现于 30 日龄和 60 日龄，到 75 日龄时，两组猪血清 LH 浓度均有所上升，零世代和亲本分别为 5.174±2.486mIU/mL 和 4.547±2.35mIU/mL，二者差异不显著（$P>0.05$），0～60 日龄段，LH 浓度亲本均高于零世代，二者差异均极显著（$P<0.01$）。

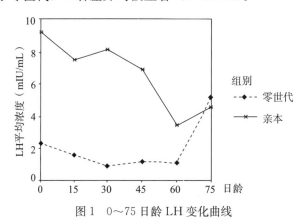

图 1 0～75 日龄 LH 变化曲线

与 LH 的变化相比，零世代和亲本猪 FSH 浓度的变化规律较为一致（图 2），二者初生时 FSH 浓度最高（1.716±0.370mIU/mL，2.310±0.552mIU/mL；$P<0.01$），随后降低，亲本在 30 日龄时出现最低值（0.800±0.130mIU/mL），而零世代出现于 45 日龄（0.677±0.091mIU/mL）。随后 FSH 均开始上升。除 30 日龄时两组猪血清 FSH 浓度无显著差异，其他各日龄段 FSH 浓度亲本高于零世代，差异极显著（$P<0.01$）。

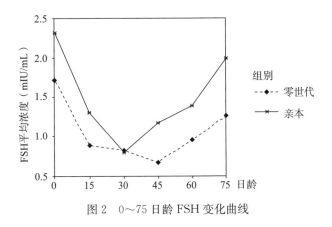

图 2　0～75 日龄 FSH 变化曲线

2.2　孕酮（P）的浓度变化

0～75 日龄阶段，零世代与亲本猪孕酮浓度的变化趋势极为一致（图 3），孕酮浓度最高值出现在初生时，且二者浓度差异极显著（11.671±2.591ng/mL，18.184±3.408ng/mL，$P<0.01$），其他各日龄段二者孕酮浓度均无显著差异。15 日龄时孕酮浓度迅速下降，零世代和亲本猪分别为 5.296±1.406ng/mL，5.391±0.846ng/mL（$P>0.05$），最低值均出现于 60 日龄，分别为 0.328±0.125ng/mL，0.288±0.104ng/mL。

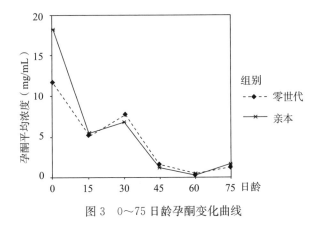

图 3　0～75 日龄孕酮变化曲线

2.3　雌二醇（E$_2$）的浓度变化

初生时，零世代和亲本猪血清中雌二醇浓度较高（图 4），且二者雌二醇浓度无显著差异（15.588±3.580pg/mL，18.488±3.951 pg/mL，$P>0.05$），随后 E_2 浓度随日龄的增长有所下降，30 日龄两组猪均降至最低水平（2.675±0.799pg/mL，8.036±1.327 pg/mL，$P<0.01$）。零世代猪在 60 日龄又有所下降（7.436±1.712pg/mL），75 日龄达最高值（21.289±5.775 pg/mL）。亲本猪 30～75 日龄间雌二醇水平持续升高，75 日龄达到最大值（33.023±4.171pg/mL）。除初生时零世代与亲本 E_2 水平差异不显著，其他各日龄段亲本猪均极显著高于零世代猪（$P<0.01$）。

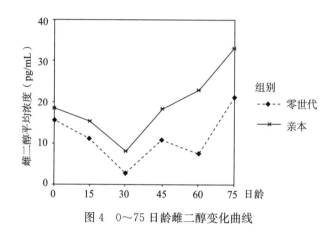

图 4　0～75 日龄雌二醇变化曲线

2.4　睾酮（T）的浓度变化

0～75 日龄两组猪睾酮浓度的变化趋势基本一致。初生时零世代和亲本猪均处于高浓度水平（18.653±1.708ng/dL，18.076±1.647ng/dL，$P>0.05$），0～15 日龄睾酮水平急剧下降，零世代猪在 45 日龄时降至最低（2.255±0.689ng/dL），随后有所回升，但幅度很小。亲本 15～75 日龄，睾酮浓度持续降低，但较 0～15 日龄阶段变化缓和，75 日龄时的最低值为 3.114±0.841ng/dL。整个过程两组猪睾酮水平仅在 30 日龄、45 日龄时有显著差异（$P<0.05$），其他各日龄差异均不显著。

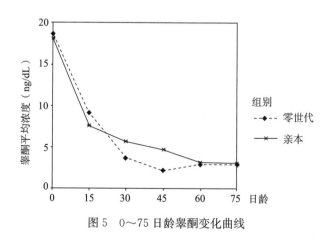

图 5　0～75 日龄睾酮变化曲线

3　讨论

LH 是由垂体前叶分泌的糖蛋白类激素，受到下丘脑促垂体区神经细胞分泌的促性腺激素释放激素（GnRH）的调控。相对于由不同器官分泌的性腺激素而言，LH 在短时间内的变化较为明显，表现为脉冲式分泌的现象。本试验的研究证实了这一现象。对 0～75 日龄各阶段血清性激素的测定结果发现，孕酮（P）、雌二醇（E_2）和睾酮（T）的浓度没有随着同日龄段不同采血时间而发生相应的变化，浓度差异无显著性（$P > 0.05$）。绝大多数日龄段 LH 浓度均随采血时间的不同而发生较明显的变化，由于 LH 的脉冲式分泌，导致各测定结果的变异较大。Prunier 等（1993）对梅山猪的研究认为，10 日龄 LH 脉冲频率为 0.42pulse/h，至 50 日龄上升到 0.85pulse/h，此间 LH 脉冲幅度也随着频率的变化而发生相应的变化[1]。王建辰等（1996）对山羊的研究发现，LH 与 GnRH 脉冲基本一致，约为每小时一次[2]。同样作为糖蛋白激素的 FSH，由于其促性腺细胞对 GnRH 脉冲变化的敏感性较 LH 低，因而 FSH 的脉冲式变化不明显[3～5]。从本试验不同时间采取血样的测定的总体结果来看，两组猪 LH 频率可近似的估计为 1pulse/h。另外，本试验观察到：亲本猪第一次采血测得血清 LH 浓度均低于后 3 次的平均值，且差异显著（$P < 0.05$，60 日龄除外），而在零世代猪未发现这一现象。由于本试验是前腔静脉采血，对猪的应激比较大。Vellucci（1994）研究认为运输应激可以刺激母羊垂体前叶释放催乳素，并于 20min 达峰值[6]；Nanda 等（1990）认为，运输应激可以阻碍产犊后早期（30d 内）母牛促黄体素浓度的升高，但对卵巢活动周期恢复的母牛没有影响或影响很小[7]。是否因母猪对应激的反应性不同而产生这种差别，有待于进一步证实。

关于母猪性发育过程中性激素浓度变化的研究已有不少，但结果很不一致，就本试验而言，零世代和亲本猪 0～75 日龄 LH、FSH、雌二醇的测定结果组间差异极显著，全期平均浓度亲本均高于零世代猪，而孕酮和睾酮浓度组间无显著差异，说明零世代猪这两种激素的内分泌特点与亲本相似。初生时，零世代猪 LH 浓度相对 60 日龄前，处于较高水平，而亲本 LH 浓度极显著高于零世代猪。60 日龄降至最低。75 日龄时两组猪血清 LH 水平无显著差异。Prunier 等（1993）观察到，梅山猪初生时 LH 浓度很高，10 日龄时显著降低[1]，杨勇军等（2001）测得长内（长白×内江猪）和杜内（杜洛克×内江猪）母猪 LH、FSH、雌二醇在 5 日龄时较高[8]，与相关研究报道一致[9～10]。本试验也观察到了这一现象，0～75 日龄孕酮和睾酮浓度两组间差异不大，而且变化模式基本一致，但各日龄间两种激素浓度的变化较大，初生时孕酮和睾酮浓度很高，至 15 日龄迅速下降。对于初生时血液中多种性激素出现高浓度现象，Ponzilius（1986）认为，妊娠晚期胎儿体内合成大量促性腺激素和性腺激素，尤其是在分娩前，胎盘分泌的大量性激素进入胎儿体内，出生后在短时间内未得以清除而引起[11]。

包括本试验在内，不同研究者对母猪性发育期生殖激素的研究在数值上有较大的差异，但初生到初情期前各激素的总体变化趋势基本是一致的，即出生时几种生殖激素浓度水平较高，随后有不同程度的下降，至初情期前有一个上升过程，这一现象以 LH、FSH 和雌二醇的变化尤为明显，不同品种与个体之间存在一定程度上的差异。就本试验而言，零世代和亲本猪在 75 日龄时已有明显升高，此时零世代猪已有典型的三级卵泡出现，而亲本猪卵巢已有明显的囊状卵泡出现。

虽然早期零世代 LH、FSH 和雌二醇平均水平显著低于亲本，但就本试验后来对发情周期内零世代和亲本母猪生殖激素分泌的研究发现，零世代猪 LH 平均水平显著高于亲本（$P < 0.05$），而两者 FSH 和雌二醇平均水平无显著差异（$P > 0.05$）。何孔泉（2000）对泌乳二花脸和大白猪的研究认为，两品种猪下丘脑-垂体-性腺轴的功能存在差异[12]。而不同品种性成熟的早晚也受这一体系功能差异的影响。零世代与亲本猪存在的这种差异可能是由于早期丘脑-垂体-性腺轴的差异而引起，随着日龄的增长，至发情时，零世代和亲本间这一生殖内分泌调控体系的功能差异已不显著，弥补这一差异的过程则表现在零世代猪卵巢卵泡发育比亲本猪稍迟上。

由以上的讨论可以得出，0～75 日龄零世代与亲本母猪各生殖激素分泌规律基本一致，初生时 5 种激素浓度均较高，后有不同程度的下降，至 75 日龄时，血清 LH、FSH 和雌二醇浓度均有明显上升，与此时卵泡的迅速发育密切相关，LH、FSH、雌二醇生殖内分泌水平二者间存在显著差异（$P < 0.01$）。

参考文献

[1] Prunier A，Chopineau M，Mounier A M，et al. Patterns of plasma LH，FSH，oestradiol and corticosteroids from birth to the first oestrous cycle in Meishan gilts [J]. Reprod Fertil，1993，98（2）：313-319.

[2] 章孝荣，王建辰. 山羊 GnRH 和促性腺激素的释放特点 [J]. 中国兽医学报，1997，17（2）：177-179.

[3] 孙斐. 调控促卵泡素和促黄体生成素"不同步"分泌的几种机制 [J]. 生殖与避孕，2000，20（2）：67-73.

[4] Levine J E，Bauer-Dantoin A C，Besecke L M，et al. Neuroendocrine regulation of the luteinizing hormone-releasing hormone pulse generator in the rat [J]. Recent Prog Horm Res，1991，47：97-151；discussion 151-153.

[5] Molter-Gerard C，Fontaine J，Guerin S，et al. Differential regulation of the gonadotropin storage pattern by gonadotropin-releasing hormone pulse frequency in the ewe [J]. Biol Reprod，1999，60（5）：1224-1230.

[6] Vellucci S V. Expression of c-fos in the ovine brain following different types of stress，or central administration of corticotropin-releasing hormone [J]. Exp Physiol，1994，79（2）：241-248.

[7] Nanda A S. Relationship between an increase in plasma cortisol during transport induced stress and failure of oestradiol to induce a luteinising hormone surge in dairy cows [J]. Research in Veterinary Science，1990，49：25-28.

[8] 杨勇军，郭顺元，张嘉保，等. 高原环境下母猪性发育与性周期外周血中生殖激素水平 [J]. 中国兽医学报，2001，21（2）：188-191.

[9] 周虚，董伟. 北京黑猪性成熟过程中外周血清促黄体素浓度变化. 兽医大学学报，1993，13（3）：261-263.

[10] 周双海，陈清明，李振宽，等. 天津白母猪性发育过程中生殖激素变化规律 [J]. 中国农业大学学

报，2001，6（5）：5-8.

[11] Ponzilius K H，Parvizi N，Elaesser F，et al. Ontogeny of secretory patterns of LH release and effects of gonadectomy in the chronically catheterized pig fetus and neonate [J]. Biol Reprod，1986，34（4）：602-612.

[12] 何孔泉，陈伟华，张汤杰，等 . 泌乳二花脸猪和大白猪下丘脑-垂体-性腺轴功能的比较研究 [J]. 中国农业科学，2000，33（3）：106-108.

姜曲海猪瘦肉型品系（零世代）仔猪背最长肌肌内脂肪酸组成及含量的研究

李庆岗[1]，经荣斌[1]，杨元清[2]，王宵燕[1]，
宋成义[1]，张金存[2]，陈华才[2]
(1. 扬州大学畜牧兽医学院；2. 江苏省姜堰市种猪场)

随着人们生活水平的不断提高，人们对肉品质提出了更高的要求，不仅要求鲜嫩、口味好，还要求肉品质是否符合绿色食品的标准，因此世界各国对肉品质问题进行了广泛的研究。至1997年国内外学者从肉挥发物质中分离出600多种风味化物质[1]，肌内脂肪酸，尤其是多不饱和脂肪酸（PUFA）是肉食香味的重要前体物质，而且多不饱和脂肪酸（PUFA）还是人体不可缺少的营养物质，对人体健康有益。Hood等(1973)[2]针对猪体脂做过不同部位游离脂肪酸的测定，初步认定猪肉的香味和适口性可能与肉中的游离脂肪酸组分有关，为此受到许多学者的关注。因此，研究肌内脂肪酸组成，对改善肉食香味，提高猪肉的食用价值以及生产有利于人体健康的肉产品具有重要意义。本试验通过对姜曲海瘦肉型品系零世代猪背最长肌肌内脂肪酸含量的测定，研究其随日龄的增长的动态变化规律，为提高姜曲海猪的肉品质及进一步的育种工作提供必要的科学数据。

1 材料与方法

1.1 试验用猪选择与处理

试验用猪选自江苏省姜堰市种猪场的姜曲海猪瘦肉型品系（零世代）仔猪，其亲代母猪体况相似、胎次和预产期接近，24头初生体重接近的仔猪，试验仔猪的饲养管理条件相同，45日龄断奶。试猪分初生、15、30、45、60、75日龄6个日龄段进行屠宰，每日龄阶段4头。

1.2 研究方法

1.2.1 **取样** 猪屠宰后立即于第10胸椎处的背最长肌（LD）中心部位取5g肌肉[3]放入冰箱内保存，待测。

1.2.2 **前处理** 取冷冻样3～5g放在表面皿中，在风扇下吹8～16h，称取吹干样0.5g置于10mL具塞试管中，加入2mL苯、石油醚混合物（1:1），浸提一昼夜，再加2mL 0.4mol/L的NaOH-甲醇溶液进行甲酯化，摇匀后静置15min，再加蒸馏水至10mL

刻度线，静置（约 1h）至澄清后取上清液上机测定。

  1.2.3 上机测定 气相色谱仪为日本津岛 GC-9A 气相色谱仪，FID 检测器，G-R3A 微处理机。条件为固定相：聚乙醇 20M 对苯甲酸；玻璃柱：3m×3mm（LD）；汽化室温度：290℃；柱温：190℃；载气（N_2）流速：100mL/min；燃气：H_2。用微量注射器吸取上清液 1μL 上机测定。测定饱和脂肪酸（SFA）中的豆蔻酸、棕榈酸、硬脂酸、花生酸，不饱和脂肪酸（USFA）中棕榈油酸、油酸、亚油酸、亚麻酸、花生烯酸的含量[4]。

2 结果与分析

  分别测定初生、15、30、45、60 至 75 日龄 6 个日龄段的姜曲海瘦肉型品系猪零世代猪背最长肌肌内脂肪酸的含量，见表 1。由表 1 可看出，背最长肌肌内主要游离脂肪酸组成为：棕榈酸（C16：0）和油酸（C18：1），而亚麻酸（C18：3）和花生酸（C20：0）含量很少，仅占总脂肪酸的 0.34%～1.17%。不饱和脂肪酸（USFA）含量高于饱和脂肪酸（SFA）。

表 1 肌内脂肪酸的含量

日龄	豆蔻酸 (C14：0) (%)	棕榈酸 (C16：0) (%)	棕榈油酸 (C16：1) (%)	硬脂酸 (C18：0) (%)	油酸 (C18：1) (%)	亚油酸 (C18：2) (%)	亚麻酸 (C18：3) (%)	花生酸 (C20：0) (%)	花生烯酸 (C20：1) (%)	饱和 脂肪酸 (%)	不饱和 脂肪酸 (%)	必需 脂肪酸 (%)
初生	2.00± 0.02	30.68± 0.80	6.42± 0.26	8.05± 0.10	32.02± 0.25	12.12± 0.16	0.74± 0.02	0.43± 0.01	4.40± 0.23	41.17± 0.86	55.69± 0.92	12.86± 0.18
15	1.94± 0.04	28.29± 0.72	6.12± 0.49	9.64± 1.31	35.76± 3.42	13.13± 0.34	0.84± 0.07	0.50± 0.06	3.12± 1.27	40.36± 2.13	58.98± 2.30	13.98± 0.35
30	1.96± 0.09	29.15± 1.87	6.02± 0.32	9.97± 0.01	34.34± 3.56	14.30± 0.69	0.93± 0.07	0.34± 0.06	2.36± 1.14	41.42± 1.85	57.94± 2.13	15.22± 0.62
45	1.32± 0.37	26.29± 2.34	4.71± 1.132	10.91± 1.36	33.63± 2.83	17.33± 2.04	0.97± 0.14	0.52± 0.16	3.75± 1.01	39.04± 1.54	60.38± 1.30	18.29± 2.11
60	0.98± 0.34	20.04± 6.36	3.19± 0.93	10.55± 3.45	29.88± 8.82	14.28± 5.15	0.92± 0.31	0.63± 0.29	2.24± 0.91	32.21± 10.15	50.51± 15.68	15.20± 5.44
75	1.18± 0.37	22.74± 1.78	3.60± 0.38	12.71± 1.72	41.67± 2.03	13.74± 2.28	1.17± 0.05	0.58± 0.21	1.81± 0.75	37.23± 3.33	62.00± 3.36	14.92± 2.28

  注：本表数据为每日龄 4 头猪的平均值。

2.1 饱和脂肪酸（SFA）

  由表 1 可见，饱和脂肪酸（SFA）中以棕榈酸（C16：0）和硬脂酸（C18：0）为主，由图 1 可知棕榈酸（C16：0）的含量从初生至 45 日龄段基本稳定在 26%～30%，而 45～60 日龄则明显下降（60 日龄时为 20.04%），而至 75 日龄时又有所升高，这有可能是由于仔猪断奶所造成的影响。硬脂酸含量则一直趋于升高，从初生时的 8.05% 上升到 75 日龄的 12.71%，其他两种饱和脂肪酸（SFA）（豆蔻酸、花生酸）含量极少，且较稳定，所以饱和脂肪酸（SFA）含量的变化主要取决于棕榈酸含量的变化（图1）。

2.2 不饱和脂肪酸

不饱和脂肪酸含量在总游离脂肪酸中占比最高，范围为50％～60％（表1），其总体变化趋势见图2，在45日龄前较稳定，占58％左右，受断奶影响，至60日龄时骤降到50.51％，75日龄时又升高至62％。不饱和脂肪酸中油酸含量最高，初生至45日龄其含量介于32％～35％，受断奶影响较小，但在60～75日龄阶段升高较快，从29.88％升至41.67％；亚油酸含量基本在15％左右；棕榈油酸含量呈下降趋势，从初生时6.42％下降到75日龄时的3.6％，其他不饱和脂肪酸含量较少，均少于5％。

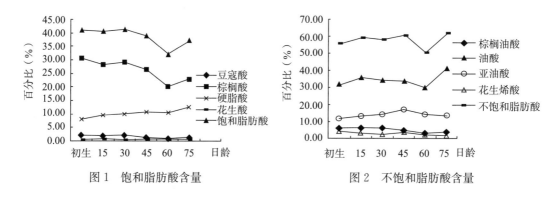

图1　饱和脂肪酸含量　　　　　　图2　不饱和脂肪酸含量

2.3 必需脂肪酸（EFA）

亚油酸和亚麻酸在动物体内不能合成，只能从日粮中获取。从图3可看出，在初生时亚油酸含量为12.12％，到45日龄时升高到峰值17.33％，随后又逐渐下降，原因可能是仔猪从母乳中获取的亚油酸从初生到断奶逐渐增加，使其在肌肉组织中沉积的数量增加，而45日龄以后逐渐降低，是由于断奶后日粮中的亚油酸含量比母乳中的低所致。亚麻酸含量虽少，但其含量较稳定（一般为0.90％左右），受断奶影响较小（图3）。

3 讨论

3.1 饱和脂肪酸（SFA）

饱和脂肪酸（SFA）中最主要的是棕榈酸（C16：0）和硬脂酸（18：0），成年猪背最长肌肌内游离脂肪酸中饱和脂肪酸（SFA）占45％～50％[5~6]，高于初生至75日龄阶段的含量。饱和脂肪酸（SFA）含量与肌肉肉品质有很大关系。1991年Cameron和Enser[7]研究表明饱和脂肪酸（SFA）和单不饱和脂肪酸（MUFA）含量高，则嫩度、多汁性、风味都较好。本试验中测定的姜曲海瘦肉型品系猪零世代仔猪的背最长肌肌内饱和脂肪酸（SFA）含量在45日龄前为40％左右，受断奶影响在45～60日龄有下降趋势（图4），随后又逐渐上升，至于75日龄以后的变化情况还需要进一步研究确定。

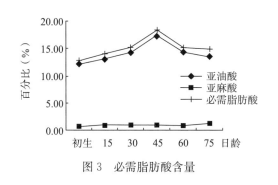

图 3　必需脂肪酸含量

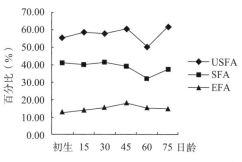

图 4　SFA，USFA 和 EFA 比较

USFA：不饱和脂肪酸；SFA：饱和脂肪酸；
EFA：必需脂肪酸；USFA 中亚麻酸示意见图 3

3.2　不饱和脂肪酸（USFA）

不饱和脂肪酸是肉食香味的重要前体物质，而且是人体不可缺少的营养物质，不饱和脂肪酸又分为多不饱和脂肪酸（PUFA）和单不饱和脂肪酸（MUFA），多不饱和脂肪酸（PUFA）含量高则肉品质变差，因此肉品专家们试图从两个方面调控猪肉中脂肪酸的组成[8]：①增加肌肉中不饱和脂肪酸（主要是油酸和亚油酸）的含量，降低饱和脂肪酸（SFA）的含量；②提高肌肉中 n-3 型多不饱和脂肪酸（PUFA）的含量，如 DHA（俗称"脑白金"）和 EPA（"血管清道夫"）。但从肉质的角度看考虑，随着多不饱和脂肪酸含量升高，肌肉的脂肪过度变软、贮存、加工过程中易氧化酸败、产生异味，使肉品质下降。Migdal 等（2000）[9]研究指出：胴体脂肪中多不饱和脂肪酸（PUFA）的含量高则对人的健康有好处，但对肉质性状有负面的影响，使脂肪变得松软，易氧化。为了解决多不饱和脂肪酸（PUFA）对人体健康有益和易氧化酸败的矛盾，可以在日粮中适当增加含多不饱和脂肪酸（PUFA）高的饲料的百分比，并增加日粮中维生素 E 的含量，对多不饱和脂肪酸（PUFA）起到抗氧化作用；因为猪肌肉内脂肪酸的组成受日粮中的营养水平及脂肪酸组成的影响很大。玉米中亚油酸含量较高，日粮中添加玉米油可使猪胴体脂肪中亚油酸（C18：2）含量显著提高，体脂明显变软（杨凤，1993）。Gundel 等（1999）[10]研究日粮中不同亚油酸含量对体内脂肪酸组成的影响时发现：植物油脂比动物油脂更能提高猪胴体脂肪的亚油酸含量，说明植物油脂比动物油脂中含有更多的亚油酸。

本试验中测定的姜曲海瘦肉型品系猪零世代仔猪不饱和脂肪酸（USFA）含量明显高于饱和脂肪酸（SFA）含量（图 4），证明了姜曲海瘦肉型品系猪零世代仔猪的体脂较软，而且在 75 日龄以后还可能会有所增加，说明姜曲海瘦肉型品系猪零世代不饱和脂肪酸含量高决定了其具有良好的肉质特性。由图 2 可见，油酸（C18：1）含量从 60 日龄开始快速增长，这有利于提高姜曲海猪的肉品质，因为单不饱和脂肪酸与肉质呈正相关性，可改善肉食香味、嫩度、风味等特性。

3.3 必需脂肪酸（EFA）

必需脂肪酸（EFA）不能由猪体内自身合成，但却是猪体内必需的脂肪酸，这类脂肪酸包括两种：亚油酸（C18：2）和亚麻酸（C18：3）。从图 3 可推知，必需脂肪酸（EFA）含量受日粮影响很大，在初生时仔猪由猪体内获得 EFA，出生后从母乳中获得必需脂肪酸（EFA）逐渐增加，到断奶后由于日粮中必需脂肪酸（EFA）含量不如母乳多，所以会明显下降。亚油酸含量过高会导致软脂肉。英国规定日粮中亚油酸添加量不能超过 1.6%。

参考文献

[1] 鲁红军. 猪肉风味前体物质在加热过程中含量变化的研究 [J]. 中国畜产与食品，1997，4：5.

[2] Hood R L，Allen C E. Lipogenic enzyme activity in a dipose tissue during the growth of swine with different propensities to fatten [J]. J Nutr，1973，103：353-359.

[3] Staun H. The nutritional and genetic influence on number and size of muscle fibres and their response to carcass quality in pigs [J]. World Review of Anim Prod，1972，Ⅷ：18-26.

[4] 成都科技大学分析化学教研室. 分析化学手册：色谱分析第四分册下册 [M]. 北京. 化学工业出版社，1984.

[5] 陶立，金邦荃，尹晴红，等. F1 代猪体脂、肌肉脂肪和游离脂肪酸组分的分析 [J]. 江苏农业学报，2001，17（2）：101-103.

[6] Enser M，Hallett K G，et al. Fatty acid content and composition of UK beef and lamb muscle in relation to production system and implication for human nutrition [J]. Meat science，1998，49（3）：329-341.

[7] Cameron N D，Enser M B. Fatty acid composition of lipid in longissimus dorsi muscle of Duroc and British Landrance pigs and its relationship with eatng quality [J]. Meat Science，1991，29（4）：295-307.

[8] 霍贵成，蒋宗勇. 猪营养与饲料 [M]. 哈尔滨：黑龙江科学技术出版社，1999.

[9] Migdal W，Barteczko J，Borowiec F，et al. The influence of dietary levels of essential fatty acid in full-dose mixtures on cholesterol level in blood and tissues in fatteners [J]. Advances in Agriculture Science，2000，7（1）：43-48.

[10] Gundel J，Hermán M A，Szeléngine，M，et al. Composition of fat supplements of different fatty acid profiles with growing-finishing swine [J]. Scientific Conference at the Hungarian Academy of Science，1999，48（6）：768-769.

姜曲海猪瘦肉型品系早期血液生化指标以及 T3 含量变化的研究

王宵燕[1]，经荣斌[1]，宋成义[1]，袁书林[1]，杨元青[2]，张金存[2]，陈华才[2]

（1. 扬州大学畜牧兽医学院；2. 姜堰市种猪场）

姜曲海猪是江苏省苏中地区一个历史悠久，数量较多的地方优良猪种[1]。利用枫泾猪、杜洛克猪与姜曲海猪杂交形成瘦肉型新品系是江苏省"九五""十五"的重点攻关课题，其目标是新品系在保持姜曲海猪较高繁殖力和优良肉质的基础上，提高生长速度和胴体瘦肉率[2]。血液生化常值是动物机体代谢过程中的内在反映[3]，文献报道的数值大多来自地方品种、外来纯种及杂交商品猪[3~5]，本文测定的是姜曲海猪瘦肉型品系（含中、外血统）早期的血液生化常值以及 T3 含量的变化，旨在为瘦肉型新品系猪种质特性的建立提供必要的基础资料，这项研究在目前尚未见报道。

1 材料与方法

1.1 血样的采集

在江苏省姜堰市种猪场选取零世代母猪 24 头，分别于初生、15、30、45、60 和 75 日龄猪早晨进食前从前腔静脉采血，3 000r/min 离心分离以获取血清。试验猪群采用猪场常规饲养管理，45 日龄断奶，断乳后进行为期一周的饲粮过渡。

1.2 血液生化指标以及 T3 的测定

具体方法见表 1。

表 1 测试项目及方法

测试项目	方 法	测试项目	方 法
谷丙转氨酶（GPT）	赖氏法	总蛋白（TP）	双缩脲法
谷草转氨酶（GOT）	比色法	白蛋白（A）	溴甲酚绿法
碱性磷酸酶（AKP）	改良布登斯基法	淀粉酶（Amy）	碘比色法
尿素氮（UN）	脲酶-Berthelot 比色法	三碘甲状腺原氨酸（T3）	放射免疫分析法

1.3 结果统计

采用 SPSS 软件建立原始数据库，LSD 统计差异显著性。各指标间进行相关分析。

2 结果与分析

2.1 血液生化指标以及 T3 观测值

见表 2。

表 2 不同日龄血液生化指标以及 T3 观测值

项 目	初 生	15 日龄	30 日龄	45 日龄	60 日龄	75 日龄
AKP (U/L)	767.9±99.8ª	360.1±53.1ᵇ	203.3±26.7ᶜ	137.3±7.8ᶜᵈ	125.3±8.8ᶜᵈ	78.1±26.3ᵈ
Amy (U/L)	836.7±88.6ª	974.4±83.5ᵃᵇ	1178.4±69.7ᵇ	1 399.3±153.1ᶜ	642.6±83.9ᵈ	1 125.2±98.4ᵇ
TP (g/dL)	7.2±0.7ª	5.4±0.4ᵇ	4.3±0.5ᵇ	4.8±0.7ᵇ	4.9±0.9ᵇ	5.4±0.9ᵇ
A (g/L)	7.1±2.3ª	19.9±3.0ᵇ	23.8±12.4ᶜ	29.6±6.0ᶜᵈ	30.3±5.0ᶜᵈ	34.8±12.6ᵈ
UN (mmol/L)	4.6±0.3ª	3.8±0.4ᵇ	3.8±1.1ᵇ	3.5±0.3ᵇ	3.6±0.2ᵇ	3.3±0.2ᵇ
GPT (mmol/L)	42.0±7.7ª	67.1±23.3ᵇᶜ	80.1±21.7ᵇ	59.7±11.4ᶜ	55.3±11.2ᶜ	52.4±3.8ᶜ
GOT (mmol/L)	135.3±32.9ᵃᵇ	112.4±13.7ᵃᶜ	167.4±91.7ᵇ	118.7±9.0ᵃᶜ	99.6±21.9ᵃᶜ	89.5±18.6ᶜ
T3 (ng/mL)	1.1±0.2ª	0.6±0.1ᵇ	0.5±0.0ᶜ	0.5±0.1ᵇᶜ	0.8±0.1ᵈ	1.0±0.1ᵃᵈ

注：同行肩注出现字母相同者表示差异不显著，字母不同者表示差异显著（$P<0.05$）。

血液生化指标在同日龄不同个体之间表现出较大的差异，不同日龄之间的变化表现出一定的规律性。AKP 的活性在仔猪出生时很高，初生时达到 767.9U/L，此后逐渐下降至 75 日龄的 78.1U/L。仔猪出生后 Amy 的活性呈上升趋势，但 60 日龄的 Amy 活性显著低于 45 日龄和 75 日龄，说明 Amy 的活性受断奶的影响较大，到 75 日龄又有所回升。由图 1 可以看出，GOT 和 GPT 的活性在 75 日龄内有基本一致的变化规律，两种酶在 30 日龄时活性达到峰值。图 2 可以看出，TP 和 UN 的水平受日龄影响的作用不大，除了初生时 TP 和 UN 含量较高外（7.2g/dL 和 4.6mmol/L），其余各日龄水平基本接近。而白蛋白（A）的水平随日龄的提高呈上升的趋势。45 日龄前各日龄间存在显著差异。T3 的含量在 45 日龄内随日龄的增加而呈显著的下降，从初生的 1.1ng/mL 降至 45 日龄的 0.5ng/mL，60 日龄时又显著上升。

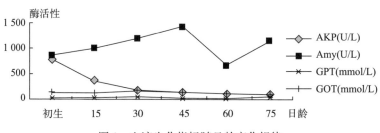

图 1 血液生化指标随日龄变化规律

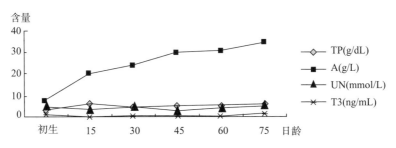

图2　血液生化指标随日龄变化规律

2.2　血液生化指标与 T3 的相关性

由表3看出，TP 与 A 呈负相关，与 UN 呈正相关。T3 与 Amy、A、GPT 呈强负相关，与 TP 和 UN 呈强正相关。GPT 与 GOT 之间呈正相关，T3 与 GPT 呈强负相关。

表3　血液生化指标与 T3 之间的相关性

	AKP	Amy	TP	A	UN	GPT	GOT	T3
AKP	1.000	−0.437	0.685**	−0.712*	0.109	−0.358	0.073	0.375
Amy		1.000	−0.309	0.209	−0.119	0.233	−0.147	−0.470**
TP			1.000	−0.587*	0.461*	−0.304	0.481*	0.610**
A				1.000	−0.081	0.582**	0.078	−0.474**
UN					1.000	−0.108	0.000	0.572**
GPT						1.000	0.355*	−0.603**
GOT							1.000	0.020
T3								1.000

注：* 表示相关差异（$P<0.05$）；** 表示相关极差异（$P<0.01$）。

3　讨论

3.1　血清酶类

酶是机体细胞内外物质代谢的重要催化剂，不仅可反映体内代谢水平和动物的遗传特性，还可作为临床诊断的重要指标[3]。对姜曲海猪瘦肉型品系血清酶测定的研究结果显示，血清酶的活性在猪的早期生长阶段表现出特异性，血清碱性磷酸酶（AKP）的活性初生时最高为 767.9U/L，随后逐渐下降至 75 日龄的 78.1U/L。动物血清中碱性磷酸酶主要来自骨骼，由成骨细胞产生，它能促进磷酸钙贮存于骨骼内而参与骨骼钙化过程[6]。因此，碱性磷酸酶是健康动物成骨细胞活动的一个标志，也是骨质形成的标志之一[7]。初生仔猪骨骼生长速度快、代谢较旺盛，随日龄增加新生仔猪相对生长变慢，血清碱性磷酸酶的变化完全符合这一规律。

本试验发现淀粉酶（Amy）的活性随日龄的增长而显著增长，但出现 60 日龄的淀粉酶活性显著低于 45 日龄，说明淀粉酶活性受断奶的影响较大。谷草转氨酶（GOT）和谷丙转氨酶（GPT）在肝脏、心脏、骨骼肌、肾脏中含量较多，其活性高低反映了蛋白质合成和分解代谢状况，正常情况下血清中这两种酶的活性很小，但当肝脏组织发生损害或病变时，血液中的 GOT 和 GPT 活性会增加，因此可作为临床诊断的指标。30 日龄时的 GOT 和 GPT 的活性显著高于其余日龄，其原因可能是母猪处于泌乳高峰期，仔猪吸入乳量较多，蛋白质合成和分解代谢旺盛，两种酶在肝脏中含量增多，因此血液中的酶活性也就相应提高。相关性研究发现，早期 GOT 和 GPT 的水平在早期相关显著。

3.2 血清蛋白和非蛋白氮

血清总蛋白（TP）和尿素氮（UN）水平较稳定，初生仔猪血清中的含量较高，而其余日龄水平则较稳定。血清尿素氮（UN）值能够准确反映动物体内蛋白质代谢和氨基酸之间的平衡状况，较低血清 UN 值表明氨基酸平衡好，机体蛋白质合成率较高[8]。

3.3 T3 与血液生化指标的相关性研究

T3 有两个来源：一是由甲状腺直接分泌，二是由 T4 通过肝脏 5′-脱单碘酶的作用脱去一个碘原子而得。其生理作用十分广泛，作用之一即为体内蛋白质合成提供足够的 ATP，促进蛋白质和各种酶的生成，使机体在不同条件下维持总氮平衡。有报道指出，成人甲状腺功能减低时，N^{15} 标记甘氨酸试验表明蛋白质代谢速率降低，放射性碘标记血清白蛋白试验表明，血清白蛋白的合成和降解都减慢，经替代剂量的甲状腺激素治疗后可恢复正常[9]。本试验发现，T3 与 TP 和 UN 呈显著正相关，说明机体通过神经内分泌途径来调节血液蛋白含量的变化。T3 与白蛋白呈显著负相关，可能是因为在血液中 T3 主要以蛋白结合型为主要表现，而白蛋白是结合蛋白的一种，T3 与白蛋白结合使 T3 与游离的血液白蛋白呈负相关。

本实验发现血液生化常值受日龄影响较大。而本试验为正常发育的仔猪，测定结果显然可以表明姜曲海猪瘦肉型品系血清生化指标常值变化的规律。但是影响血液生化指标的因素很多，要使测定结果更为准确和有代表性，还有待于进一步研究。

参考文献

[1] 张照，经荣斌. 中国姜曲海猪 [M]. 南京：江苏科学技术出版社，1994.

[2] 经荣斌，张金存，陈华才. 姜曲海瘦肉型品系基础亲本若干经济性状比较 [J]. 江苏农业研究，2001，22（1）：43-47.

[3] 李文平，屈孝初. 三个引进纯种猪血液生化指标的研究 [J]. 湖南农业大学学报，1997，23（6）：582-585.

[4] 曹美花，孙玉民，吴淑娜. 莱芜猪及其杂种猪血液生化指标与胴体品质性状关系的研究 [J]. 中国畜牧杂志，1999，35（1）：14-16.

［5］陈宏权，蒋模有，赵瑞莲．皖南花猪血清酶的测定和分析［J］．安徽农业技术师范学院学报，1999，13（3）：19-23.

［6］Pond W G，Snook J T. Pancreatic enzyme activities of pigs up to three weeks of age［J］. Journal of Animal Science，1978，33：1270-1273.

［7］杨全明．仔猪消化道酶和组织器官生长发育规律的研究［D］．北京：北京农业大学，1999.

［8］Hahn J D，Baker K H. Ideal digestible lysine levels for early and late-finishing swine［J］. Journal of Animal Science，1994，72（suppl. 2）：68.

［9］白耀．甲状腺病学：基础与临床［M］．北京：科学技术文献出版社，2003.

曲海瘦肉型品系母猪早期生殖器官发育及生殖激素分泌的研究

朱荣生[1]，张牧[1]，经荣斌[1]，王宵燕[1]，张金存[2]，杨元青[2]，陈华才[2]

（1. 扬州大学动物科技学院；2. 江苏省姜堰市种猪场）

早在 20 世纪 70 年代，许振英等就将繁殖性能列为最能表证一个品种种质特性的指标之一，而猪出生后生殖器官的生长发育，对繁殖性能有着直接影响。在这方面国内学者[1]对我国部分地方猪种和培育品种做过诸多研究，由于猪的品种不同，遗传基础各异，研究的结果也不尽相同。

猪生殖器官生长发育的研究，既是种质特性研究的需要，同时又可为实际生产与科研提供必要的科学依据。

1 材料与方法

1.1 实验动物

在江苏省姜堰市种猪场选取零世代猪、亲本杜枫姜猪（杜洛克猪×枫泾猪×姜曲海猪）各 24 头。从出生至 75 日龄，每 15 日龄屠宰 4 头。试验母猪均在同一条件下进行饲养管理，45 日龄断奶。

1.2 血样采集与处理

屠宰当日上午 8：00 开始前腔静脉采血，每半小时采血一次，连续采 4 次，每次 5mL。3 000r/min 离心 20min，分离血清，−20℃存放备用。

1.3 激素测定

测定项目：促黄体素（LH）、促卵泡素（FSH）、雌二醇（E_2）。放射性免疫试剂盒均由上海生物制品研究所提供，人用试剂盒异源替代，^{125}I 标记，SN-695A 型智能放射性免疫 γ 测定仪，测定程序经改进后进行。各试剂的质量指标及技术参数见表 1 和表 2。

表 1 LH 和 FSH 质量指标及技术参数

激素	标准曲线范围	交叉反应	零管结合率	非特异性结合率
LH	0~150mIU/mL	FSH<5%，HCG<7%	>30%	<5%
FSH	0~80mIU/mL	LH<5%，HCG<10%	>30%	<5%

表2　雌二醇质量指标及技术参数

激素	标准曲线范围	灵敏度	批内变异系数	批间变异系数
雌二醇	0~2 000pg/mL	10.0pg/mL	<8.0%	<7.7%

1.4　生殖器官指标的测定

用天平（精度1/1000和1/10）称取生殖器官总重、左右卵巢重量；游标卡尺测量左右子宫角长、直径，子宫体长，输卵管长，卵巢长、宽、厚，子宫颈长，阴道长各项指标。

1.5　卵巢的组织学观察

1.5.1　**切片制作**　将卵巢取下后迅速放入15%甲醛溶液固定，常规脱水，石蜡包埋，5~6μm连续切片，HE染色，显微镜观察，显微拍照。

1.5.2　**卵泡的分类**　各日龄卵泡发育情况按王元兴主编《动物繁殖学》（1997）中描述的分类方法将卵泡分为原始卵泡、初级卵泡、次级卵泡、三级卵泡、成熟卵泡五类[1]。

1.6　统计方法

（1）分别以体重和各指标长度总和为自变量，各器官组织为因变量，由异速生长方程$y=ax^b$计算求得异速生长系数b值，按照b值大小来表示各器官的早熟性。

（2）试验结果均用平均数±标准差表示。数据统计及作图SPSS软件分析处理，用方差分析法进行显著性检验，多重比较用LSD法。

2　结果与分析

2.1　生殖器官的生长发育

从零世代不同日龄间生殖器官发育的比较（表3）可知，零世代卵巢的绝对生长最快的阶段发生在60~75日龄，0~30日龄卵巢重量差异不显著，45~60日龄差异亦不显著，但30~45和60~75日龄两阶段间卵巢重量差异显著，表现为较明显的阶段性生长。子宫角长度绝对生长速度最快发生在15~30日龄，此后各日龄段接近匀速生长，但子宫角直径在60~75日龄阶段生长强度较大。输卵管和子宫体长度的绝对生长速度最快发生在60~75日龄，子宫颈长度的绝对生长速度最快发生在45~60日龄。亲本各生殖器官生长发育规律与零世代猪基本一致。

表3　零世代不同日龄间生殖器官发育的比较

日龄	卵巢重 (g)	子宫体长 (cm)	子宫颈长 (cm)	子宫角长 (cm)	子宫角直径 (cm)	输卵管长 (cm)	阴道长 (cm)
0	0.0491±0.007[a]	0.456±0.031[a]	1.730±0.123[a]	4.872±0.277[a]	0.205±0.022[a]	3.234±0.199[a]	1.896±0.184[a]
15	0.0494±0.002[a]	0.475±0.019[a]	1.935±0.072[a]	5.154±0.275[a]	0.232±0.010[a]	3.682±0.114[a]	1.897±0.067[a]

（续）

日龄	卵巢重 (g)	子宫体长 (cm)	子宫颈长 (cm)	子宫角长 (cm)	子宫角直径 (cm)	输卵管长 (cm)	阴道长 (cm)
30	0.0650 ± 0.004^a	0.732 ± 0.024^b	2.194 ± 0.122^{ab}	10.109 ± 0.796^b	0.373 ± 0.019^b	5.273 ± 0.440^b	2.732 ± 0.150^b
45	0.1023 ± 0.013^b	0.829 ± 0.056^b	2.899 ± 0.072^b	11.387 ± 0.659^c	0.468 ± 0.019^c	6.730 ± 0.488^c	3.574 ± 0.269^c
60	0.1143 ± 0.009^b	1.060 ± 0.123^c	4.663 ± 0.392^d	15.105 ± 0.590^d	0.618 ± 0.055^d	7.563 ± 0.431^d	4.481 ± 0.229^d
75	0.6809 ± 0.047^c	1.617 ± 0.124^d	5.090 ± 0.351^e	17.737 ± 1.284^e	0.888 ± 0.054^e	11.274 ± 0.868^e	4.903 ± 0.108^e

注：同列肩注字母相同者表示差异不显著，字母不同者表示差异显著（$P<0.05$）。

　　由零世代与亲本同日龄生殖器官发育差异显著性比较（表4）可知，初生时零世代卵巢重量显著高于亲本（$P<0.01$），但15日龄时零世代卵巢重却显著低于亲本（$0.01<P<0.05$），30～45日龄二者无显著差异，至60～75日龄时零世代猪卵巢生长速度显著低于亲本（$0.01<P<0.05$）。子宫角长度两组猪仅在15日龄时有显著差异（$0.01<P<0.05$），其他各日龄差异均不显著；但子宫角直径的变化零世代与亲本在45～75日龄阶段差异极显著。输卵管长度仅在60、75日龄时有显著差异（$0.01<P<0.05$）。两组猪子宫体和子宫颈长度分别在30、15日龄有显著差异（$P<0.01$），其他各日龄段差异均不显著。

表4　零世代与亲本同日龄生殖器官发育差异显著性比较

日龄	品种	卵巢重 (g)	子宫体长 (cm)	子宫颈长 (cm)	子宫角长 (cm)	子宫角直径 (cm)	输卵管长 (cm)	阴道长 (cm)
0	零世代	0.0491 ± 0.007^a	0.456 ± 0.031	1.730 ± 0.123^a	4.872 ± 0.277	0.205 ± 0.022	3.234 ± 0.199	1.896 ± 0.184
	亲本	0.0394 ± 0.006^c	0.457 ± 0.050	1.180 ± 0.078^c	4.472 ± 0.300	0.197 ± 0.015	3.363 ± 0.214	2.090 ± 0.105
15	零世代	0.0494 ± 0.002^a	0.475 ± 0.019	1.935 ± 0.072	5.154 ± 0.275^a	0.232 ± 0.010	3.682 ± 0.114	1.897 ± 0.067
	亲本	0.0523 ± 0.003^b	0.659 ± 0.085	1.710 ± 0.486	6.319 ± 0.756^b	0.240 ± 0.010	3.832 ± 0.458	2.105 ± 0.299
30	零世代	0.0650 ± 0.004	0.732 ± 0.024^a	2.194 ± 0.122	10.109 ± 0.796	0.373 ± 0.019	5.273 ± 0.440	2.732 ± 0.150
	亲本	0.0714 ± 0.010	0.827 ± 0.026^c	2.312 ± 0.265	10.229 ± 1.176	0.374 ± 0.049	5.705 ± 0.458	2.529 ± 0.338
45	零世代	0.1023 ± 0.013	0.829 ± 0.056	2.899 ± 0.072	11.387 ± 0.659	0.468 ± 0.019^a	6.730 ± 0.488	3.574 ± 0.269
	亲本	0.1143 ± 0.023	0.823 ± 0.087	2.960 ± 0.298	12.074 ± 1.431	0.531 ± 0.048^c	7.096 ± 0.624	3.545 ± 0.255
60	零世代	0.1143 ± 0.009^a	1.060 ± 0.123	4.663 ± 0.392	15.105 ± 0.590	0.618 ± 0.055^a	7.563 ± 0.431^a	4.481 ± 0.229
	亲本	0.1638 ± 0.045^b	0.854 ± 0.127	4.678 ± 0.540	15.668 ± 0.764	0.732 ± 0.082^c	8.562 ± 0.498^c	4.727 ± 0.369
75	零世代	0.6809 ± 0.047^a	1.617 ± 0.124	5.090 ± 0.351	17.737 ± 1.284	0.888 ± 0.054^a	11.274 ± 0.868^a	4.903 ± 0.108
	亲本	1.3491 ± 0.165^c	1.805 ± 0.303	5.580 ± 0.984	18.455 ± 1.401	1.135 ± 0.069^c	12.335 ± 1.758^b	4.743 ± 0.572

注：同日龄肩注字母相邻表示差异显著（$0.01<P<0.05$）；字母相间表示差异极显著（$P<0.01$）。

　　b值是衡量各生殖器官（部位）早熟性的一个动态指标，相对于整个生长过程，b值越大，说明该器官晚熟性越强，b值越小，器官越具有早熟性。从表5来看，零世代猪0～75日龄各生殖器官的早熟性依次为：卵巢＞阴道＞子宫体＞子宫颈＞输卵管＞子宫角，亲本依次为：阴道＞子宫体＞卵巢＞子宫颈＞输卵管＞子宫角。可以看出，除卵巢的顺序发生变化外，两组猪其他各器官的生长趋势是一致的。

表 5　零世代与亲本生殖器官异速生长系数

品种	生殖器官					
	卵巢	阴道	子宫体	子宫颈	输卵管	子宫角
零世代	0.672	0.901	0.958	0.963	1.009	1.136
亲本	0.987	0.769	0.854	1.078	1.115	1.242

2.2　卵巢的形态学与组织学观察

零世代和亲本猪 0~75 日龄卵巢卵泡发育情况见表 6 和图 1、图 2。

表 6　零世代和亲本猪 0~75 日龄卵巢卵泡发育情况

日龄	零世代	亲本
0	皮质分布有大量原始卵泡，深层有初级卵泡出现	同零世代
15	初级卵泡增多，部分卵泡颗粒细胞增至两层，但未发现有显著特征的次级卵泡	同零世代
30	初级卵泡迅速增多，有次级卵泡生成	初级卵泡增多，有次级卵泡出现，但数量较少
45	有大量次级卵泡出现，颗粒细胞层数增加卵泡直径增大	有大量次级卵泡出现，与零世代基本一致
60	卵泡颗粒细胞迅速增生，最大卵泡直径达 0.25mm，卵母细胞周围颗粒细胞较松散但未形成腔隙	有三级卵泡出现，有卵泡腔出现最大卵泡直径达 0.28mm
75	有三级卵泡出现，形成新月形腔隙，最大卵泡直径达 0.32mm，但未发现有成熟卵泡（图 1）	有囊状卵泡出现直径 1.5~2.5mm，卵巢呈葡萄状，卵泡腔迅速增大，成熟卵泡出现（图 2）

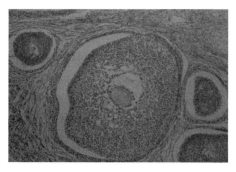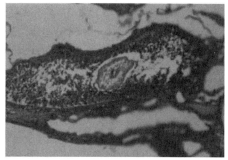

图 1　零世代 75 日龄卵巢切片（20×）　　图 2　亲本 75 日龄卵巢切片（20×）

初生时卵巢体积很小，椭圆形或肾形，淡红色，表面光滑。15~60 日龄期间，卵巢体积随日龄增长逐渐增大，形态基本与初生时一致。75 日龄时，亲本猪卵巢体积显著增大，表面有囊状突起，呈葡萄状或桑葚状。而零世代猪未发现，但此阶段卵巢体积也有较大增长。

2.3　0~75 日龄母猪外周血清生殖激素分泌变化

相对整个 0~75 日龄阶段，零世代和亲本 LH 浓度的总体变化趋势相似（图 3），初生时 LH 浓度较高，分别为 2.404±0.940mIU/mL 和 9.274±4.94mIU/mL，差异极显著（P＜0.01），后有所降低。零世代与亲本的最低值分别出现于 30 日龄和 60 日龄，到 75 日龄时，两组猪血清 LH 浓度均有所上升，零世代和亲本分别为 5.174±4.486mIU/mL、4.547±3.35mIU/mL，二者差异不显著（P＞0.05），其他各日龄段，二者差异均极显著（P＜0.01）。

与 LH 的变化相比，零世代和亲本猪 FSH 浓度的变化规律较为一致（图 4），二者初生时 FSH 浓度最高，分别为 1.716±0.370mIU/mL、2.310±0.552mIU/mL，差异极显著（P＜0.01），随后降低，亲本在 30 日龄时出现最低值 0.800±0.130mIU/mL，而零世代出现于 45 日龄 0.677±0.091mIU/mL。随后 FSH 均开始上升。除 30 日龄时两组猪血清 FSH 浓度无显著差异，其他各日龄段 FSH 浓度差异均极显著（P＜0.01）。

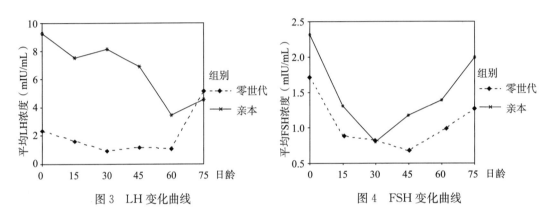

图 3　LH 变化曲线　　　　　图 4　FSH 变化曲线

初生时，零世代和亲本猪血清中雌二醇（E₂）浓度较高（图 5），且二者 E₂ 浓度无显著差异，分别为 15.588±3.580pg/mL、18.488±3.951pg/mL，P＞0.05，随后 E₂ 浓度随日龄的增长有所下降，30 日龄两组猪均降至最低水平，分别为 2.675±0.799pg/mL，8.036±1.327 pg/mL，差异极显著（P＜0.01），而零世代猪在 60 日龄又有所下降，为 7.436±1.712pg/mL，75 日龄达最高值，为 21.289±5.775pg/mL。亲本猪 30～75 日龄段 E₂ 水平持续升高，75 日龄达到最大值，为 33.023±4.171pg/mL。除初生时零世代与亲本 E₂ 水平差异不显著，其他各日龄段亲本猪均极显著高于零世代猪（P＜0.01）。

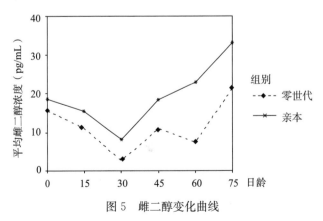

图 5　雌二醇变化曲线

3　讨论

从两组猪各生殖器官的比较结果来看，0～45 日龄期间，只有初生和 15 日龄时卵巢重有着显著差异，60～75 日龄零世代猪卵巢生长速度显著低于亲本，其他各指标在两组间的差异也多集中在这一阶段，这可能是由于前者卵巢卵泡发育滞后造成的。子宫角长度仅在 15 日龄时存在显著差异。有学者认为，子宫角长度是决定仔猪产前死亡的关键因素，并认为子宫容量的差异是产仔数有较大差别的原因之一[2]。说明 60 日龄前零世代猪与亲本各生殖器官在形态学上没有明显差别，在某些方面前者还优于后者，如出生时的卵巢重。

试验与对照组母猪具有对称生殖器官的两侧间生长发育均无显著差异，与杨仕柳（2002）的报道相一致[3]。本实验根据异速生长系数 b 值得出的各生殖器官的早熟性顺序与前人的研究有一定出入，而且卵巢在零世代与亲本猪的顺序也有差别，原因在于本研究是基于 75 日龄前，而其他研究均到猪完全性成熟为止，本实验结束时各生殖器官正处于迅速生长发育的阶段，零世代与亲本猪卵巢器官早熟性顺序的差别在于前者发育较迟，从而否定了其后来的迅速发育。鉴于此，本研究中的异速生长系数 b 值可以用来反映 75 日龄前两组猪各生殖器官的生长强度，但阴道最早熟、子宫角最晚熟这一结论还是与相关报道一致的[4～5]。

0～30 日龄阶段，两组母猪生殖器官主要随年龄和体重的增长而线性增长，除子宫角外，其他各器官的增长均比体重增长慢。出生后卵巢卵子的发生继续进行，但速度有所减慢，卵巢皮质主要由原始卵泡和初级卵泡组成，30 日龄两组猪均可观察到有次级卵泡生成。来源于胎儿时期高浓度的 LH、FSH 和 E_2 被迅速消耗而下降[6]，周双海等（2001）研究得出，0.5～2 月龄阶段 LH 和 E_2 相对稳定，血清 FSH 浓度变化也很小，认为这一时期生殖激素对器官的刺激生长作用很小[7]，与本实验 15～45 日龄阶段相似。

45～75 日龄阶段，尤其是从 60 日龄开始，两组猪的生殖器官开始迅速发育，其中以卵巢最为迅速，子宫角次之，但零世代猪较亲本迟一些。从卵泡发育情况来看，45 日龄时，两组猪卵巢发育没有明显差异；60 日龄时，亲本猪有三级卵泡出现，直径为 0.28mm，而零世代猪在 75 日龄时观察到直径为 0.32mm 的三级卵泡，此时亲本卵巢表面已有囊状卵泡出现（图 2）。从亲本卵泡的发育速度来看，零世代猪略迟。60～75 日龄两组猪 LH、FSH 和 E_2 浓度均有明显上升，与有关报道一致[5,8～9]。这一现象与该时期各生殖器官的迅速发育相适应，三级卵泡的出现意味着依赖促性腺激素时期的到来，可以认为，这一阶段生殖器官尤其是卵巢的快速生长发育与生殖激素分泌增加有密切关系，促性腺激素分泌增加，引起腔前卵泡向有腔卵泡发育，使卵泡发育进入 FSH 依赖时期，卵泡的发育使雌激素分泌增加，雌激素的正反馈作用使垂体分泌 LH 和 FSH 作用增强，从而刺激生殖器官尤其是卵巢的快速生长。对于本实验观察到的亲本卵巢卵泡发育早于零世代的现象，可能是由于性发育期二者促性腺激素浓度存在差异所致。卵巢的及早发育，将使母猪初情日龄得以提前，说明姜曲海瘦肉型品种零世代猪在很大程度上保持了亲本性成熟早的优点。

参考文献

［1］王元兴，郎介金. 动物繁殖学 ［M］. 南京：江苏科学技术出版社，1993.

［2］Xu Shiqing. Proceedings of the International Symposium on Chinese Pig Breeds. ［M］. Harbin：Northeast Forestry University Press，1992：37-51.

［3］杨仕柳，左剑波，盛文亮，等. 湘黄猪生殖器官生长规律研究 ［J］. 湖南农业科学，2002，2：44-46.

［4］徐士清，王维洪，黄晓东，等. 新嘉系母猪生殖器官生长发育研究 ［J］. 上海畜牧兽医通讯，1996，21（1）：3-7.

［5］周双海，陈清明，李振宽，等. 天津白母猪生殖器官发育和生殖激素变化规律 ［J］. 北京农学院学报，2001，16（3）：38-42.

［6］Ponzilius K H，Parvizi N，Elaesser F，et al. Ontogeny of secretory patterns of LH release and effects of gonadectomy in the chronically catheterized pig fetus and neonate ［J］. Biol Reprod，1986，34（4）：602-612.

［7］周双海，陈清明，李振宽，等. 天津白母猪性发育过程中生殖激素变化规律 ［J］. 北京：中国农业大学学报，2001，6（5）：5-8.

［8］周虚，董伟. 北京黑猪性成熟过程中外周血清促黄体素浓度变化 ［J］. 兽医大学学报，1993，13（3）：261-263.

［9］Miyano T，Akamatsu J，Kato S，et al. Ovarian development in Meishan pigs ［J］. Theriogenology，1990，33：769-775.

姜曲海猪瘦肉型品系（零世代）早期背最长肌超微结构的研究

李庆岗[1]，经荣斌[1]，宋成义[1]，王宵燕[1]，张金存[2]

（1. 扬州大学畜牧兽医学院；2. 江苏省姜堰市种猪场）

　　姜曲海猪是江苏省著名的优良地方猪种，具有性成熟早、产仔数高、肉质优良和早熟易肥等特性，但存在着生长速度慢、胴体瘦肉率低、胴体脂肪比例较高的特点。为了保种和开发利用姜曲海猪，江苏省"九五""十五"立项科技攻关课题，利用太湖猪（枫泾类群）和杜洛克猪与其杂交，旨在培育出既保留姜曲海猪产仔数多、肉质优良的性能，又具有生长速度较快、胴体瘦肉率高性能的"姜曲海猪瘦肉型品系"。目前已建立了新品系的零世代猪群，正在开展对其种质特性的研究。本试验主要是对姜曲海猪瘦肉型品系（零世代）早期（哺乳期、保育期）背最长肌超微结构特性进行研究，为其肉质、种质特性及我国猪肉质科学提供基础资料。

　　动物肌肉的基本结构单位是肌纤维，动物从出生开始，其肌肉的肌纤维根数就已经固定[1]，在生后的生长过程中，肌动蛋白和肌球蛋白大量合成，引起肌微丝（粗、细肌丝）的数量增加，使肌原纤维变粗，从而提高了肌原纤维在肌纤维中的比例，使肌纤维相应地变粗。肌原纤维在电镜下可观察到明显的肌节（肌原纤维上两条Z线之间的部分）、A带（肌节中致密较暗的部分）、I带（肌节中Z线两侧较明的部分）。国内外对猪肌肉组织学的研究[2]大部分集中在光镜组织切片的观测，而对于含中外血统的专门化瘦肉型品系猪哺乳期、保育期的肌肉超微结构的动态变化尚未见报道。

1　材料与方法

1.1　试验猪选择与处理

　　试验用猪选自江苏省姜堰市种猪场的姜曲海猪瘦肉型品系（零世代）仔猪，其亲代母猪体况相似、胎次和预产期接近。选择24头初生体重接近的仔猪在不同日龄时（0、15、30、45、60、75日龄）进行屠宰试验，每日龄屠宰4头，仔猪的饲养管理条件相同，45日龄断奶。

1.2　研究方法

　　猪屠宰后立即于第10胸椎处的背最长肌（LD）中心部取一小块[3~4]，立即放在戊二醛固定液中固定5min左右，再将其切成1mm³，放于2.5%的戊二醛（pH7.4，0.1mol/L

PBS）中，于 4℃冰箱中固定 4h 以上，然后用 1‰锇酸固定 2.5h（4℃），再用系列丙酮（50%、70%、85%、90%、100%）各脱水 15min，EPON812 和 EPON816 环氧树脂包埋，60℃下聚合 48h，LKB 超薄切片机切成 500～700Å 超薄切片，酸醋铀、柠檬酸铅染色，H300 透射电镜观察并拍照（部分照片如图 1 中 a、b、c、d、e、f 图）。每个样本用游标卡尺随机测量 5 根肌原纤维直径、5 个肌节、5 个 A 带、5 个 I 带和 5 个 H 带长度，分别取平均值作为结果。

结果统计分析采用 SPSS 统计软件进行多重比较分析，并作图（图 2）。

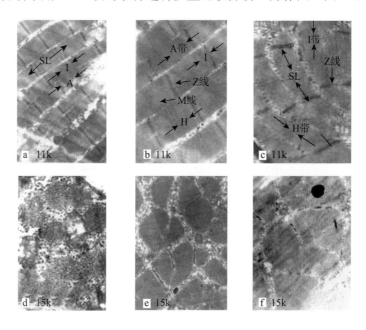

图 1 肌肉超微结构图版

a. 姜曲海瘦肉型品系（零世代）初生猪背最长肌的超微结构（纵切×11 000）；b. 45 日龄背最长肌超微结构（纵切×11 000）；c. 75 日龄背最长肌超微结构（纵切×11 000）；d. 初生日龄的背最长肌横切，可看到肌原纤维呈圆形或椭圆形直径较小（×15 000）；e. 45 日龄背最长肌横切，肌原纤维已呈现不规则的多边形状，间质比初生时减少（×15 000）；f. 75 日龄背最长肌横切，肌原纤维间质更少，肌原纤维排列紧密（图中 SL 表示一个肌节长度，I 表示 I 带，A 表示 A 带，Z 线为箭头所指的颜色较深的线，H 表示 H 带，M 表示 M 线）

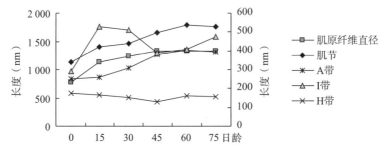

图 2 超微结构生长曲线

肌原纤维、肌节、A 带对应左侧刻度单位，I 带和 H 带对应右侧刻度单位

2 结果与分析

2.1 肌原纤维

电镜下初生仔猪肌原纤维间的间隙较大,即胞浆部分所占比例较高,且间隙中有大量排列不规则的肌浆网(图 1a)。至 15、30、45 日龄间隙逐渐变小(图 1b),60、75 日龄整个肌原纤维中胞质很少,肌原纤维排列紧密(图 1c、图 1f)。初生和 15 日龄仔猪的肌原纤维横截面呈较规则的圆形,至 30 日龄已开始呈现不规则的多边形(图 1e)。肌原纤维直径(表 1)初生仔猪为 770nm,至 15 日龄则迅速增长到 1 133nm,约增长了 0.5 倍,此后各日龄段的增长则比较缓慢,尤以 45 日龄至 75 日龄肌原纤维直径增长缓慢。

表 1 背最长肌超微结构观测结果

日龄	肌原纤维直径 (nm)	肌节 (nm)	A 带 (nm)	I 带 (nm)	H 带 (nm)
初生	770±7	1 130±8	841±2	289±7	173±2
15	1 133±3	1 405±11	870±6	654±10	166±3
30	1 225±5	1 461±40	1 037±42	510±19	151±2
45	1 329±6	1 649±26	1 263±44	390±7	130±11
60	1 328±10	1 789±29	1 346±28	407±8	163±15
75	1 333±2	1 760±3	1 320±3	473±2	156±6

2.2 肌节、A 带、I 带及 H 带

从表 1 和图 2 中可看出,初生仔猪的肌节长度仅为 1 130nm,15、30、45、60 日龄的肌节分别为 1 405nm、1 461nm、1 649nm、1 789nm,呈递增趋势,而从 60 日龄到 75 日龄的肌节长度变化不大。A 带从初生时的 841nm 到 75 日龄的 1 320nm,呈缓慢递增趋势。I 带从初生到 15 日龄迅速增长,而后至 45 日龄又下降,最终到 60、75 日龄基本稳定在 400nm 以上。H 带初生时为 173nm,随着日龄的增大其变化不大,都在 160nm 左右,从图 A 中可见初生到 75 日龄几乎为一直线。

3 讨论

3.1 肌原纤维的动态变化

由图 1d、图 1e、图 1f 可以看出:刚出生的姜曲海猪瘦肉型品系猪的背最长肌的肌原纤维间间质所占比例较大,肌原纤维直径较小,15~45 日龄时,肌原纤维直径迅速加粗,原因可能是在这一时期,肌球蛋白和肌动蛋白的合成迅猛增加,使主要成分为肌球蛋白的粗肌丝和主要成分为肌动蛋白的细肌丝形成加快,从而增加了粗细肌丝的数量,使肌原纤维加粗(图 2)。说明姜曲海猪瘦肉型品系猪在胚胎期粗细肌丝未分化发育完善,从初生

到 45 日龄期间是迅速分化、发育的重要时期，因此，在断奶（45 日龄）前加强饲喂哺乳母猪和加强仔猪补料，以给予仔猪优质足量的营养，对仔猪肌肉的生长发育尤为重要。另外，60、75 日龄的肌原纤维间隙逐渐变小，肌原纤维排列紧密，75 日龄肌原纤维直径（1 333nm）已基本达到成熟，与经荣斌（1990）[5]测定的江苏省地方猪种背最长肌肌原纤维直径（姜曲海猪为 1 330nm，长白猪为 1 384nm，二花脸猪为 1 090nm）和王学峰（2001）[6]测定的姜曲海成年猪的肌原纤维直径（1 300nm）基本一致。其动态变化曲线见图 2。

3.2 肌节、A 带、I 带及 H 带动态变化

从图 1a、图 1b、图 1c 和图 2 中可看出，肌节的生长从初生到 60 日龄是缓慢增长的，45 日龄与经荣斌（1990）[5]和王学峰（2001）[7]所测的成年猪的肌节长度相近，说明姜曲海猪瘦肉型新品系背最长肌肌节在 45 日龄时就开始逐渐发育成熟。

A 带长度占肌节长度的绝大部分，A 带的中间部位颜色较浅的区域称为 H 带，除 H 带以外的 A 带均由粗肌丝和细肌丝组成，而 H 带则只有粗肌丝没有细肌丝，所以显得颜色浅些。I 带是肌节中颜色较浅的区域，与 A 带相连，I 带中只有细肌丝而显得颜色较浅，粗细肌丝交替排列于肌原纤维中，一根粗肌丝周围排列着六根细肌丝，组成肌肉的收缩运动系统，因组成细肌丝的纤维肌动蛋白具有极性，当肌肉兴奋时细肌丝只能向 H 带的 M 线靠近，H 带的长度与肌肉的最大收缩程度有一定的关系，细肌丝的滑动将影响 I 带和 H 带的宽度，进而影响肌节的长度，因此评价肌原纤维发育的可靠测量值应选肌原纤维直径和 A 带宽度较为客观。由表 1 可看出姜曲海瘦猪肉型品系零世代猪的 H 带长度从初生到 75 日龄没有明显变化，说明 H 带在胚胎期已经分化成熟，这可能与种属特性有关，与经荣斌（1990）[7]测定的姜曲海、二花脸猪、长白猪三个品种的 H 带长度没有变化的结果相一致。I 带长度从初生到 75 日龄变化不大，与 H 带相似都因在胚胎期分化成熟而固定，所以 A 带长度的变化大部分决定了在生后肌节的长度。从图 2 中也可看出，A 带的长度变化曲线与肌节的长度变化曲线基本一致，证明了这一点。从出生到 60 日龄是 A 带强烈增长的时期，也是 A 带成熟的时期，所以在这一时期给仔猪提供较高的营养是必要的，尤其是蛋白质营养。

3.3 线粒体、糖原颗粒及脂肪滴的动态变化

超薄切片证明了初生到 15 日龄仔猪肌纤维中含有较多的线粒体、糖原颗粒和脂肪滴（图 1），这可能是与仔猪刚出生要消耗自身能量去吮乳以及母猪泌乳尚未达到高峰相适应的。初生到 15 日龄期间糖原颗粒变化不大，而线粒体和脂肪滴含量有所下降，到 30、45 日龄时明显下降，而糖原颗粒含量在 45 日龄时才明显下降，原因可能是与合成肌动蛋白和肌球蛋白需要能量有关，60 日龄时线粒体、糖原颗粒、脂肪滴均开始增多，这些线粒体、糖原颗粒和脂肪滴是由于仔猪在出生后为了满足自身需要而不是从胚胎中而来的。到 60、75 日龄仔猪肌纤维可以靠自身来提供，这说明 75 日龄仔猪的肌纤维功能已基本成熟。

参考文献

［1］ Staun H. Various factors affecting number and size of muscle fibres in the pig ［J］. Acta Agriculture Scandinavica，1963，3：293-322.

［2］ 曾勇庆，孙玉民，张万福，等．莱芜猪肌肉组织学特性与肉质关系的研究 ［J］. 畜牧兽医学报，1998，29（6）：486-492.

［3］ Solomen M B，T J Carperna，R J Mroz，et al. Influence of dietary protein and recombinant porcine somarotropin anministration in young pigs：Ⅲ. Muscle fibre morphology and shear force ［J］. J Anim Sci，1994，3：615-621.

［4］ Staun H. The nutritional and genetic influence on number and size of muscle fibres and their response to carcass quality in pigs ［J］. World Review of Anim Prod，1972，Ⅷ：18-26.

［5］ 张照．中国姜曲海猪 ［M］. 南京：江苏科学技术出版社，1994，38-40.

［6］ 王学峰．姜曲海瘦肉型新品系亲本猪肉品质及其相关性状的比较研究 ［D］. 扬州：扬州大学，2001.

［7］ 经荣斌，等．香猪、二花脸猪和长白猪肌纤维超微结构和肌肉组织化学特征研究 ［J］. 江苏农学院学报，1990，11（4）：41-44.

苏姜小母猪消化器官发育与
胃肠激素水平的相关性研究

王宵燕[1]，经荣斌[1]，朱荣生[1]，杨元青[2]，张金存[2]

（1. 扬州大学动物科学与技术学院；2. 姜堰市种猪场）

　　姜曲海猪瘦肉型品系（以下简称苏姜猪）是用杜洛克、枫泾和姜曲海三个品种猪在杂交基础上采用群体继代选育的方法培育，目前已建成选育零世代[1]。我国虽然已育成含中外血统的瘦肉型新品系猪 30 多个，但目前还未见其早期消化器官生长发育的研究。

　　激素在动物生长过程中起着重要作用，其正常的分泌调节着动物的生长发育、繁殖及对内外环境的适应性[2]。目前畜禽在此方面的研究与人类医学相比差距较大。本试验用新培育的苏姜猪零世代进行早期（哺乳期和保育期）消化器官发育以及与激素水平的相关性研究，旨在为新品系的种质特性提供必要的基础资料，并为其仔猪早期饲养提供科学的依据。

1　材料与方法

1.1　实验动物

　　在江苏省姜堰市种猪场选取苏姜亲本母猪 10 头，配种期相近。分娩后选择健康的、初生体重接近的 24 头小母猪用作屠宰试验，分别于初生、15、30、45、60 和 75 日龄各屠宰 4 头。试验猪群采用猪场常规饲养管理，定期驱虫和免疫注射，45 日龄断奶，采用玉米-豆粕型日粮，营养水平见表 1，断乳后换日粮进行为期 1 周的过渡。

表 1　基础日粮营养水平

项　　目	消化能（MJ/kg）	粗蛋白（%）	赖氨酸（%）	钙（%）	磷（%）
体重 5～10kg	14.20	20.50	1.20	1.00	0.65
体重 11～30kg	14.00	16.40	1.00	0.70	0.56

1.2　屠宰测定

　　空腹称重后对各日龄段的 4 头猪平均间隔 1h 连续 4 次采血[3]，3 000r/min 离心分离以获取血清。采用颈动脉放血的方法处死。打开腹腔，按解剖位置将小肠和大肠分为十二指肠、空肠、回肠、盲肠、结肠和直肠六段，将各肠段和胃去除食糜后和胰、肝分别称重。

1.3　血清激素浓度的测定

　　采用激素放射免疫分析法测定生长激素（GH）、胃泌素（Gas）和生长抑素（SS）。

所用试剂盒购自上海生物制品研究所（GH）和海军总医院放射性免疫研究中心（SS和Gas）。

1.4　统计分析

采用SPSS软件建立原始数据库，对各性状间发育状况进行相关分析。

2　结果与分析

2.1　各日龄段消化器官的生长发育

表2列出了初生、15、30、45、60和75日龄的各器官重平均值，可见各器官随日龄增长的生长变化基本与体重同步。

表2　姜曲海猪瘦肉型品系仔猪各日龄段消化器官重

项　　目	n	0日龄	15日龄	30日龄	45日龄	60日龄	75日龄
体重（kg）	4	1.1±0.1	2.6±0.2	5.1±0.7	9.4±0.8	15.3±0.8	25.2±0.6
肝重（g）	4	24.0±1.1	47.5±6.1	105.9±19.5	242.2±23.3	343.6±21.4	679.2±26.6
胃重（g）	4	4.8±0.5	10.8±0.7	32.2±2.3	65.7±25.3	81.9±19.8	180.6±30.2
胰重（g）	4	1.1±0.1	2.4±0.4	8.1±2.1	13.2±2.1	16.8±0.6	28.2±1.7
十二指肠重（g）	4	1.9±0.3	2.8±0.1	7.6±3.8	10.6±1.1	14.8±3.7	33.3±9.8
空肠重（g）	4	29.5±2.9	77.6±1.1	203.1±17.6	345.5±39.9	444.7±20.7	703.5±87.5
回肠重（g）	4	3.7±0.6	9.0±0.6	27.3±1.9	39.7±8.7	48.9±1.9	53.0±0.9
盲肠重（g）	4	0.6±0.2	1.8±0.5	6.1±0.3	16.3±4.5	31.4±7.2	52.8±3.3
结肠重（g）	4	4.9±1.2	22.9±0.5	48.1±12.7	98.3±23.2	187.9±39.7	262.2±38.2
直肠重（g）	4	2.1±0.4	5.3±0.8	7.8±1.1	26.6±5.6	43.8±4.9	99.3±4.9

2.2　不同日龄血清激素含量

由表3可以看出，血清中激素含量随日龄变化呈明显的规律性，生长激素的含量在60日龄内无明显变化，但到75日龄时显著升高为1.7ng/mL。胃泌素的含量在30日龄和45日龄时达到高峰值为79.2pg/mL和64.6pg/mL，到60日龄时显著下降，说明断奶对胃泌素的影响较大。血清生长抑素在初生时的含量为1 119.7pg/mL，到15日龄时就显著地降到337.3pg/mL（$P<0.01$），随后的日龄阶段内虽有下降趋势，但是各日龄间差异不显著。

表3　不同日龄血清激素水平

日龄	n	生长激素（ng/mL）	胃泌素（pg/mL）	生长抑素（pg/mL）
0	4	1.3±0.2[a]	35.7±11.4[a]	1 119.7±383.9[a]
15	4	1.2±0.2[a]	39.3±22.5[a]	337.3±132.2[b]
30	4	1.4±0.2[a]	79.2±15.0[b]	320.0±54.4[b]
45	4	1.2±0.2[a]	64.6±19.8[b]	235.7±67.8[b]

（续）

日龄	n	生长激素（ng/mL）	胃泌素（pg/mL）	生长抑素（pg/mL）
60	4	1.4 ± 0.1^a	25.7 ± 6.0^a	151.8 ± 28.9^b
75	4	1.7 ± 0.6^b	41.3 ± 18.9^a	134.0 ± 14.2^b

注：同列肩注字母相同者表示差异不显著，字母不同者表示差异显著（$P<0.05$）。

2.3 血清激素含量与消化器官重的相关性

由表4可以看出，生长激素的含量与各消化器官呈正相关，而生长抑素则与各器官重量呈负相关。未发现胃泌素与消化器官有相关性。

表4 消化器官重与激素水平的相关

	生长激素	胃泌素	生长抑素
体重	0.589^*	-0.250	-0.591^*
肝脏	0.565^*	-0.256	-0.562^*
胃	0.583^*	-0.250	-0.540^*
胰	0.562^*	-0.182	-0.615^*
十二指	0.572^*	-0.193	-0.548^*
空肠	0.546^*	-0.112	-0.611^*
回肠	0.454	-0.087	-0.709^*
盲肠	0.555^*	-0.315	-0.546^*
结肠	0.535^*	-0.290	-0.576^*
直肠	0.599^*	-0.275	-0.503^*
生长激素	1.000	-0.060	-0.521^*

注：＊表示相关显著（$P<0.05$）。

3 讨论

本实验测得苏姜小母猪血清生长激素水平在75日龄前较稳定，75日龄时则显著增长，与Squires等（1993）[4]的研究结果一致。仔猪出生时，血浆生长激素含量较高，并随年龄的增加而增加，但到生长肥育期，血浆中生长激素较为稳定。生长抑素初生时含量为1 119.7pg/mL，到15日龄时则显著下降，随后虽呈下降趋势，但差异并不显著。从血清激素含量与消化器官重量的相关性分析可以看出，生长激素和生长抑素在调控猪的消化器官发育方面起着重要作用。生长激素对消化器官的生长有促进作用，而生长抑素则抑制消化器官的生长，生长抑素与生长激素水平之间呈负相关。由此可以认为，当生长抑素降低时，生长激素水平升高从而表现出生长加速。

从表3可以看出，初生仔猪血清中生长抑素均显著高于其他日龄组，这与韩正康等（1993）[5]报道的四季鹅的结果相似。对大鼠的研究表明，处于胚胎发育过程中的脑组织一直可测得生长抑素的mRNA，并与成年鼠有同样的基因表达，而初生时血清中生长抑素的水平高于其他日龄，可能是由于胚胎期脑生长抑素的充分发育。

胃泌素主要由胃幽门和十二指肠的 G 细胞分泌，它可促进胃液和胰液的分泌，加强机体的化学性消化，使营养物质较快地被降解成可吸收状态。本试验结果表明，血清胃泌素含量在 75 日龄内有明显的规律性，30 日龄时达到最大的峰值 79.2ng/mL。60 日龄时的含量较 45 日龄显著下降，说明断奶对胃泌素分泌的影响较大。而 75 日龄内胃泌素与消化器官重都呈负相关，但相关未达到显著水平，其原因可能是胃泌素对仔猪主要是营养作用，而对消化器官的生长无促进作用。

参考文献

[1] 经荣斌，陈华才，张金存 . 姜曲海猪瘦肉品系的选育 I 基础亲本（母）筛选试验 [J]. 江苏农业研究，1999，20（1）：52-56.

[2] 韩正康 . 家畜生理学 [M]. 北京：农业出版社，1980：264-305.

[3] 陈平洁，陈庄，王祖昆 . 生长激素分泌规律的研究概况 [J]. 国外畜牧科技，1998，25（2）：32-34.

[4] Squires E J, et al. The role of growth hormones, β-adrenergic agents intact males in pork production [J]. Canadian Journal of Animal science. 1993，73：1-23.

[5] 韩正康，林玲 . 鹅生长过程中血清生长抑素水平变化的研究 [J]. 畜牧兽医学报，1993，24（2）：120-124.

苏姜猪世代选育中生长、胴体和肉质性能的测定分析

倪黎纲[1,2]，赵旭庭[1]，周春宝[1]，韩大勇[1,2]，陶勇[1]
（1. 江苏农牧科技职业学院；2. 江苏姜曲海种猪场）

苏姜猪的培育开始于 1996 年，是以姜曲海猪、枫泾猪和杜洛克猪为育种素材，经杂交、横交固定、继代选育而成的新品种[1]，该品种含杜洛克猪血统 62.5％、枫泾猪猪血统 18.75％和姜曲海猪血统 18.75％。目前已全面完成第 6 世代的选育任务，各项经济和技术指标都较姜曲海猪有了很大的提高，达到了原定的育种指标，在 2013 年 8 月通过国家级新品种猪的审定。本文主要测定分析 0～6 世代苏姜猪育种核心群生长、胴体和肉质性能数据，探讨新品种的生产性能、遗传稳定性，以在选育过程中取得的成绩。

1 材料与方法

1.1 试验猪

以苏姜猪育种场中 0～6 世代选育核心群为研究对象，各世代随机选择一定样本数健康的育肥猪进行育肥试验。育肥结束后，随机选取其中一部分猪进行屠宰试验。

1.2 饲养日粮与管理

试验猪进行 2 个阶段育肥：第一阶段 25～60 kg，第二阶段 61～90 kg。日粮采用玉米-豆粕型全价配合饲料，养分含量见表 1。

表 1 日粮营养水平

项　　目	20～60kg	61～90kg
消化能（MJ/kg）	12.88	12.14
粗蛋白（%）	16	14
赖氨酸（%）	0.65	0.63
钙（%）	0.55	0.5
磷（%）	0.5	0.4

试验在苏姜猪育种场进行，由专人负责，每天细心观察猪的采食情况、粪便和精神状况，每天 2 次投料，试验猪自由饮水，圈舍保持清洁干燥，通风良好，温度保持在 16～20℃，湿度保持在 50％～70％。

1.3　生长试验

试验猪体重达 25、60 和 90kg 时，空腹 12h 后分别称重 1 次并做记录；每天记录各组猪的采食量，并计算全期的平均采食量和料重比。

1.4　屠宰试验

屠宰前在自由饮水条件下禁食 24h，然后称重，屠宰测定方法及各项指标见参考文献 [2]。

1.5　肉质分析

以猪左半胴体背最长肌为测定材料，测定内容包括肉色、pH、剪切力、肌内脂肪含量，测定方法见参考文献 [2]、[3]。

1.6　数据处理与分析

数据均使用 SPSS 11.5 软件进行统计分析，试验结果表示为平均值±标准差。

2　结果与分析

由表 2 可见，苏姜猪 0～6 世代平均日增重和料肉比均没有显著差异（$P>0.05$），但从数据上看，苏姜猪平均日增重由 0 世代的 $642.47\pm178.52g$ 提高到 6 世代的 $685.88\pm146.38g$，变异系数由 12.22％降低到 6.76％，料肉比均在 3.2：1 左右。

表 2　苏姜猪 0～6 世代肥育性状

世代（代）	头数（头）	始重（kg）	末重（kg）	日增重（g）	日增重变异系数	料肉比
0	10	30.58 ± 3.15	89.74 ± 5.17	642.47 ± 78.52	12.22	3.29：1
1	10	29.26 ± 2.72	90.73 ± 6.33	651.18 ± 53.51	8.22	3.26：1
2	15	27.83 ± 2.98	89.97 ± 8.73	657.28 ± 59.36	9.03	3.28：1
3	20	27.65 ± 6.84	91.37 ± 9.79	652.03 ± 58.46	8.97	3.27：1
4	50	25.88 ± 5.00	92.07 ± 5.89	661.98 ± 51.16	7.73	3.24：1
5	80	27.16 ± 3.46	89.45 ± 4.75	673.63 ± 52.69	7.82	3.21：1
6	72	28.18 ± 3.97	93.33 ± 4.96	685.88 ± 46.38	6.76	3.20：1

2.1　胴体性能

胴体性状测定结果见表 3。苏姜猪 0～6 世代平均背膘厚、眼肌面积、胴体瘦肉率均没有显著差异（$P>0.05$），0 世代屠宰率与 5 和 6 世代屠宰率均存在显著差异（$P<0.05$），与其他世代均不存在显著差异（$P>0.05$）。从数据上看，经过 6 个世代的选育，苏姜猪胴体瘦肉率由 0 世代的 55.27％±15.24％提高到 6 世代的 56.60％±13.50％，变异系数由 9.48％降低到 6.18％，平均背膘厚由 0 世代的 $29.81\pm13.43mm$ 降低到 6 世代的 28.45±12.49mm。

表 3　苏姜猪各世代胴体性状

世代（代）	头数（头）	宰前活重（kg）	屠宰率（%）	平均背膘厚（cm）	眼肌面积（cm²）	胴体瘦肉率（%）	瘦肉率变异系数
0	6	89.48±6.21	68.56±3.29ac	29.81±3.43	29.38±5.37	55.27±5.24	9.48
1	8	91.85±4.27	69.12±4.72ac	28.73±2.61	29.53±4.43	54.78±4.15	7.58
2	8	90.74±5.12	70.86±2.92abc	28.27±2.24	30.27±3.98	55.49±3.85	6.94
3	10	89.45±4.75	71.77±3.94abc	27.35±1.63	32.41±2.92	55.67±3.26	5.86
4	30	92.05±5.14	72.07±2.95abc	26.93±2.57	33.06±2.76	55.92±3.54	6.33
5	31	93.71±10.62	73.45±3.78b	27.10±2.40	31.93±2.99	56.77±4.11	7.24
6	38	92.09±2.91	72.42±2.91bc	28.45±2.49	33.94±2.94	56.60±3.50	6.18

注：同列无字母或相同字母表示显著不差异（$P>0.05$），不同字母表示显著差异（$P<0.05$）。

2.2　肉质性能

苏姜猪肉质性状见表 4。苏姜猪 0～6 世代肉质的 pH_1 值均在 6.0 以上，肉色评分均在 3.0 以上，肌内脂肪含量均在 3.0% 以上。0～6 世代 pH_1、肉色、肌内脂肪含量均差异不显著（$P>0.05$）。1 世代剪切力与 4 世代和 5 世代均差异显著（$P<0.05$），与其他世代均差异不显著（$P>0.05$）。

表 4　苏姜猪各世代肉质性状

世代（代）	头数（头）	pH_1	肉色评分	肌内脂（%）	剪切力（N）
0	6	6.02±0.17	3.08±0.37	3.32±0.88	22.64±5.29ab
1	8	6.16±0.32	3.06±0.32	3.55±0.83	21.95±4.31a
2	8	6.05±0.24	3.00±0.38	3.45±0.64	24.50±5.68ab
3	10	6.06±0.21	3.05±0.37	3.33±0.38	24.21±4.70ab
4	30	6.01±0.31	3.03±0.35	3.38±0.47	26.85±3.53b
5	31	6.20±0.46	3.10±0.30	3.20±0.30	23.23±2.16ab

注：同列无字母或相同字母表示显著不差异（$P>0.05$），不同字母表示显著差异（$P<0.05$）。

3　讨论

苏姜猪 0 世代组建于 2000 年，按照苏姜猪育种方案，通过 10 多年坚持不懈努力，经过 6 个世代的选育，苏姜猪生长、胴体、肉质各个性状的性能指标均达到选育目标，苏姜猪 6 世代 25～90kg 阶段平均日增重达 685.88±146.38g，料肉比 3.20∶1，胴体瘦肉率为 56.60%±13.50%，屠宰率达 72.42%±12.91%，pH 为 6.20±10.46，肌内脂肪含量为 3.2%±10.3%。表明苏姜猪具有良好生长、胴体、肉质性能，继承了父本杜洛克饲料利用率高、瘦肉率高和生长速度快的优点，同时保持姜曲海猪肉质优良、肌内脂肪含量高的特点。

　　日增重、胴体瘦肉率、背膘厚是种猪生长、胴体选育中测定的重要指标，这些性状是由许多微效多基因控制的性状，在种猪常规选育中进展缓慢[4~5]。苏姜猪在世代选育过程中，0~6世代这3个指标均差异不显著，但是从数据看上，这3个指标的性能有不断提高的趋势，平均日增重由0世代到6世代提高了43.41g，胴体瘦肉率提高了1.33个百分点，平均背膘厚降低了1.36mm。平均日增重和胴体瘦肉率的变异系数分别降低了5.46个百分点和3.3个百分点。可以看出，苏姜猪常规选育取得了一定的进展，育种方案是可行的，世代选育方法是正确的。

　　肉质性状是一个中性指标，目前地方猪育种均将其纳入育种方案中，通过指数选择来有效提高培育猪的肉品质[6~7]。在苏姜猪培育的早期，就开始注重肉质性状的选择，采用PCR-RFLP技术对苏姜猪育种群父母本逐头进行氟烷基因的检测，剔除 Hal^{Nn} 及 Hal^{nn} 基因型个体，保证苏姜猪无PSE肉的遗传基础[8]。苏姜猪通过6个世代的选育，使肉质pH、肉色评分、肌内脂肪含量、剪切力均处于正常范围，表现出优质肉的性状，pH_1 均在6.0以上，肉色评分均在3.0以上，肌内脂肪含量均在3.0%以上。

参考文献

[1] 经荣斌. 江苏省地方猪种的保存和选育的演变 [J]. 猪业科学，2009 (2)：96-99.

[2] 陈润生. 猪生产学 [M]. 北京：中国农业出版社，1995：158-159.

[3] 张伟力，曾勇庆. 猪肉肌内脂肪测定方法及其误差分析 [J]. 猪业科学，2008 (7)：102-103.

[4] 张伟力，张似青，张磊彪. 巴克夏公猪与万谷1号母系1世代杂交效果分析 [J]. 养猪，2010 (2)：33-35.

[5] 卢建福. 滇陆系猪主要经济性状的选育效果及相关与通径分析 [D]. 兰州：甘肃农业大学，2005.

[6] 朱砺，李学伟，李芳琼，等. 肉质性状与HI-I体性状间的相关分析 [J]. 四川农业大学学报，2002，1 (20)：20-22.

[7] 曾勇庆，工林云，王根林，等. 猪肉质的影响因素及遗传调控与优质肉猪的培育 [J]. 猪业科学，2006 (6)：74-76.

[8] 经荣斌，宋成义，陶勇，等. 杜洛克猪及新姜曲海基础母本氟烷基因的检测 [J]. 养猪，2000 (4)：32.

第2部分

苏姜猪分子标记辅助育种的研究

杜洛克猪及新姜曲海基础母本氟烷基因的检测

经荣斌[1]，宋成义[1]，陶勇[1]，张金存[2]，陈华才[2]，黄富林[2]

(1. 扬州大学畜牧兽医学院；2. 姜堰市种猪场)

猪应激综合征（Porcine stress syndrome，PSS）是 PSE 或 DFD 肉的直接原因。控制 PSS 的基因称为氟烷基因（Halothane）。进一步研究表明猪兰尼啶受体（Ryanodine receptor，RYR1）基因突变是导致 PSS 的主要原因。$RYR1$ 基因的 $C^{1834} \rightarrow T$，使受体蛋白 $Arg^{615} \rightarrow Cys$，从而引起其结构和功能的改变，这种改变导致了应激状态下 Ca^{2+} 大量非正常释放，激活过量肌糖原酵解，引起 PSE 肉。未突变的纯合子 Hal^{NN} 以及杂合子 Hal^{Nn} 个体抗应激能力强，突变的纯合子 Hal^{nn} 对应激敏感。多数研究表明，Hal^N 对 Hal^n 完全显性，但有些研究表明杂合子 Hal^{Nn} 也表现应激敏感性。因此，氟烷基因只是引起 PSS 的一个主效基因，而非唯一基因。

对氟烷基因的检测有三种方法：①氟烷测定法；②血液遗传标记选择法；③DNA 诊断法。第一种方法简单，但试剂昂贵，准确性不高。第二种方法准确性亦不高。第三种方法又可分为两种方法：一是探针检测方法；二是 PCR-RFLPs 方法。这两种方法准确性都比较高，但前者较繁琐。现常用的为后一种方法。$RYR1$ 基因中的 C 突变为 T 导致内切酶 $Hha\text{I}$（$-5'GCG \downarrow C3'-$）切点消失，因此可用酶切图谱鉴别 RYR1 的基因型。

一般来说，氟烷基因对一些经济性状有双重作用，Hal^{nn} 型易发生应激反应，造成肉品质下降和猪的死亡，但其优点是使眼肌面积增大，瘦肉率升高。总的来说，它给养猪生产带来了巨大的损失。因此，为培育无应激新姜曲海瘦肉型品系猪，我们对所有基础母本及父本进行了检测。

1 材料与方法

1.1 检测猪群

中国台系杜洛克 12 头，美系杜洛克 13 头，丹系杜洛克 3 头，枫姜母猪 36 头。

1.2 毛发 DNA 的提取

按孙有平（1995）所用方法进行，所有试剂均购自生工工程公司。

1.3 引物序列

P1：TCCAG TTTGC CACAG GTCCT ACCA

P2：ATTCA CCGGA GTGGG ATCTC TGAG

1.4 PCR 循环体系

反应混合物组成（25μL 体积）：

10×buffer	2.5μL
4dNTP	2.5μL
引物 P1（10pm/μL）	0.7μL
引物 P2（10pm/μL）	0.7μL
模板（100ng/μL）	1.5μL
H$_2$O	16.5μL
Taq	1.0U
总体积	25μL

温度条件：

预变性：95℃10min 1 个循环

变性：95℃ 45s ⎫
退火：55℃ 30s ⎬ 共 35 个循环
延伸：72℃ 90s ⎭

延伸：72℃ 10min，1 个循环

1.5 酶切与电泳

15μL PCR 产物＋10U *Hha* I 酶、双蒸水、相应的 buffer 共 20μL。37℃水浴 2h 后，用 8％聚丙烯酰胺按 180V 电泳 1h，EB 染色。

2 结果与分析

（1）在中国台系杜洛克中发现了 6 头杂合子 Hal^{Nn}，说明本场中国台系杜洛克有可能掺入了一定的皮特兰血液，导致了 *Hal^n* 基因的比例增高。

（2）在美系、丹系杜洛克中未发现杂合子 Hal^{Nn} 与阳性纯合子 Hal^{nn}，说明本场美系、丹系杜洛克已淘汰了所有的 *Hal^n* 基因。

（3）在枫姜杂交母猪中未发现杂合子与阳性纯合子，说明本场地方猪无 *Hal^n* 基因。

猪 *GH* 基因部分突变位点对生产性能的影响

宋成义[1]，经荣斌[1]，陶勇[1]，高波[1]，张金存[2]，

陈华才[2]，黄富林[2]，杨元清[2]

（1. 扬州大学畜牧兽医学院；2. 姜堰市种猪场）

生长激素（Growth hormone，GH）是由垂体前叶中嗜酸性细胞合成和分泌的单链多态激素，由 190～191 个氨基酸组成[1]。它是重要的生理功能物质，具有调节脂类、糖类和蛋白质代谢，促进生长的作用[2]。*GH* 基因是 GH 的遗传物质基础，它是重要的生理功能基因，与醛缩酶、cAMP 依赖性蛋白调节单位类型 I 存在连锁。因此，*GH* 基因座研究一直为人们所关注。

近几年来，国内外学者已经对猪 *GH* 基因结构研究做了大量基础性工作。自 1983 年 Seeburg 等[3]完成对猪 *GH* 基因的 cDNA 克隆和 1987 年 Vice 等[4]对猪 *GH* 基因全序列的测定以来，猪 *GH* 基因的研究取得突破性进展。目前发现该基因全长 1 756bp，由 5 个外显子和 4 个内含子组成。1993 年由 Yerle 等定位于 12P$^{1.2}$-P$^{1.5}$[5]。Soren 等率先用 RFLP 技术发现 *GH* 基因 *Dra* I 酶切多态位点，Nielson 等又验证了这一结果[6]。Krikpatrick 及其他学者用 PCR-RFLPs 方法也检测到了 *Hae* II、*Msp* I、*Cfo* I、*Hha* I 等多态位点。华中农业大学及南京农业大学都曾经开展过这方面工作，他们用测序、传统 RFLP 及 PCR-RFLPs 等方法验证和检测了 *Dra* I、*Taq* I、*Hha* I 的多态位点，并在各品种间进行了比较[7～14]。但猪 *GH* 基因研究目前主要工作仍集中在多态位点的寻找，且研究区域主要集中在 5′端至外显子 3 起始处，它们对 GH 表达、生长和背膘等性状的影响报道很少，外显子 3 起始处至 3′端亦尚未涉及。

已有学者证实：①中国地方猪对注射或皮下埋植外源 GH 的反应比外国瘦肉型猪大得多；②瘦肉型猪 *GH* 基础值显著高于脂肪型。结合中国大多数地方猪种的特点：生长慢，脂肪率高，瘦肉率低，开展猪 *GH* 基因结构研究，寻找与快速生长、高瘦肉率、低脂肪率相关的多态位点更具有现实意义，一旦成功，便能够在短期内实现对中国地方猪种的大幅改良，从而显著提高经济效益。这一研究结果还对人类医学、转 *GH* 基因研究有着重要参考价值和积极推动作用。

鉴于上述情况，本试验利用猪毛样本，应用 PCR-RFLPs 技术，检测 *GH* 基因＋206～＋711位 506bp 片段中 *Msp* I、*Apa* I 酶切位点多态性在姜曲海猪群中的分布，分析其与生产性能的关系。期望筛选出对经济性状有显著影响的位点，作为遗传标记，进行辅助选择，为猪早期选种和加快中国地方脂肪型猪种改良进程提供有效途径。

1 材料与方法

1.1 材料

试验猪：随机选择姜堰市种猪场姜曲海猪 30 头。

试剂：TaqDNA 聚合酶、4dNTP、引物购自加拿大生工生物工程公司，pGEM3Zf（+）/HaeⅢ、pGEM7Zf（+）/HaeⅢ Marker 购自华美生物工程公司。

GH 引物序列：5′-GCCAAATTTTAAATGTCCCTG -3′；5′-CTGTCCCTCCGGGATG-TAG -3′。

1.2 方法

1.2.1 毛样采集，DNA 提取[15~16] 采用改进的方法，每头猪拔取 20～30 根猪毛，剪取毛囊部 0.5cm，放入 1mL 消化液 [70mmol/L Tris-HCl（pH8.8），2mmol/L MgCl₂，0.1% TritonX-100，0.45% NP-40，0.45% Tween-20] 中带回。加 5μL 蛋白酶 K（10mg/mL）于 37℃孵育 2h。冷却后加酚：氯仿：异戊醇（25：24：1）提取 2 次，取上清液加无水乙醇沉淀过夜，次日用 70%乙醇沉淀 2 次，至乙醇挥发尽后，加 TE 溶解，测定浓度，并保证 OD_{260}/OD_{270} 值约为 1.2，OD_{260}/OD_{280} 值约为 1.8，—20℃贮存备用。

1.2.2 PCR 扩增体系 共 10μL。

10×buffer	1.0μL
4×dNTP（10mmol/L）	0.5μL
Primer1（132ng/μL）	0.5μL
Primer2（132ng/μL）	0.5μL
DMSO（0.1%）	1.0μL
ddH₂O	5.0μL
Taq（2U/μL）	0.5μL
Template DNA（100ng/μL）	1.0μL

1.2.3 PCR 扩增 扩增条件为：94℃预变性 5min；94℃ 1min、60℃ 30s、74℃ 30s，5 个循环；94℃ 30s、60℃ 40s、74℃ 30s，25 个循环；72℃延伸 8min（506bp）。

1.2.4 分子质量标记 PCR 产物经 7.5%聚丙烯酰胺电泳，pGEM7Zf（+）/HaeⅢ Marker 标记（图 1）。

1.2.5 RFLP 分析 取 10μL PCR 产物加入限制酶（MspⅠ、ApaⅠ）8U 及相应 Buffer，双蒸水，37℃ 2.5h。酶切产物用 7.5%聚丙烯酰胺电泳，缓冲液为 1×TBE，180V 恒压 1h，溴化乙锭（0.5μg/mL）染色 30min，在紫外灯下观察结果并拍照保存。

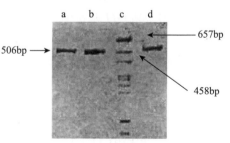

图 1 ＋206～＋711 片段扩增产物分子质量标记

a、b、d 泳道为 506bp PCR 扩增产物；
c 泳道为 pGEM7Zf（+）/HaeⅢ Marker

2　结果与分析

2.1　多态性

本试验所研究的 GH 基因 $+206\sim+711$ 片段含有丰富的突变，突变位点在内含子与外显子中都有分布。本试验选择了 Msp Ⅰ、Apa Ⅰ两种限制酶来检测猪群的位点突变情况。两种限制酶的识别序列分别为 Msp Ⅰ（5′C↑CGG3′）、Apa Ⅰ（5′GGGCC↑C3′）。根据 Krikpatrick、Vice、Larsen 等的报道，Msp Ⅰ、Apa Ⅰ限制酶分别能检测一个突变位点（$+563\sim+566$，$+295\sim+300$）。因此，群体中应能检测到：①Msp Ⅰ酶切突变位点的 G1G1（284、222 合 2 条带）、G2G2（222、147、136 合 3 条带）、G1G2（284、222、136、147 合 4 条带）3 种基因型个体；②Apa Ⅰ酶切突变位点的 G3G3（280、224 合 2 条带）、G4G4（280、130、91 合 3 条带）、G3G4（280、224、130、91 合 4 条带）3 种基因型个体。本试验所检测到的片段大小与预期完全相符（图 2、图 3），但在该群体中未能检测到 Msp Ⅰ的 G1G1 纯合基因型个体。

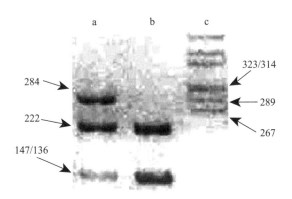

图 2　506bp PCR 产物 Msp Ⅰ酶切图谱
泳道 a 为 G1G2 基因型（284、222、147、136bp 合 4 条带）；
泳道 b 为 G2G2 基因型（222、147、136bp 合 3 条带）；
泳道 c 为 pGEM3Zf（＋）/HaeⅢ Marker

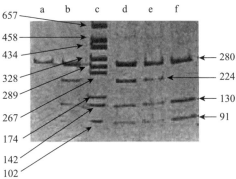

图 3　506bp PCR 产物 Apa Ⅰ酶切图谱
泳道 a 为 G3 G3 基因型（280、224bp 合 2 条带）；
泳道 b、d、e 为 G3G4 基因型
（280、224、130、91bp 合 4 条带）；
泳道 f 为 G4G4 基因型（280、130、91bp 合 3 条带），
泳道 c 为 pGEM7Zf（＋）/HaeⅢ Marker

2.2　GH 基因多态性与生产性能的关系分析

本试验利用姜曲海猪资料，分析比较 Msp Ⅰ、Apa Ⅰ二种限制酶酶切突变位点中不同基因型对生产性能的影响。Msp Ⅰ和 Apa Ⅰ酶切突变位点不同基因型对姜曲海猪生产性能的影响差异如表 1 所示。其中，Msp Ⅰ酶切突变位点 G1G2 基因型和 G2G2 基因型个体的生产性能没有差异，不同阶段体重在两组间变化没有规律，0～70 日龄日增重两组间差异不显著。Apa Ⅰ酶切突变位点 G4G4 基因型个体的 20 日龄体重、45 日龄体重略高于 G3G3/G3G4 基因型个体，但无显著差异。但 G4G4 基因型个体的 70 日龄体重极显著高

于 G3G3/G3G4 基因型个体（$P<0.01$）。G4G4 型个体的 0～70 日龄日增重也极显著高于
G3G3/G3G4 基因型个体（$P<0.01$）。

表 1　*Apa* I 和 *Msp* I 不同基因型个体生产性能的差异

体　重 （kg）	*Msp* I		*Apa* I	
	G1G2（$n=15$）	G2G2（$n=11$）	G3G3/G3G4（$n=16$）	G4G4（$n=13$）
初生重	1.660 0±0.274 6	1.654 5±0.329 7	1.700 0±0.324 7	1.646 2±0.263 4
20 日龄	7.018 7±1.404 9	6.463 6±1.487 5	6.346 2±1.367 2	7.338 5±1.389 6
45 日龄	18.940 0±4.885 2	19.190 9±3.821 6	18.926 0±4.491 2	18.950 0±4.550 4
70 日龄	38.946 7±7.815 6	34.270 0±4.833 5	33.123 1±4.122 3	41.845 5±7.336 4*
日增重	0.556 4±0.111 7	0.489 6±0.100 2	0.473 2±0.133 5	0.597 8±0.104 8*

注：* 表示两组之间差异极显著（$P<0.01$）。

3　讨论

本试验用 *Msp* I、*Apa* I 检测到了 2 个多态位点，突变位点所在位置与其他学者报道
一致。其中 *Apa* I 检测的＋295～＋300，*Msp* I 检测的＋563～＋566 位突变分别为第一、
第二内含子中突变。此两处的多态虽被检测出来，但因为处于内含子中，所以具体的序列
改变并未测定，其中＋563～＋566 处突变根据已发表文献的序列，推测可能为 T→C。而
实际上内含子结构和外显子结构同样重要，因此，内含子和外显子的序列改变都可能是有
效的遗传标记。

Apa I 识别的＋295～＋300 位内含子处多态位点的不同基因型对姜曲海猪的 70 日龄
体重影响差异显著，提示该处突变有可能对 *GH* 基因表达产生影响，从而影响个体的生
长发育。因此，应增大样本量，进一步分析不同基因型猪血中 GH 的基础值及对生长速
度的效应。

本试验未发现姜曲海猪 *Msp* I 酶切突变位点不同基因型个体的生产性能有显著差异。
由于试验中样本量及其他因素的影响，目前还不能肯定此处突变对生产性能无影响。另
外，基因型频率在不同品种中分布差异极显著，因此，进一步增大样本量分析其与生产性
能及繁殖性能的关系仍有必要。

参考文献

[1] 程治平. 内分泌生理学 [M]. 北京：人民卫生出版社，1984：64-70.

[2] Etherton T D. Biology of somatotropin in growth and lactation of domestic animals [J]. Physio Rev,
1998, 78：745-761.

[3] Seeburg P H. Efficient bacterial expression of bovine and porcine growth hormones [J]. DNA, 1983,
2：37-45.

[4] Vice P D. Isolation and characterization of the porcine growth hormone gene [J]. Gene, 1987, 55：
339-344.

［5］ Yerle M. Location of the porcine hormone gene to chromosome 12P$^{1.2}$-P$^{1.5}$ ［J］. Anim Genet，1993，24 （2）：129-131.

［6］ Nielson V H. Restriction fragment length polymorphisms at the growth hormone gene in pigs ［J］. Anim Genet，1991，22 （3）：291-294.

［7］ Krikpatrick B W. Double-strand DNA conformation polymorphisms as a source of highly genetic markers ［J］. Anim Genet，1993，24 （3）：155-161.

［8］ Krikpatrick B W. Detection of insertion polymorphisms in 5′flank and second intron of the porcine growth hormone gene ［J］. Anim Genet，1991，22 （2）：192-193.

［9］ Krikpatrick B W. *Hae* Ⅱ and *Msp* Ⅰ polymorphisms are detected in the second intron of the porcine growth hormone gene ［J］. Anim Genet，1992，23 （2）：180-181.

［10］ Larsen N J. *Apa* Ⅰ and *Cfo* Ⅰ polymorphisms in the porcine growth hormone gene ［J］. Anim Genet 1993，24 （1）：71.

［11］ Balatsky V N. Multiple forms of pigs somatotropin and growth hormone gene polymorphisms ［C］. Proc 5th World Congr Genet Appl Livest Prod，Guelph，1994，21：144-147.

［12］ 姜志华，等. 猪生长激素基因第二外显子区遗传变异的序列基础 ［J］. 南京农大学学报，1997，20 （2）：67-71.

［13］ 朱婉茹，等. 猪生长激素基因多态性研究 ［J］. 中国养猪学报，1998，6：44-45.

［14］ Balatskzi N. Polymorphism of the Bsu Rl restriction site in the porcine growth hormone gene［J］. Tsitologiya I Genetika，1995，29 （1）：45-48.

［15］ J 萨姆布鲁克，E F 弗里奇，T 曼尼阿蒂斯. 分子克隆实验指南 ［M］. 第 2 版. 金冬雁，等，译. 北京：科学出版社，1992.

［16］ 林万明，等. PCR 技术应用操作和应用指南 ［M］. 第 2 版，北京：人民军医出版社，1995.

猪生长激素基因座位 $Bsp\mathrm{I}$、$Hha\mathrm{I}$ 酶切片段多态特征的研究

陶勇[1]，经荣斌[2]，宋成义[2]，杨明君[2]，王学峰[2]

(1. 江苏畜牧兽医职业技术学院；2. 扬州大学畜牧兽医学院)

生长激素（Growth hormone，GH）在多种生理功能中起着重要的作用，对调节动物的新陈代谢、加快生长速度、提高饲料报酬以及改善胴体组成等方面均有显著的作用。猪的生长激素基因已定位于 12 号染色体的 $P^{1.2}$-$P^{1.5}$ 区域内[1]，由 5 个外显子和 4 个内含子组成，基因全长 2 231bp[2]。对该基因遗传多态性的研究报道已经表明，在猪生长激素基因的编码区和非编码区的核苷酸序列上存在着差异，表现出了丰富的多态性，有的碱基突变引起了氨基酸的变异[3~6]。因此，本研究采用了 PCR-RFLPs 方法检测了 5 个品种猪生长激素基因的−119～＋486 区域的遗传变异，以探明这些品种猪生长激素基因座位的特性，为研究我国地方猪种的基因特征与生产性能的相关关系提供依据。

1 材料与方法

1.1 材料

受试动物见表 1。

表 1 供试猪品种、头数及采样地点

品 种	头数（头）	采样地点
姜曲海猪	73	江苏省姜堰市种猪场
长白猪	21	江苏省泰兴市种猪场
小梅山猪	33	江苏省句容农校种猪场
皮特兰猪	28	上海市申丰种猪场
杜洛克猪	35	广东省白石种猪场、中山种猪场、江西省良友种猪场

1.2 方法

1.2.1 **猪基因组 DNA 的提取** 采用改进的方法[7~8]，剪取猪毛的毛囊 0.5cm，加入 1mL 细胞裂解液（70mmol/L Tris-HCl，2mmol/L $MgCl_2$，0.1％ TritonX-100，0.45％ NP-40，0.45％ Tween-20，5μL 10mg/mL 的蛋白酶 K），37℃孵育 2h，冷却后用氯仿∶异戊醇（24∶1）反复抽提 3 次后，再用冰冻无水乙醇抽提 2 次，加 TE 溶解备用。

1.2.2 **PCR 引物** 参照 Vize 等[2]发表的猪生长激素基因序列进行引物设计，并由上

海生物工程公司合成。具体序列为：

引物 1：5′-TTATCCATTAGCA-CATGCCTGCCAG-3′；

引物 2：5′-CTGGGGAGCTTACAAACTCCTT-3′。

1.2.3　PCR 反应体系　模板 DNA（约 100mg/L）1.5μL；10×扩增缓冲液 2.5μL；4×dNTPs（2.5mmol/L）1μL；MgCl$_2$（25mmol/L）2.25μL；Primer（6pmol/L）各 1μL；TaqDNA 聚合酶 0.5U（上海生物工程公司）；加双蒸水至终体积 25μL。

1.2.4　PCR 扩增条件　95℃预变性 4min，然后 95℃ 45s，59℃ 60s，76℃ 1.5min，共 30 个循环，最后 76℃延伸 10min。

1.3　基因型分析

取 PCR 产物各 10μL，分别加入 BspⅠ、HhaⅠ内切酶 8U 及与内切酶相应的缓冲液、双蒸水，37℃水浴 2～3 h。酶切产物用 8% 聚丙烯酰胺凝胶电泳，缓冲液为 1×TBE，用 pGEM7Zf（＋）/HaeⅢ Marker 标记，180 V 恒压 1 h，溴化乙锭（0.5μg/mL）染色 30min，在紫外灯下观察结果，并对电泳图谱进行分型。

2　结果与分析

2.1　基因型的分析结果

根据图 1 和图 2，参照 Larsen 等[9]研究结果，给本试验结果做出如下的分型：PCR 产物经 BspⅠ酶切之后产生 A1A1（443bp），A1A2（443bp、312 bp）和 A2A2（312bp）3 种基因型，经 HhaⅠ酶切之后产生 C1C2（605bp、496 bp）、C1C4（605bp、447bp）、C2C2（496bp）、C2C4（496bp、447bp）和 C4C4（447bp）5 种基因型。

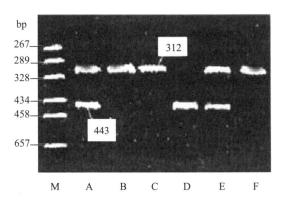

图 1　BspⅠ酶切图谱

泳道 D 为 A1A1 基因型；泳道 A、E 为 A1A2 基因型；

泳道 B、C、F 为 A2A2 基因型；M 为 pGEM7Zf（t）/HaeⅢ Marker

2.2　不同基因型在不同群体中的分布

BspⅠ、HhaⅠ酶切突变位点的基因型频率分布见表 2、表 3。根据检测结果，BspⅠ

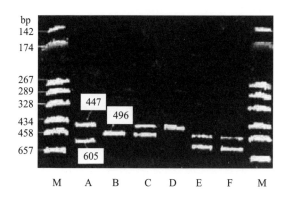

图 2 *Hha* I 酶切图谱

泳道 A 为 C1C4 基因型；泳道 B 为 C2C2 基因型；

泳道 D 为 C4C4 基因型；泳道 C 为 C2C4 基因型；

泳道 E、F 为 C1C2 基因型；M 为 pGEM7Zf（t）/*Hae*Ⅲ Marker

酶切的 3 种基因型（A1A1、A1A2 和 A2A2）在所检测的 5 个猪种中都被检测到，而且都是 A2A2 基因型占主要部分，也即在所检测的 5 个猪种中，等位基因 A2 出现的频率最高。而 *Hha* I 酶切等位基因中，没有检测到 C3 等位基因，其余 3 个等位基因在 5 个猪种中都被检测到，其中 C1C2、C1C4 基因型个体较多。

表 2 *Bsp* I 基因型频率分布

基因型	姜曲海（%）	皮特兰（%）	杜洛克（%）	长白（%）	小梅山（%）	差异
A1A1	12.3	14.3	11.4	9.5	12.1	$\chi^2 = 1.346$
A1A2	32.9	28.6	37.2	42.9	36.4	$P < 0.01$
A2A2	54.8	57.1	51.4	47.6	51.5	

表 3 *Hha* I 基因型频率分布

基因型	姜曲海（%）	皮特兰（%）	杜洛克（%）	长白（%）	小梅山（%）	差异
C1C2	47.9	39.3	48.6	42.9	36.3	$\chi^2 = 5.683$
C1C4	21.9	35.8	31.4	33.3	39.4	$P < 0.01$
C2C2	8.2	7.1	5.7	4.8	9.1	
C2C4	8.2	7.1	5.7	9.5	6.1	
C4C4	13.8	10.7	8.6	9.5	9.1	

Bsp I、*Hha* I 酶切基因型在猪群体间的分布不均匀，且差异都达到极显著水平（$P < 0.01$）。两两猪群间基因型分布差异的卡方检验结果：*Bsp* I 酶切基因型在两两猪群间无显著差异（$P > 0.05$），而 *Hha* I 酶切基因型中，皮特兰猪群除与姜曲海猪群差异不显著外，与杜洛克猪群的差异达到显著水平（$P < 0.05$），与小梅山猪群、长白猪群差异达到极显著水平（$P < 0.01$），杜洛克猪群与长白猪群的差异也达到显著水平（$P < 0.05$），其余的两两猪群间均无显著差异。

3　讨论

本研究所扩增的猪生长激素基因座包括完整的第一、第二外显子和第一内含子的－119到＋486区域共605bp片段，其中含有丰富的突变，突变位点在内含子与外显子中都有分布[3~6]。所扩增的605bp片段分别用 Bsp Ⅰ、Hha Ⅰ内切酶酶切后，均产生了遗传多态性，变异图谱如图1、图2所示。参照 Larsen 等[9] 研究分析得知，Bsp Ⅰ在＋193位检测到一个酶切位点，酶切之后产生312bp和443bp的条带，而 Hha Ⅰ在＋330位和＋379位检测到两个酶切位点，酶切之后产生447bp和496bp的条带。据 Krikpatrick 等[10] 研究报道，＋330位多态为C/T突变造成，并导致丙氨酸替换缬氨酸，＋379位多态为G/A突变，导致甘氨酸替换谷氨酸，即＋330位和＋379位突变为有意义突变，这种氨基酸的变化可能影响生长激素的活性，从而导致不同品种猪生产性能的差异。关于生长激素基因突变与生长性能的关系，还需选用有生产性能记录的个体进行进一步的深入研究。

Bsp Ⅰ、Hha Ⅰ内切酶酶切所扩增的605bp片段，得到的不同基因型在所研究的国外瘦肉型猪群与国内高产仔数猪群中的分布，经卡方检验存在着极显著的差异（$P < 0.01$）。Bsp Ⅰ的酶切基因型在所研究的猪群中都被检测到，且都是A2A2基因型的频率最高，但两两猪群间的差异不显著。而 Hha Ⅰ酶切产生的等位基因中，没有检测到C3等位基因，也没有检测到纯合的C1C1基因型。两两猪群间基因型分布的卡方检验中，皮特兰猪群除与姜曲海猪群的分布差异不显著外，与杜洛克猪群的差异达到显著水平（$P < 0.05$）。众所周知，氟烷阳性猪的生产性状、繁殖性能都较差，容易产生PSE肉，而皮特兰猪的氟烷阳性发生率在所知的外国优良猪种是最高的，因此，本研究中 Hha Ⅰ酶切基因型在皮特兰猪群与其余猪群间的差异是否是由于与氟烷应激敏感性状有关，有待扩大猪群的样本数进一步检测，值得进行深入的研究。

参考文献

[1] Yerle M，Mansais Y，Thomsen P D，et al. Location of the porcine hormone gene to chromosome 12P[1.2]-P[1.5] [J]. Animal Genetics，1993，24（2）：129-131.

[2] Vize P D，Wells J R E. Isolation and characterization of the porcine growth hormone gene [J]. Gene，1987，55：339-344.

[3] Kirkpatrick B W. Hae Ⅱ and Msp Ⅰ polymorphisms are detected in the second intron of the porcine growth hormone gene [J]. Animal Genetics，1992，23：180-181.

[4] Nielson V H，Larsen N J. Restriction fragment length polymorphisms at the growth hormone gene in pigs [J]. Animal Genetics，1991，22（3）：291-294.

[5] 姜志华，Rottmann D J，Pirchner F，等. 猪生长激素基因第二外显子区遗传变异的基础 [J]. 南京农业大学学报，1997，20（2）：67-71.

[6] 朱婉茹，刘红林，姜志华，等. 猪生长激素基因多态性的研究 [J]. 中国养猪学报，1999（2）：44-45.

［7］孙有平，小林正宪，中岛惠美子，等．全国养猪学术讨论会论文集［C］．北京：中国农业科技出版社，1999：231-232.

［8］J 萨姆布鲁克，E F 费里奇，T 曼尼阿蒂斯．分子克隆实验指南［M］．第 2 版．金冬雁，等，译．北京：科学出版社，1992.

［9］Larsen N J，Nielson V H. Apa I and Cfo I polymorphisms in the porcine growth hormone gene［J］. Animal Genetics，1993 24 (1)：71.

［10］Krikpatrick B W，Huff B M，Casas-Carrillo E. Double-strand DNA conformation polymorphisms as a source of highly markers［J］. Animal Genetics，1993，24 (3)：155-161.

猪雌激素受体基因与产仔数和乳头数的关系研究

丁家桐，葛红山，姜勋平，刘桂琼，张军强

(扬州大学畜牧兽医学院)

猪育种目标在转向培育瘦肉型品种以来，在肉用性状、肥育性状上均有较大的遗传改进，但是繁殖力提高却极为缓慢。这主要是由于繁殖性状遗传力很低，常规选育进展不大[1~2]。随着分子生物学技术和现代繁育理论的不断发展和渗透，从基因水平对猪高繁殖力机制进行研究已成为可能。Rothschild 等[3]对包括中国梅山猪在内的多个猪种 *ESR* 基因进行了 RFLP（限制片段长度多态性）分析，发现其中一种基因型可使总产仔数（TNB）和活产仔数（NBA）每胎分别增加 1.5 头和 1 头，并对乳头数（TN）有一定的正效应。近来，越来越多的研究表明[3~4]，*ESR* 基因是影响产仔数的主基因或至少是与产仔数主要基因紧密的连锁标记。本研究旨在通过对 *ESR* 基因与猪产仔数及乳头数性状关系研究，确定其作用的遗传效应，从而为中国地方猪种多产仔数性状的选育提供依据。

1 材料与方法

1.1 供试猪群

试验猪包括姜曲海猪 40 头、小梅山猪 25 头及二花脸猪 25 头，饲养在江苏省姜堰市种猪场、江苏省小梅山猪育种中心及锡山市种猪场。

1.2 母猪 *ESR* 基因分型

1.2.1 PCR 模板 DNA 制备 每头试验母猪采集 5～10 个毛囊，置于 Ependorff 管中，加入 10%Chelex 裂解液，56℃水中温育 15min；取出高速混合 10s，煮沸 5min，混合后 15 000r/min 离心 3min。取上清液置 −20℃冰箱备用。

1.2.2 引物序列及试剂 TaqDNA 聚合酶、dNTP 购自上海生物工程公司；Chelex 购自 Sigma 公司；其他试剂及常用消耗品均购于国内公司。ESR 基因引物由上海生物工程公司合成，序列为：ESRF：5′-CCTGTTTTTACAGTGACTTTTACAGAG-3′；ES-RR：5′-CACTTCGAGGGTCAGTCCAATTAG-3′。

1.2.3 PCR 扩增 反应体系：$10\times$ buffer 2.5μL；TaqDNA 聚合酶 1U；引物 $4\times10^{-3}\mu$mol；4dNTP（2mmol/L）2μL；$MgCl_2$（25mmol）2μL；模板 DNA1.2μL（100ng/μL）；加双蒸水至 25μL。扩增条件：95℃热变性 4min；然后 94℃1min，55℃退火 30s，72℃延伸 30s，共 35 个循环；最后 72℃保温 7min。

1.2.4　**基因分型**　12μL PCR 产物中加入 4U *Pvu* II、10×buffer 和双蒸水至 15μL，37℃消化 2～3h，8%聚丙烯酰胺电泳检测，EB 染色并拍照[5]。

1.3　统计分析

整理 TNB、NBA、TN 等原始资料（表 1）。基因遗传平衡检验运用卡方检验。线性模型用于分析 ESR 基因型影响头胎和经产胎次的总产仔数和产活仔数及乳头数的遗传效应。产仔数模型：表型值＝均值＋母亲值＋父亲值＋ESR 基因型＋残差；乳头数模型：表型值＝均值＋母亲值＋父亲值＋ESR 基因型＋残差。显性效应＝AB－（BB＋AA）/2，加性效应＝（BB－AA）/2。其中，BB、AB、AA 分别代表 3 种基因型的最小二乘均值。

表 1　产仔数和乳头数的样本量、简单均数、标准差

性状		样本数（头）	平均数	标准差（SD）
头胎	TNB	90	9.71（头）	2.68
	NBA	90	9.25（头）	2.69
经产胎次	TNB	601	12.27（头）	3.90
	NBA	601	11.96（头）	3.67
乳头数	TN	90	18.64（个）	1.55

注：TNB＝总产仔数；NBA＝产活仔数；TN＝乳头数。

2　结果与分析

2.1　*ESR* 基因分型

猪 *ESR* 基因座等位基因的差异在于 B 等位基因发生点突变，产生了 1 个限制性内切酶 *Pvu* II 酶切位点。根据酶切后条带的数目和位置，确定有 3 种基因型，分别为 AA 基因型：120bp/120bp；BB 基因型：55bp＋65bp/55bp＋65bp；AB 基因型：120bp/（55bp＋65bp）。电泳图见图 1。

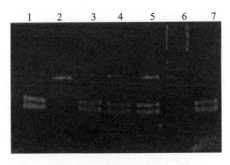

图 1　*ESR* 基因的 PCR-RFLP

1，3，7：BB 基因型；2：AA 基因型；

4，5：AB 基因型；6：PBR322 DNA/*Msp* I　Marker

2.2　*ESR* 基因频率和基因型频率

AA、AB 和 BB 基因型频率分别为 0.06、0.41 和 0.53。A 和 B 基因频率分别为 0.26 和 0.74。ESR 基因型观察值和理论值经卡方检验差异不显著,该基因处于遗传平衡状态。

2.3　*ESR* 基因型间产仔数最小二乘均值

从表 2 可看出,*ESR* 基因型对 TNB 和 NBA 的影响,无论是初产还是经产胎次均达到极显著水平(*P*<0.01)。对初产仔数,BB 和 AA 纯合子间 TNB 和 NBA 的差别分别为每窝 3.03 和 3.01 头。基因的加性效应为每个 B 基因 1.52 和 1.50 头。对于经产胎次,*B* 基因的效应比初产明显减小。BB 纯合母猪每窝的 TNB 和 NBA 比 AA 母猪分别多 1.80 和 1.82 头,基因的加性效应为每个 *B* 基因每窝的 TNB 和 NBA 分别为 0.90 和 0.91 头。

2.4　基因型间乳头数的最小二乘均值

由表 2 可见,ESR 基因型间乳头数差异不显著(*P*>0.05)。

表 2　总产仔数、产活仔数和乳头数的最小二乘均值和基因效应

基因型	样本数（n）	P	头胎		经产胎次		乳头数（TN）（个）
			TNB（头）	NBA（头）	TNB（头）	NBA（头）	
AA	5	0.06	7.49C	7.05C	10.72B	10.43B	17.98
AB	37	0.41	8.97B	8.50B	12.07A	11.67A	17.91
BB	48	0.53	10.52A	10.06A	12.52A	12.25	17.82
加性效应			1.52	1.50	0.90	0.91	−0.08
显性效应			−0.04	−0.06	0.45	0.33	−0.01

注:TNB=总产仔数;NBA=产活仔数。

3　讨论

头胎产仔数,ESR 位点 BB 基因型母猪平均比 AA 基因型的 TNB 和 NBA 分别多 3.03 和 3.01 头;经产胎次,BB 型比 AA 型 TNB 和 NBA 分别多 1.80 和 1.82 头。这与 Rothschild[3,6]等在含有 50%梅山猪合成系中研究结果基本一致。从这一结果,似乎可以看出 *ESR* 基因对产仔数的基因效应是随着胎次而下降的。其原因还不清楚。尽管如此,这个基因座的优势等位基因的效应仍足以用于育种实践来改良猪产仔数性状,并能带来巨大的经济效益。Rothschild 和 Short 等提出了 *ESR* 基因对产仔数影响是通过加性遗传模式来实现的假说。本研究在初产胎次上没有发现显性效应存在,但在经产胎次上发现有明显的显性效应存在。因此,有必要对 *ESR* 基因影响产仔数的遗传模式做进一步研究。

Rothschild[3]等在含有 50%梅山猪合成系中研究发现,*B* 基因对乳头数存在一定的正效应。而 Short[4] 和 Wei 等[7]研究表明:*ESR* 基因的 *B* 基因对乳头数存在一定的负效应。本研究结果更趋向于后者。AA 基因型比 BB 基因型乳头数多 0.16 个,尽管这种差异没有达到显著水平（$P>0.05$）。Short[4]等认为 ESR 基因对乳头数的影响是通过加性-显性模式来实现的。在以前关于 $FSH\beta$ 基因对乳头数作用的机制的研究中，也得出 $FSH\beta$ 基因对乳头数的影响符合加性-显性遗传模式[8~10]。但由于受样本量的限制，本研究的结果对此还不能做出准确的结论。因此，加大样本量对该性状做进一步的研究非常必要。

适合性检验表明：ESR 基因座位于遗传平衡状态，这说明与 ESR 基因密切相关的性状没有受到高压力的选择。实际上，本实验猪群均主要以保种为目的，没有经专门化选育。本研究结果正是这些猪群群体特征的客观反映。

对于 ESR 基因影响产仔数的机制目前还不统一，Short[4]认为可能是 ESR 影响胚胎成活。Van[11]等则认为其是通过子宫容纳能力差异影响产仔数的。鉴于此，笔者认为对 ESR 基因型间在转录和翻译水平上的差异进行研究是极其必要的。

参考文献

[1] Terqui M. Mechanisms involved in the high prolificacy of the Meishan breed // In：Proceedings of the Chinese Pig Symposium [C]. Beijing，1990：20-32.

[2] 张志武，于汝梁，王瑞祥，等. 猪产仔数性状基因效应与有效基因数的研究 [J]. 遗传学报，1994，21（4）：275.

[3] Rothschild M F，Jacobson C. The estrogen receptor locus is associated with a major gene influencing litter size in pigs [J]. Proc Natl Acad Sci，1996，93. 201-203.

[4] Short T H，Rothschild M F，Southwood O I，et al. Effect of the estrogen receptor locus on reproduction and production traits in four commercial pig lines [J]. J Anim Sci，1997，75：3138-3142.

[5] 萨姆布鲁克 J. 弗里奇 E F，曼尼阿蒂斯 T. 分子克隆实验指南 [M]. 金冬雁，等，译. 北京：科学出版社，1992.

[6] Rothschild M F，Messer L A，Vincent A. Molecular approaches to improved pig fertility [J]. J Reprod Fertil（Suppl），1997，52：227-236.

[7] Wei M，vander Steen H A M，Mclaren D C. Effect of estrogen receptor（ESR）locus on litter size of pig // In：Li Ning，Chen Yongfu，cds. Proceeding of lnternational Conference on Animal Biotechnology [C]. Beijing：International Academic Press，1997：21-24.

[8] 朱猛进，钱云，丁家桐，等. 母猪 $FSH\beta$ 基因多态与乳头数的关系研究 [J]. 畜牧与兽医，2000（3）：12-14.

[9] 朱猛进，丁家桐，姜勋平，等. 母猪 $FSH\beta$ 基因多态与产仔数的关系研究 [J]. 江苏农业研究，2001（2）：22-23.

[10] 丁家桐，朱猛进，姜勋平，等. 母猪 $FSH\beta$ 基因对仔猪哺乳期生长的影响研究 [J]. 扬州大学报：自然科学版，1999，2（4）：38-40.

[11] Van Rens，B T T M，Hazeleger W，et al. Periovulatory hormone profile and components of litter size in gilts with different estrogen receptor（ESR）genotype [J]. Theriogenology，2000，53（6）：1375-1387.

5个品种猪生长激素基因座位多样性比较

宋成义[1]，经荣斌[1]，张金存[2]，陶勇[1]，王学峰[1]
(1. 扬州大学畜牧兽医学院；2. 姜堰市种猪场)

很多学者对猪遗传多样性研究开展了广泛的工作，现已证明有生化遗传多态性的猪血液蛋白质（酶）至少达23种[1~2]，染色体C-带技术也检测出了明显多态，而DNA多态研究近年来成为热点，其中包括DNA指纹、RAPD、RFLPs、PCR-RFLPs、PCR-SSCP、mtDNA多态等技术，但DNA指纹和mtDNA多态用于多样性分析存在涉及基因座位不多、多样性贫乏和操作繁琐等缺点[3~4]。本试验尝试利用PCR-RFLPs技术，检测猪GH基因座位+206~+711位（序列参照文献[5]计算）长度506bp片段中的两个突变位点，进行多样性分析，比较皮特兰猪、杜洛克猪、长白猪、姜曲海猪和梅山猪5个品种猪群中该基因座位的多样性程度，为猪的起源分化、杂交利用研究提供基础资料和依据。

1 材料与方法

1.1 材料

试验猪：随机选择泰兴种猪场长白猪22头，广东白石种猪场、江西良友种猪场杜洛克猪共30头，上海申丰种猪场皮特兰猪30头，句容农校种猪场梅山猪24头，姜堰种猪场姜曲海猪30头。试剂：TaqDNA聚合酶、4dNTP、引物购自加拿大生工生物工程公司，pGEM3Zf（+）/HaeⅢ、pGEM7Zf（+）/HaeⅢ Marker购自华美生物工程公司。

GH引物序列：5'GCC AAA TTT TAA ATG TCC CTG3'；5'CTGTCCCTCCGG-GATGTAG3'。

1.2 方法

毛样采集，DNA提取参照文献[6]；PCR扩增条件、RFLP分析参照文献[7]、[8]；分子量标记；PCR产物经7.5%聚丙烯酰胺电泳，pGEM7Zf（+）/HaeⅢ Marker标记。

1.3 基因型判定及数据处理

基因型判定参照图1、图2，计算出两位点各基因型频率、基因频率、平均多样性和杂合性。计算公式参照文献[9]（m为基因座位数，i为第i座位，Hi为第i座位杂合子的频率，Piu为第i座位第u等位基因的频率）。

平均杂合性计算公式：$H = \dfrac{1}{m}\sum\limits_{i=1}^{m} Hi$

平均多样性计算公式：$D = 1 - \dfrac{1}{m}\sum\limits_{i}\sum\limits_{u} p^2 iu$

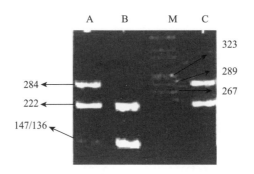

图 1　506bp *GH* 基因 PCR 产物 *Msp* I 酶切图谱

泳道 A 为 G1G2 基因型（284、222、147、136bp 四条带）；

泳道 B 为 G2G2 基因型（222、147、136bp 三条带）；

泳道 C 为 G1G1 基因型（284、222bp 二条带）；

泳道 M 为 pGEM3Zf（＋）/*Hae*Ⅲ Marker

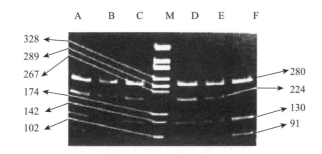

图 2　506bp *GH* 基因 PCR 产物 *Apa* I 酶切图谱

泳道 A、C、D、L 为 G3G4 基因型（280、224、130、91bp 四条带）；

泳道 B 为 G3G3 基因型（280、224bp 二条带）；

泳道 F 为 G4G4 基因型（280、130、91bp 三条带）；

泳道 M 为 pGEM7Zf（＋）/*Hae*Ⅲ Marker

2　结果与分析

本试验利用 *Msp* I、*Apa* I 两种内切酶在 5 个品种猪群中检出 *GH* 基因＋295～＋300、＋563～＋566 两个多态位点，并根据带型判定出其基因型。其中，*Msp* I 识别＋563～＋566 处突变，在梅山猪和长白猪中＋563～＋566 位点呈 G2G2 单型；在姜曲海猪中检测到 G1G2、G2G2 多态型；在皮特兰、杜洛克猪检测到 G1G1、G1G2、G2G2 三种多态型。*Apa* I 识别＋295～＋300 处突变，梅山猪在＋295～＋300 位点呈 G4G4 单型；

其他猪群都检出了 G3G3、G3G4、G4G4 多态型。所得多态结果与 Krikpatrick、Larsen 等[7~8]报道一致。在此基础上统计出各品种的基因型频率、基因频率，并根据平均杂合性和平均多样性公式，计算出各品种中两位点的平均杂合性和平均多样性指数，结果见表 1。

表 1 试验猪 GH 基因两个突变位点群体遗传结构参数统计[*]

品种	位点	基因型	基因型频率（%）	等位基因	等位基因频率（%）	平均杂合性	平均多样性
皮特兰猪	A	G1G1	0.250	G1	0.550		
		G1G2	0.600	G2	0.450		
		G2G2	0.150				
	B	G3G3	0.150	G3	0.300	0.450	0.458
		G3G4	0.300	G4	0.700		
		G4G4	0.550				
杜洛克猪	A	G1G1	0.140	G1	0.345		
		G1G2	0.410	G2	0.655		
		G2G2	0.450				
	B	G3G3	0.067	G3	0.255	0.389	0.416
		G3G4	0.367	G4	0.745		
		G4G4	0.566				
长白猪	A	G1G1	0.000	G1	0.000		
		G1G2	0.000	G2	1.000		
		G2G2	1.000				
	B	G3G3	0.176	G3	0.385	0.206	0.234
		G3G4	0.412	G4	0.615		
		G4G4	0.412				
姜曲海猪	A	G1G1	0.000	G1	0.250		
		G1G2	0.500	G2	0.750		
		G2G2	0.500				
	B	G3G3	0.107	G3	0.310	0.447	0.402
		G3G4	0.393	G4	0.690		
		G4G4	0.500				
梅山猪	A	G1G1	0.000	G1	0.000		
		G1G2	0.000	G2	1.000		
		G2G2	1.000				
	B	G3G3	0.000	G3	0.000	0.000	0.000
		G3G4	0.000	G4	1.000		
		G4G4	1.000				

注：A 表示＋563～＋566 位点，B 表示＋295～＋300 位点。

5 个品种平均杂合性和平均多样性指数以皮特兰猪群最高，梅山猪群最低，长白猪群居中，杜洛克和姜曲海猪群较高。不同品种间差异比较明显。同时也揭示不同品种的纯度，本试验中梅山猪群为近交系，因而纯度较高；长白猪的选育历史又比皮特兰猪长，纯度高于皮特兰猪。

3 讨论

考察 5 个品种猪的遗传背景，其中梅山猪是中国地方纯种猪，长白猪是由大约克夏与丹麦土种猪杂交选育而成，并本次样本是来自存在一定程度近交的群体，某些位点的纯合度高，故其多样性程度低；波特兰是由三品种杂交选育而成，遗传背景比较复杂，其平均杂合性和平均多样性程度高。杜洛克和姜曲海猪遗传背景并不复杂，但其平均杂合性和平均多样性程度高，可能意味着这两个品种种内遗传差异大。

DNA 水平多样性的研究是今后几年遗传多样性研究、保存和利用的关键。其中，mtDNA 多态性、DNA 指纹等技术比较复杂，而且能够涉及的位点不是很多，存在一定程度的局限性。本文证明：PCR-RFLP 技术进行遗传多样性分析也是科学合理和方便可行的。其他学者报道的猪血液蛋白质（酶）多样性指数范围大多数为 0.2～0.5[1]，与本试验统计结果相近，故用生长激素基因座位多样性来考察群体遗传结构也是可行的。

参考文献

[1] 田志华，等. 猪血型遗传多样性及其在育种中的应用 [J]. 西南民族学院学报：自然科学版，1998，24（1）：67-72.
[2] 陈宏权，等. 不同生态环境中国猪种的遗传多样性研究 [J]. 应用生态学报，1999，10（5）：603-605.
[3] 孙宗炎，等. 应用 DNA 指纹图谱法对湘白猪群体遗传结构的研究 [J]. 畜牧兽医学报，1995（1）：29-34.
[4] 黄富勇. 猪线粒体 DNA 多态性与中国地方猪种起源分化的关系 [J]. 遗传学报，1998，25（4）：322-329.
[5] Vize P D，et al. Isolation and characterization of the porcine growth hormone gene [J]. Gene，1987，55：339-344.
[6] 林万明，等. PCR 技术应用操作和应用指南 [M]. 第 2 版. 北京：人民医学出版社，1995.
[7] Krikpatrick B W，et al. Hae II and Msp I polymorphisms are detected in the second intron of the porcine growth hormone gene [J]. Animal Genetics，1992，23（2）：180-181.
[8] Larsen N J，et al. Hae II and Cfo I polymorphisms in the porcine growth hormone gene [J]. Animal Genetics，1993，24（1）：71.
[9] Bruce S，等. 遗传学数据分析 [M]. 北京：中国农业出版社，1996：115-124.

Study on pig growth hormone gene polymorphisms in western meat-type breeds and Chinese local breeds

Song Cheng-yi[1], Gao Bo[1], Jing Rong-bin[1], Tao Yong[1], Mao Jiu-de[2]

(1. College of Animal Science and Veterinary Medicine, Yangzhou University;

2. Department of Animal Science, University of Missouri-Columbia)

INTRODUCTION

Growth hormone (GH) is a peptide hormone which regulates growth and various metabolic activities (Sterle, 1995; Yuan, 1996). Injections of GH into growing pigs increased growth rate of the animals and the percentage of muscle, and while fat accretion was decrease (Bonneau, 1991; Fabry, 1991; Mikel et al, 1993). *GH* gene is thus a major candidate for controlling growth and fat deposit in pigs. Associations between *GH* polymorphisms and variation in growth and fatness traits have been established in pigs (Knorr et al, 1997; Krenkova et al, 1999; Pierzchala et al, 1999; Cheng et al, 2000; Song et al, 2001). Compared to Duroc, Landrace and Pietrain pigs, Chinese local pigs appear to lower growth rate and percentage of muscle. The merit of the above local Chinese breeds is their high prolificacy; studies focused on their reproductive characteristics have been conducted in many countries (Rohrer et al, 1999; Rothschild, 1994). In contrast, less research has been carried out to investigate their growth performance and regulation. Therefore, the present study was carried out to analyze the differences in polymorphisms of porcine growth hormone (pGH) gene among two local Chinese breeds and three western meat-type breeds.

MATERIALS AND METHODS

Animals

Female adult pigs (21 Landrance, 28 Pietrain, 35 Duroc, 33 Chinese Meishan and 73 Jiangquhai pigs) were used for this experiment. Landrance, Chinese Meishan and Jiangquhai pigs were from Jiansu Province. Pietrain and Duroc pigs were purchased from Shanghai and Guangdong Province.

Chemicals

Restriction enzymes (MBI), proteinase K, Taq polymerase (Sangon) and primers were obtained from the Shanghai Sangon Biological Technology, Ltd. , China. MgCl$_2$, ethidium bromide and 4dNTPs were obtained from Promega (USA). Other reagents were commercial preparations of the highest purity available.

DNA Samples

DNA extraction was performed as previously described (Song et al. , 2001). Briefly, one half gram of hair sample was cut off from 20 roots of freshly plucked hairs, placed in 0. 4 mL buffer with Rnase A (100μg/mL) for 1 h at 37℃; then incubated with proteinase K (100 μg/mL) at 56℃ for 3 h, after which, DNA was purified twice with a mixture of phenol, chloroform and isoamyl alcohol (25 : 24 : 1, v/v/v). Then, DNA samples were washed with 75% ethanoland dissolved with TE (pH8. 0, 10 mmol/ L Tris, 1mmol/L EDTA).

Polymerase Chain Reaction （PCR）

Primers were constructed as previously described by Larsen and Nielsen (1993) and Kirk-Patrick (1992). Briefly, the primer pairs of PCR1 and PCR2 were designed from 5′ upstream to the second intron, from first intron to third exon respectively (refer to Table 1). The PCR amplification was carried out for each primer pair on a Hybaid Omnigene Themocycler (Hybaid, Middlesex, UK). The amplification of PCR1 was carried out in a total volume of 25 μL reaction buffer (Sangon, Shanghai, China) containing 10 pmol of primer; 1 U Taq polymerase; 0. 4 mmol/ L each of dATP, dCTP, dGTP, dTTP; and 100 ng DNA sample. DNA was denatured for 4 min at 95℃. Polymerase chain reaction 1 was run for 30 cycles at 95℃ for 45s, 59℃ for 60s, 76℃ for 1. 5min, then extended for 10 min at 76℃. The amplification of PCR2 was carried out in a total volume of 10μL reaction buffer containing 10 pmol primer; 1 U Taq polymerase; 0. 2 mmol/L of each of dATP, dCTP, dGTP, dTTP; and 100 ng DNA. DNA was denatured for 5 min at 94 ℃. Polymerase chain reaction 2 was run for 5 cycles at 94℃ for 60s, 60℃ for 30s, 74℃ for 30s, then 30 cycles at 94℃ for 30s, 60℃ for 40s, 74℃ for 30s, and final extension for 10 min at 72℃. The amplified fragments were identified by molecular weight marker (pGEM3Zf （+）/HaeⅢ).

Table 1 Primer sequence, restriction site and corresponding PCR Product site for _GH_ gene

		Primer sequence	Site	Size
PCR1	Forward:	5′-TTATCCATTAGCACATGCCTGCCAG-3′	−119 to +486	605 bp
	Reverse:	3′-CTGGGAGCTTACAAACTCCTT-5′		
PCR2	Forward:	5′-GCCAAGTTTTAAATGTCCCTG-3′	+206 to +711	506 bp
	Reverse:	3′-CTGTCCCTCCGGGATGTAG-5′		

Restriction Fragment Length Polymorphism（**RFLP**）

The amplified fragment was digested at 37℃ for 3 hours with restriction enzyme（Table 2）in a total volume of 20μL reaction buffer containing 10μL PCR products and 10 units of enzyme. The digests were electrohoresed through 8% acryl amide gel（composed of 8% acryl amide（19∶1，acryl amide∶N N'-bismethy lene-acryl amide，w/w），5% （v/v）glycerol and 1×TBE buffer），and stained with 0.5 μg/mL ethidium bromide. Gels were visualized on an ultraviolet trans illuminator and photographed. The images were analyzed with Biotechs Gel290 software（1.0 version）. The allele frequency was calculated by the formula：$F=A/2T$，where A is the allele number，T is the total number of samples from each breed.

Table 2　Restriction enzymes used in the current study, digestion sites of growth hormone gene and identifying sequences of each restriction enzymes

	Restriction Enzyme	Site	Sequence
PCR 1	*Hha* Ⅰ	+330 and +379	5'-G*CGC-3'
	Bsp Ⅰ	+193	5'-G*GGCC-3'
PCR 2	*Apa* Ⅰ	+300	5'-GGGCC*C-3'
	Msp Ⅰ	+566	5'-C*CGG-3'

Statistics

Chi-square test was used to detect significant differences in allelic frequencies among different breeds by SPSS software（SPSS，10.0 Version）.

RESULTS

Polymorphism

One hundred ninety adult female pigs representing five breeds were examined for growth hormone gene polymorphisms in the current experiment. Five polymorphic restriction sites were detected. Two polymorphic restriction sites were identified in the 506 bp fragments with *Apa* Ⅰ （at the base 300）and *Msp* Ⅰ （at the base 566），respectively. Two polymorphic restriction sites were identified with *Hha* Ⅰ in the 605 fragment （at the bases 330 and 379）. One was identified with *Bsp* Ⅰ in the same fragment at the base of 193. The amplified fragments of PCR1 digested with *Hha* Ⅰ and *Bsp* Ⅰ restriction enzymes yielded allele A1，A2，C1，C2 and C3 （refer to Figures 1 and 2）. The amplified fragments of PCR2 digested with *Apa* Ⅰ and *Msp* Ⅰ restriction enzymes yielded allele G1，G2，G3，and G4 （refer to Figures 3 and 4）.

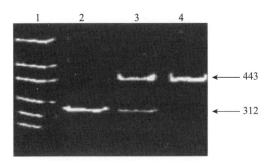

Fig. 1　Representative gel of *Bsp* I digested 605 bp PCR product

Lane 1 is a molecular weight marker（pGEM7Zf（＋）/*Hae* Ⅲ）；Lanes 2～4 are A2A2，A1A2 and A1A1，respectively

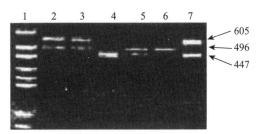

Fig. 2　Representative gel of *Hha* I digested 605 bp PCR product

Lane 1 is a molecular weight marker（pGEM7Zf（＋）/*Hae* Ⅲ）；Lanes 2～7 are C1C2，C1C2，C3C3，C2C3 C2C2 and C1C3，respectively

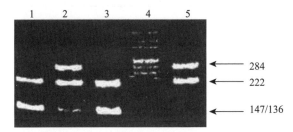

Fig. 3　Sample gel of *Msp* I digested 506 bp PCR product

Lane 4 is a molecular weight marker（pGEM7Zf（＋）/*Hae* Ⅲ）；Lanes 1～3 and 5 are G4G4，G3G4，G4G4 and G3G3，respectively

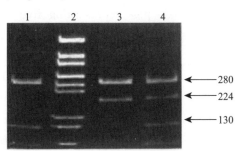

Fig. 4　Sample result of *Apa* I digested 605 bp PCR product

Lane 2 is a molecular weight marker（pGEM7Zf（＋）/*Hae* Ⅲ）；Lanes 1，3 and 4 are G2G2，G1G1 and G1G2，respectively

Allelic Frequencies

The allelic frequencies of the 506 bp and 605 bp fragments in the five pig breeds are summarized in Tables 3 and 4. Among the five breeds, there was significant difference ($P < 0.001$) in the allelic frequency of the polymorphic site of Msp I 506 bp fragment. The Landrace and Meishan pigs lacked allele $G3$. The allele $G3$ frequency of restriction Msp I site of the 506 bp fragment in Pietrain pigs was higher than that in Duroc, and Jiangquhai pigs ($P < 0.001$), while there was no difference between Duroc and Jianquhai pigs ($P > 0.05$). The allelic frequency of the Apa I 506 bp GH fragment was different among the five breeds too ($P < 0.001$). Meishan pigs lacked allele $G1$. No difference existed in the allelic frequency of the Apa I site of the 506 bp fragment among Pietrain, Duroc, Landrace and Jiangquhai pigs ($P > 0.05$, see Table 3). No differences were detected in the allelic frequency of the Hha I and Bsp I restriction site of the 605 bp fragment among the five pig breeds ($P > 0.05$). In general, there was no difference in allelic frequency in the 605 bp fragment restriction sites among the five pig breeds ($P > 0.05$, see Table 4).

Table 3 The PCR-RFLPs allelic frequencies of *GH* gene (506bp fragment) **in five porcine breeds**

Restriction Enzyme	Allele	Pietrain 28	Duroc 35	Landrace 21	Jiangquhai 73	Meishan 33	
Apa I	G1	0.300[b]	0.255[b]	0.385[b]	0.310[b]	0.000[a]	$\chi^2 = 29.14$
	G2	0.700[b]	0.745[b]	0.615[b]	0.690[b]	1.000[a]	$p < 0.001$
Msp I	G3	0.550[c]	0.345[b]	0.000[a]	0.250[b]	0.000[a]	$\chi^2 = 68.49$
	G4	0.450[c]	0.655[b]	1.000[a]	0.750[b]	1.000[a]	$p < 0.001$

Note: [a]Frequences with same superscript in the same row mean no difference ($P > 0.05$) and with different superscript in the same row mean significant difference ($P < 0.001$).

[b]N: The number of pigs per breed.

Table 4 The PCR-RFLPs allelic frequencies of *GH* gene (506bp fragment) **in five porcine breeds**

Restriction Enzyme	Allele	Pietrain 28	Duroc 35	Landrace 21	Jiangquhai 73	Meishan 33	
Bsp I	A1	0.286	0.300	0.309 5	0.287 5	0.303	$\chi^2 = 0.13$
	A2	0.714	0.700	0.690 5	0.712 5	0.697	$P > 0.05$
Hha I	C1	0.375 5	0.400	0.381	0.349	0.378 5	$\chi^2 = 1.59$
	C2	0.303 0	0.328 5	0.310	0.362 5	0.303	$P > 0.05$
	C3	0.321 5	0.271 5	0.309	0.288 5	0.318 5	

Note: [a]N: The number of pigs per bored.

DISCUSSION

The growth hormone plays an important role in the regulation of growth, development and metabolism in mammals (Kirkwood et al, 1989; Leger et al, 1998; Lough et al, 1989; Shimoda et al, 1997; Skarda, 1998). Growth hormone is an essential mediator of normal postnatal growth and its expression is regulated by other hormones and nutritional and developmental factors (Lauterio and Scanes, 1988; Nelson et al, 1988; Pfeuffer et al, 1988; Pisanty et al, 1997; Tannenbaum et al, 1998). Therefore, growth hormone gene may be potential candidate marker for marker assisted selection programs.

The sequence of porcine GH was identified by Vice and Wells (1987), and the total length of porcine *GH* gene is 2 231 bp, containing four introns and five exons. Besides, several growth hormone gene polymorphsic sites had been reported and the effects of some sites on growth performance were investigated (Handler et al, 1996; Knorr et al, 1997; Krikpatrick and Huff, 1990; Krikpatrick, 1992; Korwin-Kos-sakowska et al, 1999; Larsen and Nielsen, 1993; Nielsen and Larson, 1991; Pierzchala et al, 1999; Schellander et al, 1994). The exception Knorr et al (1997), they did not find any differences in growth performance between the pigs differing in GH genotypes. Knorr et al (1997) reported that in Meishan × Pietrain crosses, eight traits related to fatness were associated with GH genotypes. The GH locus explained 11.7% to 17.7 % of the total phenotypic variance in the F2 population. Also in our previous study, some significant differences in earlygrowth rate were found among the pigs with different genotypes of Apa I locus (Song et al, 2001). In the present study, five polymorphic sites were identified. Among them, two sites were in the first intron (193/*Bsp* I, 300/*Asp* I), one site in the second intron (577/*Msp* I), and two sites in the Second exon (330, 379/*Hha* I). Those sites were assumed to be functionally related to growth (Jiang et al, 1996; Song et al, 2001).

In this study we found Landrace and Meishan pigs lacked allele G3 of *Msp* I site, Meishan pig lacked allele G1 of *Apa* I site. Others also reported similar results, in which local Chinese pigs (Jinhua, Taihu and Wanzhehua) did not have some of these allele sites, but those sites did exist in the two western pigs (Large White and Landrace) (Jiang et al, 1996). Previous study revealed that among Chinese Tao-yuan, Duroc and Landrace pigs, the significant difference of allelic frequencies in *Taq* I and *Dra* I of GH locus were identified (Cheng et al, 2000). We also found that in the polymorphic site of *Msp* I and *Apa* I, the difference of allelic frequency was significant among the five breeds ($P < 0.001$). The growth rate of local Chinese pigs is lower, but their reproductive performance is better compared to the Landrace, Duroc and Pietrain pigs. Furthermore, several binding sites of units regulating *GH* gene expression in the 5′ flank and intron of *GH* gene were identified (Schaufele et al, 1990; Tansey et al, 1993). These indicated the possibility that these sequences may be involved in the regulation of GH production. Therefore the mutations in intron may provide markers on growth performance for future studies.

In contrast to previous observation by Jiang et al (1996), we did not find any differences in the allelic frequencies in *Hha* I site. Some studies have identified that the two mutations result in amino-acid substitution (330 bp site, alanine to valine, 379 bp site, glycine to glutamiacid) (Vice and Wells, 1987). But the biological effect of that substitution was not clear. In fact, the sequence of the first and partial second exon encodes signal peptide of GH production, the sequence of partial second's, third, fourth and fifth exons encode mature peptide of GH production (Vice and Wells, 1987). It suggested that the signal peptide is not involved in regulating gene expression. The two amino-acid substitutions were in signal peptide, which did not change the regulatory function of GH. Therefore, the two *Hha* I polymorphsic sites of the second exon were suggested to be not essential for growth-promoting activity.

In conclusion, the polymorphic sites of *Msp* I and *Apa* I were important; they might functionally relate to growth. The amino-acid substitutions in the signal peptide might have no biological effect. Further study should focus on the mutations of mature GH peptide.

猪 *GH* 基因部分多态特征与早期体重的相关研究

陶勇[1]，经荣斌[2]，任善茂[1]，宋成义[2]，张金存[3]，陈华才[3]
(1. 江苏省畜牧兽医职业技术学院；2. 扬州大学畜牧兽医学院；
3. 江苏省姜堰市种猪场)

生长激素（Growth hormone，GH）是由动物脑垂体前叶嗜酸性细胞合成和分泌的单一肽链的蛋白质激素，在多种生理功能中起着非常重要的作用，对调节动物的新陈代谢，加快生长速度，提高饲料报酬以及改善胴体组成等方面均有显著的作用[1]。而生长激素基因则是一种重要的生理功能基因，对生长激素的合成、分泌进行着直接的调控。目前，猪的生长激素基因已经被定位于 12 号染色体的 $P^{1.2}$-$P^{1.5}$ 区域内[2]，1987 年 Vice 等人测定该基因全长 2 231bp，由 5 个外显子和 4 个内含子组成[3]。国内外学者对猪 *GH* 基因结构已经进行了大量的基础性研究工作，并发现在不同猪生长激素基因的编码区和非编码区的核苷酸序列上存在着许多的差异，表现出丰富的多态性，有的碱基突变引起了氨基酸的变异[4~10]。但是，猪 *GH* 基因研究工作目前仍集中在多态位点的寻找，研究区域也主要集中在 5′端到第三外显子起始处，而且对于由碱基突变而产生的基因多态性与生长性能、胴体品质、肌肉品质间的相关关系的研究报道也很少。鉴于此，本试验采用 PCR-RFLP 技术检测了姜曲海猪生长激素基因的−119～＋486 区域内的遗传变异，并统计分析了不同基因型个体早期体重之间的差异，以期筛选出对经济性状有显著影响的位点，从而为我国地方猪种的改良和选育提供参考依据。

1 材料与方法

1.1 材料

供试猪为江苏省姜堰市种猪场饲养的姜曲海猪，共计 73 头。初生重、20 日龄体重、45 日龄体重、70 日龄体重均取自该场的生产记录。

TaqDNA 聚合酶、*Bsp* I、*Hha* I 内切酶、4dNTP 购自加拿大生物工程公司（上海）；pGEM7Zf（＋）/*Hae* Ⅲ Marker 标记购自华美生物工程公司；其他试剂及常用消耗品均购自国内公司。

参照已发表的猪 *GH* 基因的全序列进行引物设计，并由上海生物工程公司合成。具体序列为：Primer1：5′-TTATCCATTAGCACATGCCTGCCAG-3′；Primer2：5′-CT-GGGGAGCTTACAAACTCCTT-3′。

1.2 方法

1.2.1 基因组 DNA 的提取 参照文献 [11]、[12]，采用改进的方法。每头供试猪

采集 20～30 根猪毛，剪取毛囊部 0.5cm，放入 Ependorff 管中，加入 1mL 细胞裂解液、5μL 蛋白酶 K（10mg/mL），于 37℃孵育 2～3h。冷却后用氯仿：异戊醇（24∶1）提取 3～4 次，取上清液加无水乙醇在 -20℃沉淀过夜，次日用 70％的冰冻乙醇沉淀 2 次，待乙醇挥发尽后，加 TE 溶解，在 -20℃贮存备用。

1.2.2　PCR 扩增　25μL 反应体系：模板 DNA 1.5μL；10×buffer 2.5μL；4×dNTP（2.5mmol/L）1μL；$MgCl_2$（25mmol/L）2.25μL；Primer（6pmol/L）各 1μL；TaqDNA 聚合酶 0.5U。

扩增条件：95℃预变性 4min；95℃ 45s，59℃ 60s，76℃ 90s，共 30 个循环；76℃延伸 10min。

1.2.3　RFLP 分析　取 PCR 产物 10μL 加入限制性内切酶（*Bsp*Ⅰ或 *Hha*Ⅰ）8U 及相应的 buffer 缓冲液、双蒸水，37℃水浴孵育 2～3h。酶切产物用 8％聚丙烯酰胺凝胶电泳，缓冲液为 1×TBE，用 pGEM7Zf（＋）/*Hae*ⅢMarker 标记，180V 恒压 1h，溴化乙锭（EB）（0.5μg/mL）染色 30min，在紫外灯下观察结果并拍照保存（图 1）。

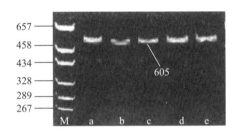

图 1　PCR 扩增产物分子量标记

a、b、c、d、e：605bp PCR 产物；M：pGEM7Zf（＋）/*Hae*Ⅲ Maker

1.3　统计分析

采用 SPSS 统计分析软件建立原始数据库，并进行统计分析。

2　结果

2.1　*GH* 基因多态性

试验中所扩增的猪 *GH* 基因 -119～+486 区域共 605bp 片段中含有丰富的多态，突变位点在内含子和外显子中都有分布。本试验选择 *Bsp*Ⅰ、*Hha*Ⅰ两种限制性内切酶来检测姜曲海猪群的位点突变情况，其识别序列分别为：5′G↑GGCC3′和 5′G↑CGC3′。所扩增的 605bp 片段分别用 *Bsp*Ⅰ、*Hha*Ⅰ酶切之后，均产生了遗传多态性，变异图带如图 2、图 3 所示。根据 Vice、Larsen 等人的研究报道，在姜曲海猪群中检测到：*Bsp*Ⅰ酶切之后产生的 A1A1（443bp）、A1A2（443bp、312bp）和 A2A2（312bp）三种基因型个体；*Hha*Ⅰ酶切产生的 C1C2（605bp、496bp）、C1C4（605bp、447bp）、C2C2（496bp）、C2C4（496bp、447bp）和 C4C4（447bp）5 种基因型个体。本试验中所检测到的片段大小与他人的报道完全相符，但在该群体中没有检测到 Hha Ⅰ 的等位基因 C1，也没有检测到纯合的 C1C1 基因型个体。

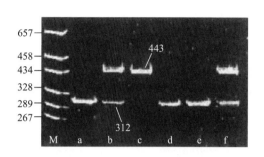 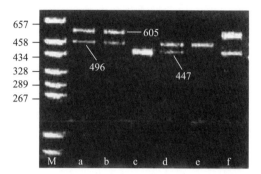

图 2　605bp PCR 产物 Bsp Ⅰ 酶切图谱

a、d、e：A2A2 基因型；

b、f：A1A2 基因型；c：A1A1 基因型；

M：pGEM7Zf（＋）/HaeⅢ Maker

图 3　605bp PCR 产物 Hha Ⅰ 酶切图谱

a、b：C1C2 基因型；

c：C4C4 基因型；d：C2C4 基因型；e：C2C2 基因型；

f：C1C4 基因型；M：pGEM7Zf（＋）/HaeⅢ Maker

2.2　GH 基因多态性与早期体重间的相关关系分析

本试验利用姜曲海猪的生产资料，分析比较 Bsp Ⅰ、Hha Ⅰ 两种限制性内切酶酶切突变位点中的不同基因型对早期体重的影响。Bsp Ⅰ 和 Hha Ⅰ 酶切突变位点不同基因型对姜曲海猪早期体重的影响差异见表 1、表 2。其中 Bsp Ⅰ 酶切产生的不同基因型个体的早期体重间没有显著性差异，但 A1A1 基因型个体的早期体重均略高于其他两种基因型个体的早期体重。Hha Ⅰ 酶切产生的不同基因型个体间，C1C2 基因型个体在 20 日龄、70 日龄的体重均显著地高于 C1C4 基因型个体的体重（$P<0.05$），而 C1C2 基因型个体、C1C4 基因型个体与其他基因型个体体重的差异均不显著。而不同基因型个体在初生、45 日龄时的体重间也没有显著差异。

表 1　Bsp Ⅰ 不同基因型对姜曲海猪早期体重的影响

体重（kg）	基因型		
	A1A1（$n=10$）	A1A2（$n=21$）	A2A2（$n=34$）
初生	1.560 0±0.105 6	1.538 1±0.251 9	1.526 5±0.234 0
20 日龄	6.690 0±1.022 5	6.338 1±1.235 9	6.358 8±1.273 5
45 日龄	18.570 0±2.783 3	17.200 0±3.113 0	16.358 8±3.847 9
70 日龄	36.450 0±5.320 0	36.666 7±9.494 2	35.594 1±8.336 8

表 2　Hha Ⅰ 不同基因型对姜曲海猪早期体重的影响

体重（kg）	基因型				
	C1C2（$n=30$）	C1C4（$n=14$）	C2C2（$n=6$）	C2C4（$n=6$）	C4C4（$n=9$）
初生	2.080 0±2.827 7	1.571 4±0.143 7	1.583 3±0.343 0	1.416 7±0.213 7	1.533 3±0.273 9
20 日龄	6.730 0±1.031 3[a]	5.928 6±1.383 7[b]	6.666 7±1.057 7	6.216 7±1.192 3	5.988 9±1.526 0

（续）

体重	基因型				
（kg）	C1C2 （n＝30）	C1C4 （n＝14）	C2C2 （n＝6）	C2C4 （n＝6）	C4C4 （n＝9）
45 日龄	17.130 0±3.412 4	16.378 6±3.650 1	18.450 0±2.460 7	18.616 7±3.825 4	16.144 4±3.531 3
70 日龄	38.186 7±5.590 5ᵃ	32.628 6±9.306 0ᵇ	37.666 7±8.863 8	32.150 0±5.368 7	35.922 2±13.135 4

注：同一日龄同一行小写字母不同者差异显著（$P<0.05$）。表中数值为平均数±标准差（Mean±SD）。

3　讨论

试验使用 Bsp Ⅰ、Hha Ⅰ 在所扩增的区域内共检测到 3 个多态位点，突变位点所在位置与其他学者的报道相一致。其中，Bsp Ⅰ 检测到的＋193 位突变位于第一内含子中，故具体的序列没有测定。Hha Ⅰ 在＋330、＋379 位检测到的突变位点位于第二外显子内，根据已经发表的 GH 基因序列可推测，＋330 位突变可能为 C/T 突变，＋379 位为 G/A 突变，这两处的突变均可能导致氨基酸的替换。因此，这两处突变位点均有可能成为有效的遗传标记。

Hha Ⅰ 识别的突变位点所产生的不同基因型对姜曲海猪的 20 日龄、70 日龄体重的影响差异显著，这可能是由于这两处的突变对 GH 基因的表达产生影响，从而影响个体的生长发育。因此，扩大样本量，进一步分析不同基因型对血浆中的 GH 浓度及生长速度等生产性能的效应显得很有必要。

本次试验没有发现姜曲海猪群体中 Bsp Ⅰ 酶切突变产生的不同基因型个体在早期体重上产生显著差异。但由于试验中样本量较少以及其他影响因素的存在，目前还不能肯定猪 GH 基因在＋193 位的突变对早期体重没有影响，因此，其中的相关关系也值得做继续深入的研究。

参考文献

［1］ Etherton T D. Biology of somatotrophin in growth and lactation of domestic animal ［J］. Physio Rev，1998，78：745-761.

［2］ Yerle M，Mansais Y，Thomsen P D，et al. Location of the porcine hormone gene to chromosome 12P$^{1.2}$-P$^{1.5}$ ［J］. Animal Genetics，1993，24（2）：129-131.

［3］ Vize P D，Wells J R E. Isolation and characterization of the porcine growth hormone gene ［J］. Gene，1987，55：339-344.

［4］ Nielson V H，Larsen N J. Restriction fragment length polymorphisms at the growth hormone gene in pigs ［J］. Animal Genetics，1997，22（3）：291-294.

［5］ Larsen N J，Nielsen V H. Apa Ⅰ and Cfo Ⅰ polymorphisms in the porcine growth hormone gene ［J］. Animal Genetics，1993，24（1）：71.

［6］ Balatsky V N. Multiple forms of pigs somatotrophin and growth hormone gene polymorphisms ［J］. Appl Livest Prod，1994，21：144-147.

［7］ Kirkpatrick B W. Hae Ⅱ and Msp Ⅰ polymorphisms are detected in the second intron of the porcine growth hormone gene ［J］. Animal Genetics，1992，23（2）：180-181.

［8］ Kirkpatrick B W，Huff B M，Casas-Carrillo E. Double-strand DNA conformation polymorph-isms as a source of highly genetic markers ［J］. Animal Genetics，1993，24（3）：155-161.

［9］ 姜志华，Roffmann O J，Pirchner F. 猪生长激素基因第二外显子区域遗传变异的基础 ［J］. 南京农业大学学报，1997，20（2）：67-71.

［10］ 陶勇，经荣斌，宋成义，等. 猪生长激素基因座位 Bsp I、Hha I 酶切片段多态特征的研究［J］. 华中农业大学学报，2001，20（5）：460-462.

［11］ 宋成义，经荣斌，陶勇，等. 猪 GH 基因部分突变位点对生产性能的影响 ［J］. 遗传，2001，23（5）：427-430.

［12］ J 萨姆布鲁克，E F 弗里奇. T 曼尼阿蒂斯. 分子克隆实验指南 ［M］. 第 2 版. 金冬雁，等，译. 北京：科学出版社，1992.

Msp Ⅰ polymorphisms in the 3rd intron of the swine *POU1F1* (*Pit*-1) gene and its correlation with growth performance

Song Cheng-yi[1], Teng Yong[1], Gao Bo[1], Mi Hai-feng[1],
Jin Rong-bin[1], Mao Jiu-de[2]

(1. College of Animal Science and Veterinary Medicine, Yangzhou
University Yangzhou; 2. Department of Animal Science, University of
Missouri-Columbia)

POU1F1 is a pituitary-specific transcription factor involved in pituitary development and regulating hormone expression in animals and is a member of the POU family of transcription factors that regulate animal growth and development (Cohen et al, 1996; Chung et al, 1998; Ingraham et al, 1999). It has been shown that the *POU1F1* gene product regulates the expression of growth hormone (GH), prolactin (PRL) and thyrotrophin b subunit (TSH-P) by binding to target DNA promoters as a dimer (Holloway et al, 1995; Jacobson et al, 1997). Therefore animal growth and development require the stable expression of *POU1F1*. Mutations of the *POU1F1* gene leading to deficiency or absence of GH, PRL and TSHβ, which could result in the variability of development and growth, have been identified (Itadovick et al, 1992; Tatsumi et al, 1992; Hendriks et al, 2001). Therefore, genetic variation in the *POU1F1* gene and its associations with growth traits in livestock animals could provide useful genetic markers for animal selection and breeding through Marker-assisted selection (MAS).

The structure, encoding sequences and partial genome sequences of swine *POU1F1* have been defined (Tuggle et al, 1993; Yu et al, 1994; Chung et al, 1998; Yu et al, 2001). Some polymorphisms in the *POU1F1* gene also have been observed and found to be associated with quantitative traits in livestock animals (Yu et al, 1993; Yu et al, 1995; Yu et al, 1996; Woollard et al, 1994; Moody et al, 1996; Nielsen et al, 1997; Stancekova et al, 1999; Brunsch et al, 2001; Flak et al, 2001; Sun et al, 2002; Stasio et al, 2002). In cattle, *POU1F1* has been associated with variation in body weight, milk, protein, and fat yields (Renaville et al, 1997; Zwierzchowski et al, 2002). Some genotypes of swine POU1F1 have been found to be correlated with growth and carcass traits. Most interestingly, an *Msp* Ⅰ polymorphisms in the 3rd intron of the swine

POU1F1 gene has been correlated with fat deposition and daily body weight gain (Yu et al, 1995, 1996; Stancekova et al, 1999; Brunsch et al, 2001; Flak et al, 2001).

Compared with meat-type pigs, Chinese local pigs have more fat deposition and lower growth rate (Ming Xing et al, 2000). Therefore, Chinese swine breeders are trying to reduce fat, increase protein and enhance growth performance. The objective of the current study was to detect $Msp\,I$ variants in the 3rd intron of the POU1F1 gene among different type pigs, and to determine whether these are associated with variation in growth traits and thus could contribute to selective breeding programs.

MATERIALS AND METHODS

Chemicals

Restriction enzymes (MBI), proteinase K, Taq polymerase (Sangon) and primers were obtained from the Shanghai Sangon Biological Technology, Ltd (Shanghai, China). Magnesium chloride, ethidium bromide and 4dNTPs were obtained from Promega (USA). Other reagents were commercial preparations of the highest purity available.

Animals

Five breeds, composed of 2 meat-type (Landrance and Duroc), 2 fat-type (Chinese Meishan and Jiangquhai) and one Chinese miniature pig (Xiangzhu) representing diverse genetic backgrounds, were used for this study. A total of 180 animals (30 per genetic group) were genotyped for their $Msp\,I$ variants. 154 FI cross-bred pigs (Duroc a ♂ × ♀ (Fengin ♂ × ♀ Jiangquhai)) were used for identifying the association of Msp I polymorphisms with growth traits.

Landrace, and Duroc pigs were bought from Demark and the USA, respectively. Chinese local breeds, Meishan and Jiangquhai pigs were obtained from Jiangsu province and Xiangzhu pigs were from Guizhou province.

Animal Management And Data Collection

All cross-bred pigs were born during the same week and housed on a pig breeding farm at Jiangyan (Qingtong country of Jiangyan town, Jiangsu province). Pigs were weaned at 28 days of age and moved to growing pens. Then they were moved to two finishing pens at 70 day of age and raised until slaughter. All pigs were fed according to NRC recommendations (1999).

Body weight at birth (BWT), at 45 days of age (WT45), 70 days of age (WT70), adjusted 180 day weight (WT180), adjusted average daily gain (ADG) (from 45 to 180 day) were recorded and analyzed.

Genotyping

Ear tissue was collected from each animal and DNA extracted. An amplicon including the full 3rd intron of *POU1F1* gene was amplified using a polymerase chain reaction protocol developed by Stancekova (1999). The amplified products were digested with *Msp* I restriction endonuclease, separated on a 1% agarose gel, and visualized under UV light following ethidium bromide staining. A 2100 by PCR product and two POU1F1 alleles (*C*, 1.68 kb and *D*, 0.85/0.83 kb) were identified and each animal was classified as CC, CD, or DD with respect to POU1F1 genotype (Figures 1 and 2).

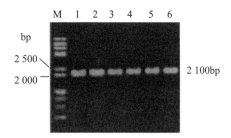

Fig. 1 2 100bp PCR products

M: DL2000+15000 Marker; 1~6:

2 100bp PCR products

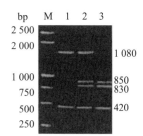

Fig. 2 Sample result of *Msp* I digested

2 100bp PCR products

M: DL2000+15000 DNA Marker; 1: genotype CC;

2: genotype CD; 3: genotype DD

Statistics

A Chi-square test was used to test the differences in genotypic and allelic frequencies among different breeds using SPSS software (SPSS, V10.0). To test for possible associations between genotypes and growth traits in crosbred animals, all growth trait data were analyzed by using the General Linear Model Procedure of SPSS (V10.0). Fixed effects of POU1F1 genotypes, sex and sire were included in the model and body weight at birth as a covariate.

RESULTS

Genotypic And Allelic Frequencies

The distributions of genotypic and allelic frequency are summarized in Table 1. Genotypic and allelic frequencies are significantly different among the five breeds. Landrace and Duroc European meat-type breeds, have higher DD genotypic frequency (93% and 97% respectively), while Meishan and Jiangquhai, fat-type breeds, had lower DD genotypic frequency (4% and 0%, respectively). Interestingly, the miniature pig, Xiangzhu, showed a distribution of 3% CC, 60% CD and 37% DD genotypes. The genotypic frequencies were significantly different between the meat-type and fat-type breeds （$P<0.01$）, and between minia-ture pigs and others （$P<0.01$）. The D allelic frequency in the meat-type pigs was significantly higher than that in Chinese fat-type breeds （$P<0.01$）. The two meat-type pigs, Landrace and Duroc had similar D allelic frequency.

Table 1　Genotype and allelic frequencies at $Msp\,\text{I}$ restriction site in the third intron $POU1F1$ gene

Breeds	Number	Genotypes			Alleles	
		CC	CD	DD	C	D
Landrace	30	0	0.07	0.93	0.03	0.97
Duroc	30	0	0.03	0.97	0.02	0.98
Meishan	30	0.73	0.23	0.04	0.85	0.15
Jiangquhai	30	0.80	0.20	0	0.90	0.10
Xiangzhu	30	0.03	0.60	0.37	0.33	0.67

Association Between Genotypes And Growth Traits

The general linear model analyses for the correlation between genotypes and growth traits are shown in Table 2. Except for body weight at birth, all other growth traits tested were significantly affected by POU1F1 genotype （$P<0.05$） with the D allele having the favourable positive effect for each trait. Body weight at birth was not different among POU1F1 $Msp\,\text{I}$ genotypes （$P>0.1$）, although the frequency of genotype CC pigs was low. At 45-day and 70-day, the significant associations between heaver body weight and genotype DD were identified （$P<0.05$）, whereas the relations between genotype DD and heaver adjusted 180-day weight and higher average daily gain from 45-day to 180-day reached high significance （$P<0.01$）. The pairwise comparison revealed that there was significant difference in 180-day weight and average daily gain between days 45 to 180 of age between DD and CD, and between DD and CC genotypic pigs （$P<0.01$）. The mean body weight at 180 day of age in pig with DD genotype was 1.799 to 4.682 kg heavier than pigs with genotypes CD and CC （$P<0.01$）.

Table 2　POU1F1 genotypes, body weight （kg） at different stage of growth and adjusted daily gain between 45 and 180 days of age

Traits	POU1F1 $Msp\,\text{I}$ genotypes			
	CC （$n=10$）	CD （$n=77$）	DD （$n=67$）	Pb
WT0	1.014±0.281	1.178±0.091	0.973±0.102	$P>0.1$
WT45	8.732±0.428	9.435±0.139	9.759±0.156	$P<0.05$
WT70	16.183±0.985	17.607±0.320	18.467±0.358	$P<0.05$
WT180	81.599±1.528	84.481±0.497	86.280±0.556	$P<0.01$
ADG45-180	0.540±0.009	0.556±0.003	0.567±0.003	$P<0.01$

Note: [a] WT0, WT45, WT70, WT180: Body weight at birth, 45, 70 days of age, and adjusted 180 day body weight, ADG45-180: adjusted average daily gain （kilograms/day）. Probability of F-test for genotype effect.

DISCUSSION

Compared with Landrace and Duroc, Chinese Meishan and Jangquhai pigs have a lower growth rate, lower feed to body weight conversation ratio and lower carcass lean percentage (Ming Xing et al, 2000). In the present study, we identified remarkable differences in genotype and allele frequencies between meat-type and fat-type pigs. Meat-type Landrace and Duroc had higher D allele and DD genotype frequencies, while Chinese fat-type breeds, Meishan, Jiangquhai, had very lower D and DD frequencies. Accordingly, similar genotypic distributions were found between meat-type and fat-type pigs in previous research (Yu et al, 1993; Yu et al, 1995). It indicates that this Msp I point mutation of POU1F1 possibly directly affects the deposit of protein and fat, or the POU1F1 locus has close linkage with QTL regulating protein and fat deposit. In this study, the general linear model analyses demonstrates that, in crossbred population, pigs with genotype DD were 1.799 to 4.682 kg heavier than pigs with genotype CD and CC at day 180 of age. The allele D has a positive effect on lean percentage, reduces back fat and enhances growth performance. This result is according with the genotypic frequencies among different type pigs.

While previous research by Sun et al. (2002) showed that the pigs with Msp I genotype DD has a lower circulating level of GH, but higher levels of PRL than pigs with other genotypes at birth, which agrees with Yu's report that the Msp I genotype CC ($P < 0.01$) was associated with heavier birth weight (1995), However, this association could not be detected at later stages of growth. Yu's report also revealed that the pigs with Msp I genotype CC were also significantly associated with greater average back fat at marketing (1995), but Yu's (1996), later study didn't confirm this effect of genotype CC on back fat thickness. Further a recent study analyzing the effect of POU1F1 Msp I genotypes in European Large White pigs and a crossbred population of Large White × Landrace found that the genotype DD was associated with significantly greater back fat thickness (Stancekova et al, 1999). The pronounced discrepancies of association between Msp I genotypes and traits do exist among labs. The reasons for these differences are unclear.

This study demonstrates that a considerably positive genotype effect of POU1F1 on growth rate which is in good agreement with the allele and genotype distribution between meat-type pigs and fat-type pigs. However no previous research identified any associations of POU1F1 Msp I genotype with growth rate at finishing period. This implies that the linkage disequilibrium of POU1F1 with other locus may explains the possible genotype effects. QTL mapping research also revealed that some reference families have a region near P1T1 on pig chromosome to be associated with birth weight and early growth (Archibald et al, 1995). Therefore different genetic background and transient linkage disequilibrium with another locus may contribute to the answer. Further investigations focusing on linkage disequilibrium in different populations and genotype effects are recommended.

Acknowledgements

Authors acknowledge Dr Chris Moran's revision advice (Department of Animal Science, Sydney University) and the financial support from Department of Education of Jiangsu province and Yangzhou University, PR. China for the current study.

猪 *POU1F1* 基因部分序列变异和同源性分析

滕勇，经荣斌，宋成义，杨海明

（扬州大学江苏省动物遗传育种重点实验室）

垂体转录因子（Pituitary transcription factor 1，POU1F1，又称 Pit-1）是 POU 结构域蛋白家族的成员之一。通过生物化学和个体发育学的研究发现，*POU1F1* 是重要的组织特异性转录因子，在哺乳动物的垂体前叶腺中参与生长激素（GH）、催乳素（PRL）和促甲状腺素 β 亚单位（TSHβ）基因的表达调控[1~2]，从而在分子水平上对动物的生长速度、脂肪沉积等性状和产仔数、仔猪断奶重等繁殖性状发挥间接效应[3]。POU1F1 蛋白重要的结构域有三个，分别为 N 端转录激活区（主要由基因的第一、第二、第三外显子编码）、POU 特异区（主要由基因的第三和第四外显子编码）和 POU 同源区（主要由基因的第五和第六外显子编码）[4]。

目前，对于 POU1F1 蛋白 POU 特异区和 POU 同源区的研究工作在国外开展得比较多。1990 年，Li 等学者研究发现：在 dw（矮小性状基因座 dwarf locus）矮小性小鼠中存在一个 *POU1F1* 基因的点突变，这个突变就发生在 POU 同源区内，引起了一个 G→T 的碱基替换，从而导致第 261 号密码子编码的氨基酸由色氨酸变为半胱氨酸[5]。1992 年，Tatsumi 等在研究一对患有呆小症的姐妹时报道：姐姐患有 GH、PRL、TSHβ 缺乏症，妹妹在出生后 2 个月死于肺炎。经分析发现，这对姐妹的 *POU1F1* 基因均发生突变，导致整个 POU 同源区的缺失[6]。2001 年，Brenda 等在对一个患有综合性垂体激素缺乏症（CPHD）的小男孩的研究中又发现 *POU1F1* 基因的两个突变，一个突变发生在第四外显子内，另一个突变则在 POU$_{HD}$ 内[7]。据统计分析，患有 CPHD 的病人在 *POU1F1* 基因上发生的突变高达 19 处之多，其中有 5 处发生在 POU$_{HD}$ 区域内，11 处发生在 POU$_{SD}$ 区域内。自 1993 年，Yu T P 等在中国猪种梅山、民猪、枫泾及 3 头约克夏的 *POU1F1* 基因 POU 结构域中检测到了 *Msp* I 酶切多态性后，*POU1F1* 基因的多态性及其应用的研究成为诸多学者研究的重点[8]。

本试验采用 PCR-RFLP 方法，从长白、杜洛克、约克夏、姜曲海、梅山和香猪六个猪种的耳组织中分别扩增出包含 *POU1F1* 基因第四、第五和第六外显子的 DNA 片段，用限制性内切酶 *Nla* Ⅲ 对包含第四外显子 PCR 产物进行酶切多态性分析，并对出现多态性的含有第四外显子的 PCR 产物、含有第五外显子的克隆产物、含有第六外显子的 PCR 产物进行测序。将所测定的核苷酸序列与其他同源序列比较分析，并探索第四外显子的 *Nla* Ⅲ 酶切位点在 6 个猪种中的分布特征，为寻找合适的实验动物建立人类相关疾病模型和筛选出有效的遗传标记进行动物育种的辅助选择，提供参考依据。

1 材料与方法

1.1 实验材料

1.1.1 样本来源 见表1，所选猪种的公母均各半。

表1 供试猪品种、头数及采样地点

品种	头数	采样地点
长白	70	江苏常州市康乐有限公司种猪场
杜洛克	70	江苏常州市康乐有限公司种猪场
约克夏	70	江苏泰兴种猪场
姜曲海	68	江苏省句容农校种猪场
梅山	30	江苏姜堰种猪场
香猪	30	江苏响水种猪场

1.1.2 **菌种及质粒** 大肠杆菌 DH5α 由本室保存，克隆载体 pMD18-T 购自大连宝生物工程有限公司。

1.1.3 **主要试剂** TaqDNA 聚合酶、10×PCR buffer、MgCl$_2$、dNTP 混合物均购自加拿大生物工程公司；Taq plus I DNA 聚合酶、100bp DNA Ladder Marker、T4 DNA 连接酶、Marker DL2000＋15000 购自大连宝生物工程有限公司；Agrose Gel DNA Extraction Kit 购自瑞士 Roche 公司；X-gal、IPTG 均购自上海生物工程有限公司。

1.1.4 **引物合成** 根据 GeneBank 上给出的猪 POU1F1 基因双链 DNA 序列，分别设计跨过 POU1F1 基因第四、第五和第六外显子 5′和 3′端的三对引物，并由加拿大生物工程有限公司合成。超纯水溶解引物，－20℃保存。具体引物序列如下：

第四外显子引物：P1 (forward primer)：5′-GTGAGATAATGGACCAAAATGAGTG-3′；
P2 (reverse primer)：5′-CAAAAACCAAACCAAACCTACAA-3′；
第五外显子引物：P1 (forward primer)：5′-TAATTATTACTCTTTTCCCC -3′；
P2 (reverse primer)：5′-TTTTGCTTCTCAGGGCCGCA-3′；
第六外显子引物：P1 (forward primer)：5′-ATCTACCAAAAACATCCCTAAAC-3′；
P2 (reverse primer)：5′-GCTGGAGAAGAGAAAAGAATGAGA-3′。

1.2 实验方法

1.2.1 **DNA 提取** 剪约 0.5g 猪耳组织绞成碎泥样，放进 500μL 组织消化液 [50mmol/L Tris-HCl（pH8.0），100mmol/L EDTA，0.5%SDS] 中消化。加入 RNA 酶 A（10mg/mL）1μL，37℃孵育 2h 后加入蛋白酶 K（10mg/mL）7.5μL，55℃孵育12～24h。冷却后加酚：氯仿：异戊醇（体积比为 25：24：1）混合液提取两次，取上清液

加无水乙醇沉淀过夜，70%乙醇再沉淀两次，至乙醇挥发后，加 TE 溶解[8]。DNA 浓度由紫外分光光度仪测定，使其 OD_{260nm}/OD_{270nm} 值约为 1.2：1，OD_{260nm}/OD_{280nm} 值约为 1.8：1，−20℃保存备用，比值偏离 1.2：1 或 1.8：1 较大的样本 DNA 需重新纯化[9]。

　　1.2.2　PCR 扩增　第四外显子 PCR 反应体系体积为 25μL：DNA 模板 50ng，dNTPs 浓度为 10mmol/L，10×buffer 2.5μL，引物稀释浓度为 50mmol/L，0.2μL Taq 聚合酶。PCR 反应程序：94℃变性 3min，94℃变性 30s，55℃退火 45s，72℃延伸 4min，30 个循环。第五外显子 PCR 反应体系体积为 25μL：DNA 模板 50ng，dNTPs 浓度为 10mmol/L，10×buffer 2.5μL，引物稀释浓度为 50mmol/L，0.5μL Taq plusⅠ DNA 聚合酶。PCR 反应程序：94℃变性 1min，94℃变性 30s，55℃退火 45s，72℃延伸 45s，30 个循环。第六外显子 PCR 反应体系体积为 25μL：DNA 模板 50ng，dNTPs 浓度为 10mmol/L，10×buffer 2.5μL，引物稀释浓度为 50mmol/L，0.3μL Taq 聚合酶，PCR 反应程序：94℃变性 3min，94℃变性 30s，58℃退火 45s，72℃延伸 4min，32 个循环。所有 PCR 产物在 2%琼脂糖凝胶上电泳，然后 EB 染色拍照。

　　1.2.3　*Nla*Ⅲ酶切产物基因型分析　取 10μL PCR 扩增产物，加 0.5μL *Nla*Ⅲ限制性内切酶（20U/μL），2μL 10×NEB 缓冲液，0.2μL 10×BSA，加水至 20μL，在 37℃水浴中消化 5h。酶切产物均于 2%的琼脂糖凝胶中 50V 电泳 2h，染色，拍照，并参照 Yu T. P. 等的研究对电泳图谱进行分型[9]。

　　1.2.4　第五外显子的克隆与鉴定　鉴于第五外显子序列太短，不能直接用 PCR 产物测序，故将第五外显子的 PCR 产物进行回收纯化，与 pMD18-T 载体按常规方法进行连接、转化、筛选阳性克隆[10]。将得到的阳性克隆质粒进行双酶切鉴定，以此确定目的基因片段已插入成功。

　　1.2.5　核苷酸序列的测定　将 6 个猪种中 *POU1F1* 基因第四外显子出现 *Nla*Ⅲ酶切多态性的 PCR 产物、包含第六外显子的 PCR 产物以及包含第五外显子的阳性克隆质粒直接送于大连宝生物工程有限公司测序。

2　结果与分析

2.1　PCR 产物电泳结果

　　获得的组织 DNA 进行 PCR 扩增，得到大小分别为 342bp、144bp、332bp 的扩增片段，见图 1。这分别与预计的包含 *POU1F1* 基因第四、第五和第六外显子的 PCR 产物大小一致。

2.2　第四外显子基因型的分析结果

　　*Nla*Ⅲ酶切图谱见图 2，参照 Yu T P 等的研究结果，我们发现：包含第四外显子的 PCR 产物经 *Nla*Ⅲ酶切之后产生 GG（342bp）和 HH（159bp 和 183bp）两种基因型，这与国外报道一致[11]。

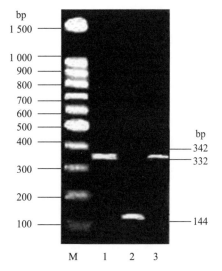

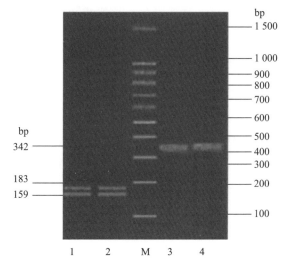

图 1　包含第四、第五和第六外
显子的 PCR 扩增片段

M：PCR Marker 100bp DNA ladder Marker；

1：包含第四外显子的 PCR 扩增片段（342bp）；

2：包含第五外显子的 PCR 扩增片段（144bp）；

3：包含第六外显子的 PCR 扩增片段（332bp）

图 2　*Nla* Ⅲ 酶切图谱

M：PCR Marker 100bp DNA ladder Marker；

1，2：HH 基因型（183bp，159bp 合 2 条带）；

3，4：*GG* 基因型（342bp 合 1 条带）

2.3　第五外显子重组质粒的构建

第五外显子重组质粒的构建图谱见图 3，用 T_4DNA 连接酶连接包含第五外显子 PCR 扩增片段的回收纯化产物和 pMD18-T 载体，然后转化大肠杆菌 DH5α 感受态细胞，挑选单个菌落进行筛选、鉴定，获得数个阳性克隆。对所获取的阳性克隆作 *Eco*RⅠ和 *Sal*Ⅰ双酶切鉴定，结果见图 4，重组质粒切成约为 2653bp 和 185bp 两个条带。将这种重组质粒命名为 pMD18-T-exon5。

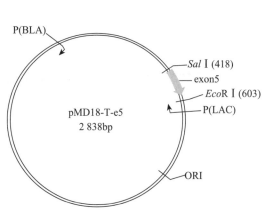

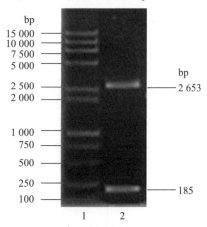

图 3　pMD18-T 载体与含有第五外显子 PCR
产物的构建图谱

图 4　重组质粒酶切鉴定

1：PCR Marker DL2000＋15000；

2：*Eco*RⅠ-*Sal*Ⅰ双酶切产物

2.4　测序结果分析

根据测序结果分析，猪 *POU1F1* 基因第四、第五和第六外显子的核苷酸序列长度分别为 165bp、60bp、210bp。由序列分析发现：6 个猪种间的第五和第六外显子核苷酸序列完全一致，没有发生任何核苷酸突变，不存在多态性。而在第四外显子内发生了一处碱基突变，使得第四外显子的第 112 位碱基由 T 突变为 C。GG 基因型和 HH 基因型的核苷酸序列的部分测序结果见图 5（其中阴影部分标出的氨基酸有差异）。

99-CTTCAAAAATGCACGCAAACTAAAAGCAATATTA-132　GG基因型
99-CTTCAAAAATGCATGCAAACTAAAAGCAATATTA-132　HH基因型

图 5　GG 基因型和 HH 基因型的核苷酸序列的部分测序结果比对

将测序结果推导出的氨基酸序列分别与国外 Yu T P、Nielsen、Chung 及 Tuggle 等发表的猪 *POU1F1* 基因相应氨基酸序列进行比较分析，发现本实验室测得的 *POU1F1* 基因的第四、第五和第六外显子编码的氨基酸序列与 Yu T P 等学者报道的完全一致，同源性达 100%，而与 Chung、Nielsen、Tuggle 等报道的氨基酸的同源性则分别为 96.7%、95.6% 和 95.6%。其氨基酸序列对比图谱见图 6（Teng 代表本实验室测得的氨基酸序列，阴影部分标出的氨基酸序列存在差异，划线部分的氨基酸序列构成了 POU 同源区，其中加方框的氨基酸序列由第五外显子编码），其中第一到第二十位氨基酸由第五外显子编码，第二十一到第九十位氨基酸由第六外显子编码。但 Yu T P、Chung、Nielsen、Tuggle 等学者对第四外显子编码的氨基酸序列的报道是完全一致的。

Teng　　1　LLYNEKVGANERKGKRRTTISIAAKDALERHFGEQNKPSSQEILRMAEELNLEKEVVRVWFCNRRQREKRVKTSLNQSLFTISKEHLECR90

Yu TP　1　LLYNEKVGANERKGKRRTTISIAAKDALERHFGEQNKPSSQEILRMAEELNLEKEVVRVWFCNRRQREKRVKTSLNQSLFTISKEHLECR90

Chung　1　ALYNEKVGANERKGKRRTTISIAAKDALERHFGEQNKPSSQEILRMAEELNLEKELRVWFCNRRQREKRVKTSLNQSLFTISKEHLECR90

Nicola　1　ALYNEKVGANERKRKRRTTISIAAKDALERHFGEQNKPSSQEILRMAEELNLEKEVVRVWFCNRMQREKRVKTSLNQSLFTTSKEHLECR90

Tuggle　1　ALYNEKVGANERKRKRRTTISIAAKDALERHFGEQNKPSSQEILRMAEELNLEKEVVSVWFCNVRQREKRVKTSLNQSLFTISKEHLECR90

图 6　测得的与其他已发表的第五和第六外显子的氨基酸序列的比较

2.5　人与猪、小鼠、牛 *POU1F1* 基因的第四外显子、POU 同源区的核苷酸编码序列和氨基酸序列的同源性比较

猪 *POU1F1* 基因的第四外显子在 GeneBank 上的登录号为 U00793，牛、人、小鼠 *POU1F1* 基因的第四外显子登录号分别为 AY183917、D12890、X57512。

利用 Vector NTI suite 7.0 软件，将人 *POU1F1* 基因第四外显子、POU 同源区的核苷酸编码序列和氨基酸序列，分别与猪、小鼠、牛的 *POU1F1* 基因相应的核苷酸序列和氨基酸序列进行同源性比较，结果表明：人与猪、小鼠、牛的 *POU1F1* 基因第四外显子的核苷酸同源性分别高达 93.9%、86.7%、92.1%；人与猪、小鼠、牛的 POU 同源区核苷酸同源性分别为 91.4%、85.1% 和 87.9%。由核苷酸序列推导的氨基酸序列分析发现，

人与猪、小鼠、牛的由第四外显子编码的 POU 特异区部分氨基酸序列是完全一致的，虽然核苷酸序列有所不同，但并无氨基酸变化。这部分氨基酸序列（N 端到 C 端）为：GYTQTNVGEALAAVHGSEFSQTTICRFENLQLSFKNACKLKAILSKWLEEAE。由图 6 可知，第五外显子从第 34 位核苷酸起到第 60 位核苷酸编码了 POU 同源区的前 9 个氨基酸，第六外显子则从第 1 位核苷酸起一直到第 156 位核苷酸编码了 POU 同源区的其余氨基酸。人与猪、小鼠、牛的 POU 同源区氨基酸同源性分别为 96.6%、94.8% 和 90.2%。这 4 种动物 POU 同源区的第 3 位、第 11 位、第 24 位、第 25 位、第 33 位上的氨基酸分别有差异，表 2 中列出了它们之间存在差异的具体氨基酸位点、名称及其氨基酸序列的登录号。

表 2　人与猪、小鼠、牛的 POU 同源区氨基酸比对

GeneBank 登录号	氨基酸位点				
	第 3 位	第 11 位	第 24 位	第 25 位	第 33 位
猪/U00793	甘氨酸 Gly	异亮氨酸 Ile	谷氨酰胺 Gln	天冬酰胺 Asn	亮氨酸 Leu
人/D12891/D12892	精氨酸 Arg	异亮氨酸 Ile	谷氨酰胺 Gln	天冬酰胺 Asn	蛋氨酸 Met
小鼠/ X57512	甘氨酸 Gly	缬氨酸 Val	组氨酸 His	丝氨酸 Ser	蛋氨酸 Met
牛/ Y15995	精氨酸 Arg	缬氨酸 Val	组氨酸 His	天冬酰胺 Asn	亮氨酸 Leu

2.6　POU1F1 基因第四外显子酶切多态性在 6 个猪种中的分布特征

由表 3 可见，在杜洛克猪群中只检测到 HH 基因型，而未检测到 GG 基因型，在其他猪群中均检测到 GG 和 HH 两种不同的基因型。6 个猪种群体间基因型和等位基因频率分布不均匀，差异显著。在国外瘦肉型猪种长白、杜洛克和约克夏猪群中 GG 基因型个体比例较低，在中国地方猪种姜曲海、梅山中 GG 基因型个体比例较高，而中国小型猪种香猪的 HH 基因型个体比例仅次于国外瘦肉型猪种。从表 3 还可看出，国外瘦肉型猪种的等位基因 G 的频率较低，而国内高繁殖力和脂肪型猪种的等位基因 G 的频率较高。两两猪群间基因型分布差异的适合性卡方检验结果见表 4。由表 4 可见，长白、杜洛克和约克夏分别与姜曲海、梅山之间两两差异极显著（$P<0.01$），香猪分别与长白、约克夏之间两两差异显著（$P<0.05$），与杜洛克、梅山、姜曲海之间差异极显著，其他猪群间则无显著性差异。

表 3　NlaⅢ酶切突变位点基因型及基因频率分布

品种	头数	基因型		等位基因频率	
		GG	HH	G	H
长白	70	10	60	0.128 6	0.871 4
杜洛克	70	0	70	0.000 0	1.000 0
约克夏	70	7	63	0.100 0	0.900 0
姜曲海	68	57	11	0.838 2	0.161 8
梅山	30	26	4	0.866 7	0.133 3
香猪	30	10	20	0.333 3	0.666 7

表 4　六个猪种基因型频率 χ^2 值比较

	长白	杜洛克	约克夏	姜曲海	梅山	香猪
长白	—	6.113*	0.780	37.010**	37.998**	8.013*
杜洛克	6.113*	—	5.586*	38.995**	39.480**	10.007**
约克夏	0.780	5.586*	—	33.661**	34.779**	8.907*
姜曲海	37.010**	38.995**	33.661**	—	0.469	16.348**
梅山	37.998**	39.480**	34.779**	0.469	—	17.890**
香猪	8.013*	10.007**	8.907*	16.348**	17.890**	—

注：* 表示差异显著（$P<0.05$）；** 表示差异极显著（$P<0.01$）。

3　讨论

本试验在国内首次对猪 $POU1F1$ 基因第四、第五和第六外显子进行扩增和测序分析，并首次用限制性内切酶 $Nla\,III$ 对猪 $POU1F1$ 基因的第四外显子进行 RFLP 分析，检测到两个等位基因，分别命名为 G 基因（缺少天然的 $Nla\,III$ 酶切位点）和 H 基因（天然的 $Nla\,III$ 酶切位点），这与 Yu T P 等学者的报道相吻合。

猪 POU1F1 蛋白的 POU 特异区主要是由 $POU1F1$ 基因的第三和第四外显子编码。已发现第四外显子编码 POU 特异区的最后 52 个氨基酸，其余均由第三外显子编码。POU 特异区在不同物种以及同一动物不同品种中的氨基酸序列应该有所差异，而在第四外显子编码的 POU 特异区部分在不同猪种间的氨基酸序列并没有差异，由此可以推断：由第三外显子编码的 POU 特异区部分在不同猪种中存在氨基酸变化。通过分析 Yu T P 发表的 $POU1F1$ 基因序列图谱，我们比对了猪与人、牛、小鼠的由第三外显子编码的 POU 特异区部分的氨基酸序列，发现它们之间确实存在着氨基酸的差异，表明第三外显子编码 POU 特异区部分的核苷酸发生了突变，因此研究第三外显子的序列特征成为必然。

本研究采用单因素随机区组试验，并选取不同猪种种群中的成年个体，其中长白和杜洛克均来源于引进的祖代猪群，姜曲海、梅山和香猪（原产于贵州）均来源于纯种猪群，这大大增强了试验结果的科学性。从测序结果可看出，不同来源猪种间的第五外显子和第六外显子的核苷酸序列完全一致，证明 POU1F1 蛋白的 POU 同源区是高度保守的。而在第四外显子的第 112 位碱基上发生了突变，分析其氨基酸序列发现，该突变并未导致氨基酸的改变，即突变后产生的新密码子仍编码组氨酸（H），没有改变其原有的氨基酸序列和影响由第四外显子编码的 POU 特异区部分发挥功能，所以该突变为同义突变。

研究还表明：上述 4 个物种之间的 POU 同源区比较保守，其中人和猪 POU 同源区的氨基酸序列仅有一处差异，同源性最高。而且，人与猪 POU1F1 蛋白中的由第四外显子编码的 POU 特异区部分的同源性也显著高于人和其他动物 POU1F1 蛋白相应区域的同源性，因此可用猪作为实验动物，建立相关的人类动物疾病模型，为医学研究提供参考依据。值得一提的是，RVWFCN 结构基序在 POU 同源区内没发生任何改变，是绝对保守的[12]。这进一步说明了在漫长的生物进化过程中，POU 同源区始终保持着与靶 DNA 结合位点相结合的序列特异性，其中保守的 RVWFCN 结构在这一过程中发挥着关键的作用，但具体发挥何种功能还需要深入探讨。

在研究过程中我们还发现，Nla Ⅲ 识别的 POU1F1 基因第四外显子的不同基因型在国外瘦肉型猪群、国内高产仔猪群、体型矮小猪群中分布存在极显著差异。总体上说，国外优良的瘦肉型猪群的等位基因 H 频率比较高，这同 Yu T P 等[13]在对长白、杜洛克等国外瘦肉型猪种进行 Nla Ⅲ 酶切多态性分析时得出的结论相符。由此，我们可推断：等位基因 H 可能直接影响猪瘦肉率、生长速度等性状，发挥正效应，但也可能与其他某个真正影响上述性状的基因紧密连锁，发挥互作效应[14]，其具体机制也值得进一步的研究确认。

参考文献

[1] Rosenfeld M G. POU-domain transcription factors: powerful developmental regulators [J]. Genes Development, 1991, 5: 897-907.

[2] 李宏滨, 曹红鹤, 郑友民. Pit-1 基因在人、鼠及猪中的研究现状 [J]. 遗传, 2001, 23 (6): 605-608.

[3] Tuggle C K, Trenkle A. Control of growth hormone synthesis [J]. Demest Animal Endocrinol, 1996, 13: 1-33.

[4] H S Sun, L L Anderson, Yu T P, et al. Neonatal Meishan pigs show POU1F1 genotype effects on plasma GH and PRL concentration [J]. Animal Reproduction Science, 2002, 69: 223-237.

[5] Li S, Crenshaw E. Dwarf locus mutants lacking three pituitary cell types result from mutations in the POU-domain gene PIT-1 [J]. Nature, 1990, 347 (6293): 528-533.

[6] Tatsumi K, Miyai K, Martin M. Cretinism with combined hormone deficiency caused by a mutation in the PIT-1 gene [J]. Nat Genet, 1992, 1 (1): 56-58.

[7] Brenda I, Hendriks Stegemen, Kevin D, et al. Combined pituitary hormone deficiency caused by compound heterozygosity for two novel mutations in the POU domain of PIT1/POU1F1 gene [J]. The Journal of Clinical Endocrinology and Metabolism, 2001, 86 (4): 1545-1550.

[8] Yu T P, Rothschild M F, Tuggle C K. A Msp Ⅰ restriction fragment length polymorphism at the swine PIT-1 locus [J]. Journal of Animal Science, 1993, 71 (8): 2275.

[9] Joseph Sambrook, David W. Russell. Molecular cloning-A laboratory manual [M]. The third edition. New York: Cold Spring Harbor Laboratory Press, 2002.

[10] Fred Ausubel, Roger Brent, Robert E. Kingston, et al. Short protocols in molecular biology [M]. 3rd ed. New Jersey: John Wiley & Sons, Inc., 1995.

[11] Yu T P, H S Sun, S Wahls, et al. Cloning of the full length pig PIT-1 (POU1F1) cDNA and a novel alternative PIT-1 transcript, and functional studies of their encoded proteins [J]. Animal Biotechnology, 2001, 12 (1): 1-19.

［12］奥斯伯 F，等 . 精编分子生物学实验指南 ［M］. 颜子颖，王海林，译 . 北京：科学出版社，1998.

［13］Yu T P，Tuggle C K，Schmitz C B，et al. Association of PIT1 polymorphisms with growth and carcass traits in pigs ［J］. Journal of Animal Science，1995，73 (5)：1282-1288.

［14］Yu T P，Wang L. Progress toward an internal map for birth weight and early weight quantitative traits loci on pig chromosome 13 ［J］. J Animal Science，1997，75 (Suppl. 1)：145.

猪 *POU1F1* 基因第三内含子 *Msp* Ⅰ 酶切片段多态特征的研究

滕勇，经荣斌，宋成义

（扬州大学动物科学与技术学院）

　　垂体转录因子（POU domain，class 1，transcription factor 1，POU1F1，原称 Pit-1）是生长发育的重要调节因子，主要调控生长激素（GH）、催乳素（PRL）和促甲状腺素 β 亚单位（TSHβ）基因的表达，在 *GH*、*PRL*、*TSHβ* 基因的不同区域都发现了 POU1F1 的结合位点[1]。GH、TSHβ 对猪的生长发育、新陈代谢起重要的调控作用，能提高生长速度、降低脂肪沉积；PRL 则对子宫环境、胚胎发育、产后乳汁分泌等产生影响，对繁殖性状发挥效应。因此，POU1F1 可通过调控 *GH*、*PRL*、*TSHβ* 基因的表达，从而在基因水平对肥育和繁殖这两个重要的经济性状发挥效应[2]。近年来，国外学者对猪 *POU1F1* 基因结构进行了大量的基础性研究工作，但国内学者对此方面的研究还未见报道。1994年，Yu T P 等确定 *POU1F1* 基因由 6 个外显子和 5 个内含子组成[3]，其基因结构示意图见图1。同年，由 Andersson 等将其定位于猪的第 13 染色体上[4]。Yu T P 等率先采用 RFLP 技术发现了 *POU1F1* 基因 *Msp* Ⅰ 酶切多态性与 ISU 系列猪群的出生重及背膘厚度有相关性[5]。1997年，Nielsen V H 等采用 PCR-RFLPs 方法也检测到 *Rsa* Ⅰ、*Pst* Ⅰ 多态位点[6~7]。本试验利用猪耳组织样本，采用 PCR-RFLPs 技术，检测 *POU1F1* 基因第三内含子大小为 2.1kb 片段中 *Msp* Ⅰ 酶切位点多态性，探索该位点在长白猪、杜洛克猪、小梅山猪、香猪、姜曲海猪群中的分布特征，为辅助选择提供了理论依据。

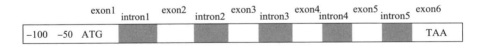

图 1　*POU1F1* 基因的结构示意

1　材料和方法

1.1　试验材料

1.1.1　**样本来源**　见表 1。

表 1　供试猪品种、头数及采样地点

品种	头数	采样地点
长白	30	江苏常州市康乐有限公司种猪场
杜洛克	30	江苏常州市康乐有限公司种猪场
小梅山	30	江苏省句容农校种猪场
姜曲海	30	江苏姜堰种猪场
香猪	30	江苏响水种猪场

1.1.2　主要试剂　Taq plus Ⅰ DNA 聚合酶、dNTP 混合物、Marker DL2000＋15000、*Msp* Ⅰ 限制性内切酶均购自大连宝生物工程有限公司。

1.1.3　引物合成　根据 GeneBank 猪 POU1F1 DNA 序列,设计跨过 POU1F1 第三外显子 3′ 和第四外显子 5′ 端的一对引物,用于 PCR-RFLPs 分析以寻找 *POU1F1* 基因第三内含子的多态性。引物由上海生物工程有限公司合成,超纯水溶解引物,−20℃保存。

具体引物序列为:

引物 1:5′-AAAATCAGAGAACTTGAAAAGTTTGC-3′;

引物 2:5′-GGCTTCCCCAACATTTGTTTGGG-3′。

1.2　实验方法

1.2.1　DNA 提取　剪约 0.5g 猪耳组织绞碎,放进 500μL 组织消化液(50mmol/L Tris-HCl,pH8.0,100mmol/L EDTA,0.5%SDS)中消化。加入 RNA 酶 A(10mg/mL)1μL,37℃孵育 2h 后加入蛋白酶 K(10mg/mL)7.5μL,55℃孵育 12~24h。冷却后加酚∶氯仿∶异戊醇(体积比为 25∶24∶1)混合液抽提 2 次,取上清液加无水乙醇沉淀过夜,70%乙醇再沉淀 2 次,至乙醇挥发后,加 TE 溶解[8]。

1.2.2　DNA 浓度测定　用紫外分光光度仪测定浓度,OD_{260nm}/OD_{270nm} 值约为 1.2∶1,OD_{260nm}/OD_{280nm} 值约为 1.8∶1,−20℃保存备用,比值偏离 1.2∶1 或 1.8∶1 较大的样本 DNA 需重新纯化。

1.2.3　PCR 扩增　PCR 反应体系体积为 25μL:DNA 模板 50ng,dNTPs 浓度为 10mmol/L,10×buffer 2.5μL,引物浓度为 50mmol/L,0.5μL Taq plus Ⅰ DNA 聚合酶。PCR 反应程序:94℃变性 3min,94℃变性 30s,60℃退火 5min,72℃复性 10min,30 个循环。所有 PCR 产物在 0.8%琼脂糖凝胶上电泳,然后 EB 染色,拍照。

1.2.4　基因型分析　取 10μL PCR 扩增产物,加 1μL *Msp* Ⅰ 酶(2.5U/μL),2μL 10×T buffer,2μL 0.1%BSA,加水至 20μL,在 37℃水浴中消化过夜。酶切产物于 1%的琼脂糖凝胶中 50V 电泳 2h,然后染色,拍照,并参照文献[7]对电泳图谱进行分型。

2　结果与分析

2.1　基因型的分析结果

引物 PCR 扩增产物见图 2,*Msp* Ⅰ 酶切图谱见图 3。参照 Yu T P 等的研究结果做出如下分型:各猪种 PCR 产物经 *Msp* Ⅰ 酶切之后产生 CC(1.68kb,0.42kb)、CD

（1.68kb，0.85/0.83kb，0.42kb）和 DD（0.85/0.83kb，0.42kb）三种基因型。这与国外报道相吻合。

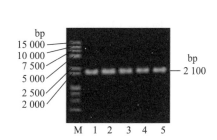

图 2　PCR 扩增片段

M 为 PCR Marker DL2000＋15000；

1～5 分别为 5 个猪种的 PCR 扩增片段（2.1kb）

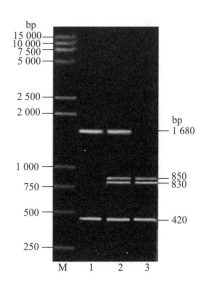

图 3　*Msp* I 酶切图谱

M 为 PCR Marker DL2000＋15000；1 为 CC 基因型；

2 为 CD 基因型；3 为 DD 基因型

2.2　不同基因型在不同猪种中的分布

Msp I 酶切突变位点基因及基因型频率分布见表 2。在长白猪群和杜洛克猪群中未检测到 CC 基因型，只检测到 CD 及 DD 基因型。在姜曲海猪群中，未检测到 DD 基因型，只检测到 CC 及 CD 基因型。而在其他猪群中均检测到 CC、CD 及 DD 三种基因型。5 个品种群体间基因型和等位基因频率分布不均匀，差异显著。在国外瘦肉型品种长白猪和杜洛克猪群中 DD 基因型个体比例较高，在中国地方品种香猪中 CD 基因型比例较高，在中国地方品种小梅山猪和姜曲海猪群中 CC 基因型个体比例较高。从表 2 中还可看出，国外瘦肉型品种猪群中等位基因 D 的频率较高，而在国内脂肪型和高繁殖力品种中等位基因 C 的频率较高。

两两猪群间基因型分布差异检验结果见表 3，杜洛克猪、长白猪分别与小梅山猪、香猪、姜曲海猪之间两两有极显著差异（$P < 0.01$），而且香猪分别与小梅山猪、姜曲海猪之间两两有极显著差异（$P < 0.01$），其他猪群间无显著差异[9]。

表 2　*Msp* I 酶切突变位点基因型及基因频率分布

品种	头数	基因型			等位基因频率（%）	
		CC	CD	DD	C	D
长白	30	0	2	28	3.33	96.67
杜洛克	30	0	1	29	1.67	98.33

（续）

品种	头数	基因型			等位基因频率（%）	
		CC	CD	DD	C	D
小梅山	30	22	7	1	85.00	15.00
姜曲海	30	24	6	0	90.00	10.00
香猪	30	1	18	11	33.33	66.67

表 3　不同猪群基因型频率 χ^2 值比较

χ^2	长白	杜洛克	小梅山	姜曲海	香猪
长白	—	0.171	37.664*	39.095*	9.017*
杜洛克	0.171	—	39.497*	40.938*	10.418*
小梅山	37.664*	39.497*	—	0.029	14.339*
姜曲海	39.095*	40.938*	0.029	—	15.429*
香猪	9.017*	10.418*	14.339*	15.429*	—

注：*表示差异极显著（$P<0.01$）。

3　讨论

内含子是基因组组成中的一种重要而又令人迷惑的部分，继在基因中发现非编码的内含子后，又发现某些内含子含有编码与它们活性有关的蛋白质的基因[10]。目前，大多数内含子中间的变异多是因为激活了隐性剪切位点而影响了剪切所引起突变的。内含子的存在大大增加了外显子发生遗传变异的可能性，越来越多的研究发现，内含子可能与基因表达调控有关[11]。1998 年，Tosi 等对人、鼠 C1 基因进行同源序列比较，并对 C1 基因的启动子区和第一内含子中的保守序列的功能进行研究，发现它们均具有表达调控作用。因此，POU1F1 基因第三内含子也可能具有调控 POU1F1 基因表达的功能，这段序列的多态同样有可能是有效的遗传标记。本试验用 Msp I 检测到 POU1F1 基因第三内含子的两个多态片段 1.68kb（C 等位基因）及 0.85/0.83kb（D 等位基因），与 Yu T P 等学者报道一致。根据已发表的 POU1F1 基因序列[12]，我们推测其突变可能为 C→T。

本试验发现 Msp I 识别的 POU1F1 基因第三内含子的不同基因型在国外瘦肉型猪与国内高产仔数猪群及体型矮小猪群中分布存在极显著差异。总体上来说，国外优良的瘦肉型猪群的等位基因 D 频率比较高，Yu T P 等在进行梅山猪和长白猪等瘦肉型品种中 Msp I 酶切多态性比较时也发现了类似的结果，这提示等位基因 D 可能对瘦肉率、生长速度呈正效应，是可能的数量性状位点。Yu T P 等学者在进一步的研究中还发现，等位基因 D 与仔猪的出生重呈正相关性（$P<0.01$），而且 POU1F1 基因距离染色体 13 上早期生长的数量性状位点也很近[10]。但等位基因 D 与肥育性能和胴体性状的关系，以及该位点是数量性状位点还是与数量性状位点存在紧密连锁，还需要进一步的研究。本实验正在利用一个 F2 家系进行等位基因 D 与肥育性能和胴体性状相关性的研究。

研究中还发现等位基因 C 在中国高产仔数品种小梅山猪群及姜曲海猪群中的分布很

高，而国内小型猪群的等位基因 D 频率很高，由于 $POU1F1$ 基因对催乳素（PRL）基因也起调控作用，因此，等位基因 C 是否对猪的繁殖性能存在相关关系也值得进一步深入研究。

致谢 感谢在本试验完成过程中，惠赠资料的美国印地安纳州大学生物系教授 Simon J. Rhodes 博士和密西西比州立大学的张志林博士。

参考文献

[1] Rosenfeld M G. POU-domain transcription factors: powerful developmental regulators [J]. Genes Development，1991，5 (13)：897-907.

[2] Tuggle C K，Trenkle A. Control of growth hormone synthesis [J]. Demest Animal Endocrinol，1996，13 (22)：1-33.

[3] Yu T P，Schmitz C B，Rothschild M F，et al. Expression pattern, genomic cloning and RFLP analyses of the swine PIT-1 gene [J]. Animal Genetics，1994，4 (25)：229-233.

[4] Andersen B，Rosonfeld M G. Pit-1 determines cell types during development of the anterior pituitary gland [J]. A Model for Transcription Biol Chem，1994，269 (47)：29335-29338.

[5] Yu T P，Tuggle C K，Schmitz C B，et al. Association of PIT1 polymorphisms with growth and carcass traits in pigs [J]. Journal of Animal Science，1995，5 (73)：1282-1288.

[6] Nielsen V H. A Pst I RFLP at the porcine POU domain class 1 transcription factor 1 ($POU1F1$) gene [J]. Anim Genet，1997，4 (28)：320.

[7] Yu T P，Rothschild M F，Tuggle C K，et al. PIT-1 genetopes are associated with birth weight in the unrelated pig resource families [J]. Journal of Animal Science，1996，74 (Suppl，1)：122.

[8] 萨姆布鲁克 J，弗里奇 E F，曼尼阿蒂斯 T，等. 分子克隆实验指南 [M]. 第 2 版. 金冬雁，等，译. 北京：科学出版社，1992.

[9] 俞渭江. 生物统计附试验设计 [M]. 北京：农业出版社，1986：115-120.

[10] 孙乃恩，孙东旭，朱德煦. 分子遗传学 [M]. 南京：南京大学出版社，1990：58-59.

[11] 王晓斌，刘国仰. 有关内含子功能研究的新进展 [J]. 中华医学遗传学杂志，2000，6 (17)：211-213.

[12] T P Yu，H S Sun，S Wabls，et al. Cloning of the full length pig pit-1 (POU1F1) cDNA and a novel alternative pit-1 transcript, and functional studies of their encoded proteins [J]. Animal Biotechnology，2001，12 (1)：1-19.

猪 *POU1F1* 基因第三内含子 *Msp* I 酶切片段多态特征及其与生长性能相关性的研究

滕勇，宋成义，经荣斌

（扬州大学江苏省动物遗传育种重点实验室）

垂体转录因子（POU domain，class 1，pituitary transcription factor 1，POU1F1，原称 Pit-1）是重要的组织特异性转录因子，在生长发育中起着至关重要的调节作用，主要调控生长激素（GH）、促甲状腺素 β 亚单位（TSHβ）和催乳素（PRL）基因的表达[1]，从而在基因水平对肥育和繁殖这两个重要的经济性状发挥效应[2]。1993 年，Yu T P 等学者研究发现，猪 *POU1F1* 基因定位于猪 13 号染色体上的 q46 区域内[3]，此区域正好处在一个控制生长的 QTL 区域的中央。多年来，对猪 *POU1F1* 基因酶切多态性与生产性能的相关性的研究成为国内外学者研究的重点。

1993 年，Tuggle C K 等学者利用美国的 Iowa State University（ISU）的猪种开始了 *POU1F1* 基因多态性与猪生长及胴体性状关系的研究[4]，首次发现了在中国地方品种梅山猪群中存在一个 *Bam*H I 的多态基因座，而这个 *Bam*H I 的多态基因座在 ISU 猪种中却不存在。1994 年，Yu T P 等利用 PCR-RFLP 方法在猪 *POU1F1* 基因上发现了 *Rsa* I 酶切多态性，此多态性在 ISU 猪种中存在，而在中国猪种中仅为单态。随后，Yu T P 等学者还在中国猪种梅山猪、民猪、枫泾猪及 3 头约克夏猪的 *POU1F1* 基因 POU 结构域中检测到了 *Msp* I 酶切多态性。1997 年，Nielsen V H 等采用 PCR-RFLPs 方法在 ISU 猪种中检测到 *Rsa* I、*Pst* I 等酶切多态位点[5]。

1995 年，Yu T P 等学者选取了 4 个中国地方品种猪和欧洲的长白猪形成的三代杂交资源家系为实验对象，利用 *Msp* I 酶切多态性分析，研究了 *POU1F1* 基因与猪生长、胴体性能的关系。结果表明，*POU1F1* 基因与猪早期生长性状存在相关性，是标记早期生长性状的最理想的候选基因[6]。为了具体研究猪 *POU1F1* 基因的酶切多态性与中国地方家系品种生长性能的相关性，进一步指导猪的分子水平辅助育种，本试验利用猪耳组织样本，采用 PCR-RFLPs 技术，检测包含 *POU1F1* 基因第三内含子的大小为 2 100bp DNA 片段中的 *Msp* I 酶切位点多态性，探索该位点在大群体样本中的分布特征和规律，并深入研究该变异位点对杂交猪生长性能（设不同日龄段的体重和不同日龄段日增重这两个性能指标）的影响，为能在猪选育过程中真正运用 *POU1F1* 基因这一遗传标记，在分子水平上实现有效的辅助育种，提供理论依据。

1 材料和方法

1.1 试验材料

1.1.1 **样本来源** 在江苏姜堰种猪场选取出生日龄相近的健康的长杜枫姜猪 154 头。

1.1.2 **主要试剂** Taq plus I DNA 聚合酶、dNTP 混合物、Marker DL2000 + 15000、Msp I 限制性内切酶均购自大连宝生物工程有限公司。

1.1.3 **引物合成** 根据 GeneBank 上公布的猪 POU1F1 基因的 DNA 序列，设计跨过 POU1F1 第三外显子 3′端和第四外显子 5′端的一对引物，引物由加拿大生物工程有限公司合成，用超纯水溶解引物，−20℃保存。

具体引物序列为：

引物 1：5′-AAAATCAGAGAACTTGAAAAGTTTGCC-3′；

引物 2：5′-GGCTTCCCCAACATTTGTTTGGG-3′。

1.2 实验方法

1.2.1 **DNA 提取** 剪约 0.5g 猪耳组织绞碎，放进 500μL 组织消化液 [50mmol/L Tris-HCl (pH8.0)，100mmol/L EDTA，0.5％SDS] 中消化。加入 RNA 酶 A (10mg/mL) 1μL，37℃孵育 2h 后加入蛋白酶 K (10mg/mL) 7.5μL，55℃孵育 12～24h。冷却后加酚：氯仿：异戊醇（体积比为 25：24：1）混合液抽提 2 次，取上清液加无水乙醇沉淀过夜，70％乙醇再沉淀 2 次，至乙醇挥发后，加 TE 溶解[7]。DNA 浓度由紫外分光光度仪测定，OD_{260nm}/OD_{270nm} 值约为 1.2：1，OD_{260nm}/OD_{280nm} 值约为 1.8：1，−20℃保存备用，比值偏离 1.2：1 或 1.8：1 较大的样本 DNA 需重新纯化。

1.2.2 **PCR 扩增** PCR 反应体系总体积为 25μL：DNA 模板 50ng，dNTPs 浓度为 10mmol/L，10×buffer 2.5μL，引物浓度为 50mmol/L，0.5μL Taq plus I DNA 聚合酶。PCR 反应程序：94℃变性 3min，94℃变性 30s，60℃退火 5min，72℃延伸 10min，30 个循环。所有 PCR 产物在 0.8％琼脂糖凝胶上电泳，然后 EB 染色拍照。

1.2.3 **基因型分析** 取 10μL PCR 扩增产物，加 1μL Msp I 酶 (2.5U/μL)，2μL 10×T buffer，2μL 0.1％BSA，加水至 20μL，在 37℃水浴中消化过夜。酶切产物于 1％的琼脂糖凝胶中 50V 电泳 2h，然后染色，拍照，并参照文献 [8] 对电泳图谱进行分型。

1.2.4 **统计数据** 应用 SPSS 软件，根据最小二乘线性模型[9]：$Y_{ijklm}=Gene_i+Stirp_j+Sex_k+Environment_l+Weight_m+Error_{ijklm}$ 分析遗传因素和其他因素对长杜枫姜猪群不同日龄和不同日龄段的体重、日增重等生长性能的效应值（Y_{ijklm}）（其中 $Gene_i$ 为 POU1F1 基因型效应，$Stirp_j$ 为家系效应，Sex_k 为性别，$Environment_l$ 为环境效应，$Weight_m$ 为仔猪初生重，$Error_{ijklm}$ 为误差）。各处理间平均值的比较采用方差分析中的最小显著极差法（LSD），结果以 $X±SD$ 表示。

2　结果与分析

2.1　基因型的分析结果

引物 PCR 扩增产物见图 1，Msp I 酶切图谱见图 2。参照 Yu T P 等学者的研究结果做出如下分型：长杜枫姜猪 PCR 产物经 Msp I 酶切之后产生 CC（1 680bp、420bp），CD（1 680bp、850/830bp、420bp），以及 DD（850/830bp、420bp）三种基因型，这与国外报道[8]及本实验室以前的报道均相吻合。

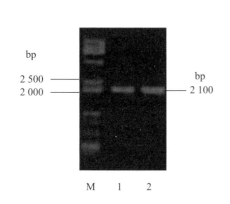

图 1　PCR 扩增片段

M 为 PCR Marker DL2000＋15000；

1，2 为长杜枫姜猪的 PCR 扩增片段（2 100bp）

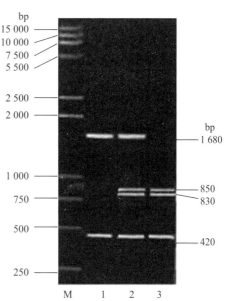

图 2　Msp I 酶切图谱

M 为 PCR Marker DL2000＋15000；泳道 1 为 CC 基因型（1 680bp，420bp 合 2 条带）；泳道 2 为 CD 基因型（1 680bp，850/830bp，420bp 合 4 条带）；泳道 3 为 DD 基因型（550/830bp，420bp 合 3 条带）

2.2　*POU1F1* 基因第三内含子的不同基因型在长杜枫姜猪种中的分布以及酶切多态性与生长性能的关系

表 1 中列出了 Msp I 酶切突变位点基因型及基因频率在长杜枫姜猪群中的分布特征。由表可见，在长杜枫姜猪群中能检测到 CC、CD 及 DD 三种不同的基因型，而且其等位基因 D 的频率比等位基因 C 高。

表 1　Msp I 酶切突变位点基因型及基因频率在长杜枫姜猪群中的分布

品种	头数	基因型			等位基因频率	
		CC	CD	DD	C	D
长杜枫姜	154	10	77	67	0.3344	0.6656

表2和表3分别列出了 *POU1F1* 基因型、家系、性别、管理和仔猪初生重对长杜枫姜猪群不同日龄段体重和不同日龄段日增重的影响。由上述两表可见，基因型对除初生重、45日龄到70日龄的日增重以外的不同日龄段体重以及不同日龄段日增重的影响差异显著；管理仅对45日龄体重和初生重到45日龄的日增重的影响差异显著；初生重对初生重到45日龄的日增重的影响差异极显著，其对初生重到70日龄的日增重的影响呈显著效应；性别仅对70日龄到180日龄的日增重有极显著影响；家系对不同日龄段体重以及不同日龄段日增重无影响。

表2　各种因素对长杜枫姜猪群不同日龄段体重的影响

F值	初生重	45日龄体重	70日龄体重	180日龄体重
基因型	1.172	3.103*	3.232*	5.724**
家系	0.499	0.713	0.454	0.142
性别	0.372	0.001	0.105	0.695
管理	0.250	5.513*	2.126	0.763
初生重		2.929	1.936	0.625

注：* 表示差异显著（$P<0.05$），** 表示差异极显著（$P<0.01$）。

表3　各种因素对长杜枫姜猪群不同日龄段日增重的影响

F值	初生～45日龄	初生～70日龄	初生～180日龄	45～70日龄	45～180日龄	70～180日龄
基因型	3.103*	3.232*	5.724**	1.975	5.498**	5.738**
家系	0.713	0.454	0.142	0.171	0.069	0.188
性别	0.001	0.105	0.695	0.211	1.031	4.101**
管理	5.153*	2.126	0.763	0.405	0.085	0.017
初生重	39.142**	4.305*	2.085	0.764	0.703	0.043

注：* 表示差异显著（$P<0.05$），** 表示差异极显著（$P<0.01$）。

Msp I 酶切突变位点不同基因型对长杜枫姜猪群不同日龄段体重的影响及对长杜枫姜猪群不同日龄段日增重的影响分别见表4和表5。由表4可见，CC、CD及DD三种基因型个体之间的初生重无差异；对于45日龄体重，DD基因型个体分别与CD和CC基因型个体呈显著差异，其他个体间差异不显著；对于70日龄体重，DD基因型个体与CC基因型个体呈显著差异（$P<0.05$），其他个体间差异不显著；对于180日龄体重，DD基因型个体与CC基因型个体呈极显著差异（$P<0.01$），DD基因型个体与CD基因型个体间差异显著。这一结果表明，等位基因 D 对于长杜枫姜猪不同日龄体重是有显著性影响的。从表5列出的数据可知道，对于初生重到45日龄的增重，DD基因型个体与CC基因型个体间差异极显著，CD基因型个体分别与DD和CC基因型个体间呈显著差异；对于45日龄到70日龄的增重，DD基因型个体与CC基因型个体间差异显著，其他基因型个体之间差异不显著；对于70日龄到180日龄的增重，DD基因型个体分别与CC和CD基因型个体间呈显著差异，其他基因型个体之间差异不显著。结果表明，等位基因 D 对于长杜枫姜猪不同日龄段的增重也是有显著性影响的。

表 4　不同基因型对长杜枫姜猪不同日龄段体重的影响

单位：kg

日龄段	基因型		
	CC（$n=10$）	CD（$n=77$）	DD（$n=67$）
初生	1.0500 ± 0.2068^{a}	1.1662 ± 1.0857^{a}	0.9941 ± 0.1421^{a}
45 日龄	8.7250 ± 0.9821^{b}	9.4675 ± 1.0794^{a}	9.7493 ± 1.3415^{a}
70 日龄	16.0750 ± 2.4010^{A}	17.6377 ± 2.7561^{a}	18.4537 ± 2.7046^{A}
180 日龄	81.9500 ± 4.7343^{A}	84.6214 ± 4.1144^{a}	86.1791 ± 4.1862^{B}

注：①表中的数据为平均数±标准偏差。②同一行标相同小写字母和相同字母一大一小，表示差异不显著；同一行标不同大写字母，表示差异极显著（$P<0.01$）；其余各种表示方法均表示差异显著（$P<0.05$）。

表 5　不同基因型对长杜枫姜猪不同日龄段增重的影响

单位：kg

日龄段	基因型		
	CC（$n=10$）	CD（$n=77$）	DD（$n=67$）
初生～45 日龄	7.6750 ± 0.8193^{A}	8.3013 ± 1.4923^{a}	8.7551 ± 1.2196^{B}
45～70 日龄	7.3500 ± 1.7167^{A}	8.1701 ± 2.0949^{a}	8.7045 ± 1.8963^{A}
70～180 日龄	65.8750 ± 2.8437^{b}	66.9838 ± 2.1430^{b}	67.7254 ± 2.1028^{a}

注：①表中的数据为平均数±标准偏差。②同一行标相同小写字母和相同字母一大一小，表示差异不显著；同一行标不同大写字母，表示差异极显著（$P<0.01$）；其余各种表示方法均表示差异显著（$P<0.05$）。

参考文献

[1] Rosenfeld M G. POU-domain transcription factors：powerful developmental regulators [J]. Genes Development，1991，5：897-907.

[2] Tuggle C K，Trenkle A. Control of growth hormone synthesis [J]. Demest Animal Endocrinol，1996，13：1-33.

[3] Yu T P，Rothschild M F，Tuggle C K . A *Msp* I restriction fragment length polymorphism at the swine PIT-1 locus [J]. Journal of Animal Science，1993（8）71：2275.

[4] Tuggle C K，Yu T P，Helm J，et al. Cloning and restriction fragment length polymorphism analysis of a cDNA for swine PIT-1，a gene controlling growth hormone expression [J]. Animal Genetics，1993，24：17-21.

[5] Nielsen V H. A *Pst* I RFLP at the porcine POU domain class 1 transcription factor 1 (*POU1F1*) gene [J]. Animal Genetics，1997，28（4）：320.

[6] Yu T P，Tuggle C K，Schmitz C B，et al. Association of PIT1 polymorph-isms with growth and carcass traits in pigs [J]. Journal of Animal Science，1995，73（5）：1282-1288.

[7] Frederick M A. Short Protocols in Molecular Biology [M]. Beijing：Science Press，1998.

[8] Yu T P，Rothschild M F，Tuggle C K，et al. PIT-1 genetopes are associated with birth weight in the unrelated pig resource families [J]. Journal of Animal Science，1996，74（Suppl，1）：122.

[9] 俞渭江. 生物统计附试验设计 [M]. 北京：农业出版社，1986：115-120.

ESR 和 FSHβ 基因在苏姜猪世代选育中遗传变异的研究

王宵燕[1]，经荣斌[1]，宋成义[1]，李碧春[1]，丁家桐[1]，张金存[2]，杨元青[2]

（1. 扬州大学动物科学与技术学院；2. 江苏省姜堰市种猪场）

目前国内外关于猪繁殖、肉质、生长、抗病等性状的分子标记研究取得了较大进展，但在国内真正把这些分子标记应用到猪育种工作中去的比较少。利用影响猪窝产仔数、生长性状和肉质性状的主效和候选基因，以培育中的姜曲海猪瘦肉型品系（以下简称苏姜猪）为研究对象，采用分子标记辅助选择和先进常规育种技术相结合的方法，培育苏姜猪的工作目前正在进行中。本文对 ESR 和 FSHβ 基因在苏姜猪世代选育中的遗传变异情况进行了研究。

1 材料与方法

1.1 实验材料

猪耳朵样取自姜堰市种猪场苏姜猪二、三世代的育种群，Taq 酶和限制性内切酶 PvuⅡ购自大连宝生物公司。

1.2 猪耳朵样 DNA 提取

采用酚-氯仿抽提法提取猪耳组织样的 DNA。

1.3 PCR 扩增

本次试验中 ESR 基因多态性检测采用 PCR-RFLP 法，FSHβ 基因经 PCR 扩增后直接判定基因型，具体实验条件见表 1。

表 1 ESR 和 FSHβ 基因 PCR 扩增及酶切反应的体系和反应条件

	ESR 基因	FSHβ 基因
引物	A：5′-CCTGTTTTTACAGTGACTTTTACAGAG-3′ B：5′-CACTTCGAGGGTCAGTCCAATTAG-3′	A：5′-CCTTTAAGACAGTCAATGGC-3′ B：5′-ACTGGTCTATTCATCCTCTC-3′
PCR 反应体系	25μL 体系：10×buffer 2.5μL，dNTP 2.0μL，引物 A 2.0μL，引物 B 2.0μL，Tap 酶 0.3μL，模板 2.0μL，水 14.2μL	25μL 体系：10×buffer 2.5μL，dNTP 2.0μL，引物 A 1.5μL，引物 B 1.5μL，Tap 酶 0.3μL，模板 1.0μL，水 16.2μL
PCR 反应条件	95℃预变性 4min，95℃变性 45s，58℃退火 40s，72℃延伸 1min，共 30℃个循环，之后 72℃延伸 10min	95℃预变性 4min，95℃变性 45s，57.6℃退火 1min，72℃延伸 50s，共 30 个循环，之后 72℃延伸 10min

（续）

ESR 基因	FSHβ 基因
酶切反应　5μL 体系：Pvu II 0.2μL，buffer 0.5μL，水 1.8μL，产物 2.5μL 温度：37℃	

1.4　产物检测及基因型判定

采用聚丙烯酰胺凝胶电泳检测 PCR 产物及酶切产物。

ESR 基因根据条带的位置和数量分为 3 种基因型：AA 型（120bp），AB 型（120bp，65bp，55bp），BB 型（65bp，55bp）。

FSHβ 基因根据条带的位置和数量分为 3 种基因型：AA 型（0.2kb），AB（0.2kb，0.5kb），BB 型（0.5kb）。

2　结果与分析

2.1　ESR 基因 PCR-RFLP 扩增结果与基因型

PCR-RFLP 结果代表性电泳图谱如图 1 所示，可以看出 ESR 基因 PCR 产物经 Pvu II 限制性内切酶酶切后出现了 3 种情况。根据条带的数目和位置，确定存在 3 种基因型：120bp 为 AA 型纯合子（1 条带），55bp/65bp 为 BB 型纯合子（2 条带），120bp、55bp/65bp 为 AB 型杂合子（3 条带）。

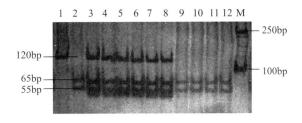

图 1　ESR 基因的 PCR-RFLP 结果

M：Marker DL2000；1：AA 基因型；

3，4，5，6，7，8：AB 基因型；2，9，10，11，12：BB 基因型

2.2　FSHβ 基因 PCR 扩增结果与基因型

FSHβ 亚基基因代表性电泳图谱如图 2 所示，扩增结果有 3 种情况：500bp 为 AA 型纯合子（1 条带），200bp 为 BB 型纯合子（1 条带），500bp/200bp 为 AB 型杂合子（2 条带）。

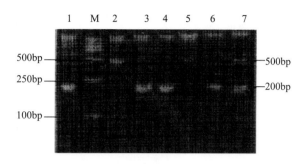

图 2 *FSHβ* 基因的 PCR 结果

M：Marker DL2000；1，3，4，6：BB 基因型；2，5：AA 基因型；7：AB 基因型

2.3 ESR 和 FSHβ 基因型分布及频率统计

ESR 和 FSHβ 基因型分布及频率统计见表 2。

表 2 ESR 和 FSHβ 基因型分布及频率统计

项目	二世代						三世代					
	n	基因型分布			基因频率（%）		*n*	基因型分布			基因频率（%）	
ESR	120	AA	AB	BB	*A*	*B*	151	AA	AB	BB	*A*	*B*
		43	77	0	0.679	0.321		61	81	9	0.672	0.328
FSHβ	114	AA	AB	BB	*A*	*B*	158	AA	AB	BB	*A*	*B*
		0	63	51	0.277	0.723		14	80	64	0.342	0.658

由表 2 可以看出，二世代的种猪 *ESR* 基因 BB 型个体和 *FSHβ* 基因的 AA 型个体为 0，随着育种工作的进展，三世代中 *ESR* 基因的 BB 型纯合子数量为 9 头，*FSHβ* 基因的 BB 型纯合子数量由 51 头上升至 64 头，*ESR* 基因的 *B* 等位基因频率略有上升，而 *FSHβ* 基因的 *B* 等位基因频率则下降 6.5%。

3 讨论

1996 年 Rothschild 等[1]发现母猪 *ESR* 基因 *Pvu* II 酶切位点的有利等位基因 B 与初生 窝产仔数相关联，这对育种学界来讲是一大喜讯，利用分子技术提高猪群的繁殖成绩不仅 育种时间较短，且效果较好。赵要风等（1999）[2]在中国二花脸杂交猪群中发现促卵泡素 基因亚单位（*FSHβ*）是控制产仔数的另一个主效基因。目前这两个基因已作为分子标记 应用到猪育种工作中。国外一些大育种公司如 PIC[3]将 *ESR* 基因作为猪繁殖性状的分子 标记采用标记辅助选择和基因导入的方法进行选种。对于 *ESR* 基因，孟庆利等（2005）[4] 检测中国地方猪种二花脸和培育猪种苏姜猪的 *B* 等位基因频率分别为 69.23% 和 46.34%，赵中权等（2005）[5]研究了藏猪的 *B* 等位基因为 43.75%，兰旅涛等（2003）[6] 的研究发现三个外种猪杜洛克、长白猪、大白猪的 *B* 等位基因频率分别为 0.1806%、

0.2079％和 0.2949％。本研究发现二世代中 ESR 基因的 BB 型纯合子数量为 0，可能是因为二世代群体较小，在选择过程中注重肉质和生长速度的选择而导致了 BB 型纯合子全部被淘汰，而三世代对种猪以个体基因型和生长性能相结合来进行选择，结果出现了 9 头的 BB 型纯合子，但 B 等位基因频率由上升不大。二、三世代的苏姜猪 ESR 基因的 B 等位基因频率低于所报道的中国地方猪种，但高于外种猪，原因可能是苏姜猪含有一定血缘比例的杜洛克、姜曲海和枫泾猪，为中外猪种杂交而成。但对于培育猪种苏姜猪来讲 B 等位基因频率偏低，可能是因为苏姜猪培育的重点是对其肉质的选择。

对于 FSHβ 基因，彭淑红等（2003）[7] 发现金华猪 I 系的 B 等位基因频率仅为 0.012，而 II 系和 III 系的均为 0。李靖等（2004）[8] 报道民猪的 B 等位基因频率为 0.35，兰旅涛等（2003）[6] 的研究发现三个外种猪杜洛克、长白猪、大白猪的 B 等位基因频率分别为 0.9167、0.7135 和 0.7769。这些报道与本研究相比 FSHβ 基因的 B 等位基因频率高于中国地方猪种，但低于外种猪。B 优势等位基因频率由 72.3％下降到 65.4％，但纯合子数量由二世代的 51 头上升到三世代的 64 头，可能原因为在选择过程中对 AA 型个体淘汰得较少所致。

目前国内普遍利用引进猪种与地方猪种杂交以提高地方猪种的生长速度和瘦肉率，这在一定程度上降低了地方猪种高繁殖力的优势，这从本研究所检测出的两个基因的 B 优势等位基因频率可以看出。苏姜猪采用姜曲海×枫泾猪作为母本，引进猪种杜洛克作为父本进行杂交来建立的瘦肉型新品系。在二世代和三世代中应用 ESR 和 FSH 基因的分子标记结合其他性状进行选种，结果发现，ESR 基因三世代中 BB 型纯合子为 9 头。而 FSHβ 基因的 BB 型纯合子数量由二世代的 51 头上升到三世代的 64 头，这为进一步的利用这两个基因进行辅助选择提供了有利条件。

参考文献

[1] Rothschild M，Jacobson C. The estrogen receptor locus is associated with a major gene influencing lit-tersize in pigs [J]. Proc Natl Acad Sci USA，1996，93：201-205.

[2] 赵要风，李宁，肖璐，等. 猪 FSH 亚基基因结构区逆转座子插入突变及其与产仔数关系的研究[J]. 中国科学（C辑），1999，29 (1)：81-86.

[3] 尉明. PIC 公司遗传改良方案——分子水平育种和五元杂交制种 [J]. 中国畜牧杂志，2000，36 (2)：32-33.

[4] 孟庆利，刘铁铮. 猪雌激素受体基因 PvuII 酶切片段多态性与产仔性能的关系 [J]. 江苏农业学报，2005，21 (1)：49-52.

[5] 赵中权，帅素荣，李平，等. 藏猪雌激素受体（ESR）基因 PvuII 多态性分析 [J]. 黑龙江畜牧兽医，2005 (5)：38-39.

[6] 兰旅涛，周利华，陈东军，等. 三个外种猪原始核心群 ESR 及 FSH 基因多态性检测 [J]. 江西农业大学学报，2003，25 (6)：916-919.

[7] 彭淑红，孙万元，华坚青，等. FSHβ 基因对金华猪繁殖性状效应的研究 [J]. 江苏农业科学，2003 (6)：90-91.

[8] 李靖，杨润靖，孟和，等. 民猪产仔数性状四个候选基因效应分析 [J]. 上海交通大学学报：农业科学版，2004，22 (1)：74-77.

Polymorphisms in intron 1 of the porcine *POU1F*1 gene

Song Cheng-yi[1], Gao Bo[1], Teng Shang-hui[1], Wang Xiao-yang[1], Xie Fei[1],
Chen Guo-hong[1], Wang Zhi-yue[1], Jing Rong-bin[1], Mao Jiu-de[2]
(1. College of Animal science & Technology, Yangzhou University, Jiangsu, China
2. Division of Biological Sciences, University of Missouri-Columbia,
Columbia, Mo, USA)

The POU1F1 transcription factor is expressed in the pituitary gland, where it regulates pituitary development and the expression of the growth hormone, prolactin and thyrotropinβ-subunit genes[1]. The POU1F1 protein contains 2 domains, termed POU-specific and POU-homeo, which are both necessary for high-affinity DNA binding to genes encoding growth hormone and prolactin[2]. Mutations within the *POU1F*1 gene are associated with growth hormone, thyroid-stimulating hormone beta subunit, and prolactin deficiency and hypopituitar ism in humans[3]. It is proved that dwarfism in mice and humans can be associated with a low or absent *POU1F*1 gene activity.

The porcine *POU1F*1 gene is located on chromosome 13, and it has 6 exons and 5 introns. Its cDNA sequence and partial genomic sequence have been characterized in several labs[4~5]. Previous research has revealed its polymorphisms by using the POU1F1 POU domain probe, RFLP and PCR-RFLP techniques. The MSP1 Polymorphisms were significantly correlated with pig birth weight in the Iowa State University pig resource families[6]. The associations of POU1F1 haplotypes and the markers around POU1F1 (10-20 cM apart) with early weights and growth rate were confirmed by Yu et al (1999)[7]. We demonstrated a significant genotype effect of POU1F1 on 45, 70, and 180-day body weight and average daily weight gain (ADG) in the finishing period in a crossbred pig population as well[8]. However, most of them were within the last 3 exons, and no polymorphism near the 5′ flanking region was reported. Actually, such polymorphisms are generally associated with the sequence elements and may completely abolish the inducibility of the promoter or decrease its activity significantly. The study of the distribution of some known regulatory motifs in the human genome revealed that the first introns within most genes play a particularly important regulatory role in transcription control[9]. The objective of the current study was to identify the porcine POU1F1 intron 1 sequence and to

· 134 ·

examine nucleotide sequence variation.

A domestic pig (Landrace) and a wild pig genome were used for comparative sequencing. Ear tissue samples were collected and DNA was extracted according to standard procedures. A pair of primers (P1: TTT TAC TTC GGC TGA CAC CTT TAT; P2: GGT TTC CAT AAT GAC AGG AAG GG) spanning exons 1 and 2 were designed for comparative sequencing according to the released gene sequence (GeneBank accession no. AF016251). Genomic DNA (300 ng) was amplified in 50 μL of reaction solution containing 200 μmol/L dNTPs, 10 pmol/L primer, 1.5 mmol/L MgCl$_2$, 2U LA Taq polymerase (TaKaRa, Japan), and 1×LA PCR buffer. The PCR was carried out according to the following protocol: The DNA template was denatured at 94℃ for 4 min, then 30 cycles of 94℃ for 40s, 60℃ for 90s, 72℃ for 240s, and at last 10 min of elongation at 72℃. PCR products were resolved by 0.6% agarose gel electrophoresis and visualized by ethidium bromide staining. The PCR amplification products were purified with a DNA fragment purification kit (TaKaRa, Japan) and then were sequenced by a primer-walking approach. Two different sizes of intron were obtained from wild (3 262 bp) and domestic (3 574 bp) pigs and the sequences were deposited in the GeneBank database under accession nos. AY948544 and DQ133895. The MegAlign Program of DNASTAR software (DNASTAR, Inc. www.dnastar.com) was used for comparative sequence analysis. Within the first intron, 23 sites of variation were identified, including 16 single-nucleotide substitutions, 4 single-nucleotide indels, 2 short indels (3-bp and 17-bp), and one long (313-bp) indel. The3-bP nucleotide variation was an indel of GTC, while the 17-bP segment mutation was an indel of 17 Ts.

To test the potential functional importance of the 313-bp indel, the insertion sequences were analysed in silico and by the use of NSITE program (Softberry, Inc, USA, www.softberry.com). Motifs of 4 crucial transcription factors (including SP1, NF-κB, AP-2 and Nmp4), a nerve growth factor-induced early-response gene (*NGFI-C*) and 3 early growth response genes (*Egr*-1, *Egr*-2 and *Egr*-3) were found.

Table 1　Genotype and allele frequencies of the 313-bp indel in various pig breeds

Breed	Sample location	n	Genotypes			Alleles	
			AA	AB	BB	*A*	*B*
Meishan	Suzhou Breeding Centre of Taihu Pig, Jiangsu Province	35	0.06	0.29	0.65	0.06	0.94
Erhualian	Suzhou Breeding Centre of Taihu Pig, Jiangsu Province	33	0.12	0.21	0.67	0.23	0.77
Fengjing	Suzhou Breeding Centre of Taihu Pig, Jiangsu Province	18	0	0.28	0.72	0.14	0.86
Huai	Pig breeding farm of Anhui Provincial Academy of Agricultural Science	32	0.22	0.41	0.37	0.43	0.57
Jiangquhai	Jianyan pig breeding farm, Jiangsu Province	46	0.48	0.43	0.09	0.70	0.30
Leping Spotted	Leping city livestock breeding farm, Jiangxi Province	31	0	0.52	0.48	0.29	0.71

（续）

Breed	Sample location	n	Genotypes			Alleles	
			AA	AB	BB	A	B
Tibetan	Gongbujiangda county, Tibet autonomous region	36	0	0	1.00	0	1.00
Linggao	Lingao county, Hainan Province	15	0	0	1.00	0	1.00
Rongchang	Rongchang pig breeding farm, Chongqing municipality	25	0	0	1.00	0	1.00
Songliao Black	Pig breeding farm of Jilin Provincial Academy of Agricultural Science	19	0	0	1.00	0	1.00
Min	Lanxi county pig breeding farm, Heilongjiang Province	14	0	0	1.00	0	1.00
Yorkshire	Pig breeding farm of Anhui Provincial Academy of Agricultural Science, originally from UK	19	0.37	0.58	0.55	0.66	0.34
Landrace	Pig breeding farm of Anhui Provincial Academy of Agricultural Science, originally from Denmark	21	0.76	0.24	0	0.83	0.12
Pietrain	Changshu pig breeding farm, Jiangsu Province, originally from Belgium	15	0.67	0.33	0	083	0.17
Duroc	Changshu pig breeding farm, Jiangsu Province, originally from USA	19	1.00	0	0	1.00	0

Since the 313-bp indel contains these potential regulatory elements and has a possible biological function, it was further genotyped in 4 western meat-type pig breeds and 11 Chinese native breeds. The number and location of pig samples selected from each breed, and the recorded frequencies of alleles and genotypes are given in Table 1.

P2 and P3 (ATA GGT TGG GAT GAG AAG AAT) primers were used to genotype the new 313-bp indel. The PCR was performed in a volume of $20\mu L$, containing 100 ng of template DNA, 0.25 mmol/L primers, 50 mmol/L KCl, 10 mmol/L Tris-HCl (pH 8.0), 1.5 mmol/L $MgCl_2$, 2.5 mmol/L dNTPs, and 1U of Taq polymerase. The reaction was carried out as initial denaturation for 180s at 95℃, 30 cycles of denaturation for 30s at 95℃, annealing for 60s at 60℃, and elongation for 180s at 72℃, followed by a 10-min final extension at 72℃. Then the PCR Products were separated by electrophoresis in 0.8% agarose gel and stained with ethidium bromide. Two alleles, allele A (1 926 bp) and allele B (2 239 bp, inserted 313-bp fragment) and 3 genotypes, AA (1 926 bp), AB (1 926bp and 2 239bp) and BB (2 239bp) were observed (Figure 1).

The distribution of the 313-bp polymorphism genotypes and allele frequency in the meat-type pigs and Chinese pigs are summarized in Table 1. No deviation from the Hardy-Weinberg equilibrium was detected. The appearance of genotypes varied between breeds: no AA and AB genotypes were found in Tibetan, Lingao, Min, Rongchang, and Songliao Black pigs, no AA genotype was found in Fengjing and LePing Spotted Pigs, whereas in the studied sample of Pietrain and Landrace there were no BB genotypes, and all 19 Duroc

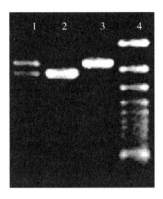

Figure 1　PCR results：the 313-bp indel in intron 1 of the porcine *POU1F1* gene
Lane 1＝AB genotype（1 926bp and 2 239bp）；lane 2＝BB genotype（1 926bp）；
lane 3＝AA genotype（2 239bp）；lane 4＝GenerulerTM 100-bp
DNA Ladder Plus Marker（Sangon，Shanghai）

pigs were AA homozygotes. The western meat-type pigs had a high *A* allele frequency and the Chinese native pigs had more *B* alleles，except Jiangquhai pigs.

A total of 370 individuals of a non-inbred commercial line（Sujiang）were used for correlation analysis between the 313-bp indel and early growth traits by using the general linear model. The genotype frequencies of AA，AB and BB were 0.65，0.28 and 0.064，respectively. The AA genotype was associated with higher birth weight（$P<0.05$）.

Several studies identified Polymorphisms of the *POU1F1* gene and their associations with quantitative traits [10~12]. The current paper presents the first study to examine intron 1 in detail and identify its DNA variations. Agarose gel electrophoresis and DNA sequencing revealed a large variation in size，mainly caused by a 313-bp indel near the end of intron 1，and 22 other mutations.

The in silico analysis revealed regulatory motifs，such as SP1，AP2 and early growth response genes，in the 313-bp indel. The deletion of these motifs can affect the transcription of POU1F1，which may influence complex traits，like birth weight. So the 313-bP indel has a potential biological function.

Genotyping the 313-bp indel in different breeds revealed that western meat-type pigs have a high *A* allele frequency and most Chinese fat-type pigs have more *B* alleles，which suggested that the 313-bp indel was possibly associated with high values of growth traits. The positive association of the 313-bp variant with pig birth weight confirmed this possible function as well. This result was in accordance with a previous report，which indicated that the POU1F1 locus was associated with higher birth weight（Yu et al，1995）. Results of the present study suggest that research on the function of the 313-bp indel should be continued，with special emphasis on analysis of interaction with transcription factors.

Additionally，the POU1F1B transcript，which 1s one of the POU1F1 isoforms，can be spliced by using an alternative donor site of intron 1 and additional 26 amino acids are then inserted in front of exon 2 in rats and humans, but the isoform was identified in pigs as well (Yu et al, 2001). By sequencing the first intron, we demonstrated that the 78-bp sequence at the 3′ end of the intron, encoding the additional 26 amino acids, were conserved in humans and rats. Both the 313-bp and the 17-bp repeat indel were close to the 3′ end of the first intron and may affect splicing activity and RNA level since some evidence showed that functional parts of proteins originate from intron sequences due to deletions or insertions[13]. More investigations of the possible relationship between these indels and alternative splicing would also be of great interest.

Acknowledgements

This work was funded by both the Jiangsu Natural Science Foundation and Yangzhou University Natural Science Fund, through grants nos. BK2006068 and NK0513129.

References

[1] Cohen L E, Wondisford F E, Radovick S. Role of Pit-1 in the gene expression of growth hormone, prolactin and thyrotropin [J]. Endocrinol Metab Clin North Am, 1996, 25: 523-540.

[2] Sturm R A, Herr W. The POU domain is a bipartite DNA-binding structure [J]. Nature, 1988, 336: 601-604.

[3] Hendriks-Stegeman B I, Augustijn K D, Bakker B, et al. Combined pituitary hormone deficiency caused by compound heterozygosity for two novel mutations in the POU domain of the *Pit*1/*POU1F1* gene [J]. J Clin Endocrinol Metab, 2001, 86: 1545-1550.

[4] Chung H O, Kato T, Tomizawa K, Kato Y. Molecular cloning of Pit-1 cDNA from porcine anterior pituitary and its involvement in pituitary stimulation by growth hormone releasing [J]. Exp Clin Endocrinol Diabetes, 1998, 106: 203-210.

[5] Yu T P, Sun H S, Wahls S, Sanchez-Serranol, Rothschild M F, Tuggle C K. Cloning of the full-length Pig PIT1 (POU1F1) cDNA and a novel alternative PIT1 transcript, and functional studies of their encoded proteins [J]. Anim Biotechnol, 2001, 12: 1-19.

[6] Yu T P, Tuggle C K, Schmitz C B, Rothschild M F. Association of PIT1 polymorphisms with growth and carcass traits in pigs [J]. J Anim Sci, 1995, 73: 1282-1288.

[7] Yu T P, Wang L, Tuggle C K, Rothschild M F. Mapping genes for fatness and growth on pig chromosome 13: a search in the region close to the pig *PIT*1 gene [J]. J Anim Breed Genet, 1999, 116: 269-280.

[8] Song C Y, Gao B, Teng Y, Wang X Y, et al. MSPI Polymorphisms in the 3rd intron of the swine *POU1F1* gene and their associations with growth performance [J]. J Appl Genet, 2005, 46: 285-289.

[9] Majewski J, Ott J. Distribution and characterization of regulatory elements in the human genome [J]. Genome Res, 2002, 12: 1827-1836.

[10] Renaville R, Gengler N, Vrech E, Prandi A, Massart S, Corradini C, et al. *PIT*1 gene polymorphism, milk yield and conformation traits for Italian Holstein-Friesian bulls [J]. J Dairy Sci, 1997, 80: 3431-3438.

[11] Moody D E, Pomp D, Newman S, MacNeil M. Characterization of DNA Polymorphisms in three populations of Hereford cattle and their associations with growth and material EPD in line 1 Herefords [J]. J Anim Sci, 1996, 74: 1784-1793.

[12] Brunsch C, Sternstein 1, Reinecke P, Bieniek J. Analysis of associations of PIT1 genotypes with growth, meat quality and carcass composition traits in pigs [J]. J Appl Genet, 2002, 43: 85-91.

[13] Kondrashov F A, Koonin E V. Evolution of alternative splicing: deletions, insertions and origin of functional parts of proteins from intron sequences [J]. Trends Genet, 2003, 19: 115-119.

苏姜猪 *ESR* 基因和 *FSHβ* 基因的多态性与繁殖性能的相关性研究

孙丽亚，王宵燕，宋成义，赵芹，谢飞，吴晗，李碧春

（扬州大学动物科学与技术学院）

  繁殖力是影响养猪生产经济效益的关键因素之一。目前，*ESR* 基因和 *FSHβ* 基因是母猪繁殖性能候选基因中研究较多的两个基因[1~3]。苏姜猪是以杜洛克猪、枫泾猪、姜曲海猪三个品种猪为亲本，采用群体继代选育的方法进行选育，目前已进入 3 世代的选育阶段。笔者检测了 293 头 2 世代苏姜猪的 *ESR* 和 *FSHβ* 基因的多态性，并分析了不同多态性之间的总产仔数、产活仔数和初生重，以进一步探讨在苏姜猪核心群选育中应用 *ESR* 和 *FSHβ* 基因作为标记辅助选择来提高母猪繁殖性能的实用性，为从 DNA 水平上开展苏姜猪的选育工作提供先进的技术手段。

1 材料与方法

1.1 实验动物

  293 头苏姜猪来自江苏省姜堰市种猪场培育的姜曲海瘦肉型新品系的二世代母猪群。繁殖资料主要为总产仔数、产活仔数和初生重。

1.2 试验方法

  猪耳样 DNA 提取采用酚/氯仿抽提法[4]。*ESR* 基因扩增所用引物、PCR 反应条件及基因型判定见参考文献[5]、[6]，*FSHβ* 基因扩增所用引物、PCR 反应条件及基因型判定见参考文献 [3]。利用 SPSS 软件建立数据库并分析基因多态性，以及不同基因型产仔数、产活仔数及初生重的差异显著性分析。

2 结果与分析

2.1 *ESR* 及 *FSHβ* 基因多态性

  在检测的 *ESR* 基因中，AA 型出现 109 头，频率为 38.25%；AB 型出现了 164 头，频率为 57.54%；而 BB 型只出现 12 头，频率为 4.21%。在 *FSHβ* 基因中，AB 型出现 109 头，频率为 37.20%；BB 型出现 176 头，频率为 60.07%；而 AA 型只出现 8 头，频率为 2.73%（表1）。

表 1　*ESR* 及 *FSHβ* 基因型多态性分析

基因	基因型	数量	基因型频率	等位基因	基因频率
	AA	109	0.382 5	*A*	0.670 2
ESR	AB	164	0.575 4		
	BB	12	0.042 1	*B*	0.329 8
	AA	8	0.027 3	*A*	0.213 3
FSHβ	AB	109	0.372 0		
	BB	176	0.600 7	*B*	0.786 7

注：因为通过 PCR 检测 293 头猪 *ESR* 基因时有 8 头猪的 *ESR* 基因条带未获得，故 *ESR* 基因的实际 AA、AB、BB 基因型数量总和为 285。

2.2　不同基因型间繁殖性能结果

表 2　不同繁殖性状在各基因型间的多重比较

基因	基因型	数量	总产仔数	产活仔数	初生重（kg）
	AA	109	8.52±1.74[a]	8.18±1.90[a]	2.17±0.22[a]
ESR	AB	164	9.32±2.24[b]	8.29±2.51[a]	2.11±0.24[a]
	BB	12	10.75±0.96[b]	10.75±0.96[b]	2.23±0.23[a]
	AA	8	9.00±1.00[a]	9.00±1.00[a]	2.20±0[a]
FSHβ	AB	109	9.08±2.18[a]	8.27±2.52[a]	2.14±0.20[a]
	BB	176	9.03±2.20[a]	8.40±2.27[a]	2.14±0.27[a]

注：不同小写字母显示差异显著（$P < 0.5$）。

由表 2 得知，*ESR* 基因的 BB 型产活仔数显著高于 AA 型和 AB 型，总产仔数在三种基因型间虽然差异不大，但有 BB 型大于 AB 型和 AA 型的趋势。*FSHβ* 基因 AA 型只出现 8 头，总产仔数和产活仔数均为 BB 型大于 AB 型，但差异不显著。三种基因型初生重则无差别。

2.3　*ESR* 基因和 *FSHβ* 基因型不同多态性比较

ESR 和 *FSHβ* 基因均出现了 3 种多态性，即 AA、AB、BB 型。*ESR* 基因的 AA 型的频率为 0.382 5，AB 型的频率为 0.575 4，BB 型的频率为 0.042 1；*FSHβ* 基因的 AA 型的频率为 0.027 3，AB 型的频率为 0.372 0，BB 型的频率为 0.600 7。对国外引进猪种及地方品种猪的 *ESR* 和 *FSHβ* 基因型检测的相关研究结果见表 3。研究发现，试验中 *ESR* 基因的 BB 型个体出现的频率较地方猪种（民猪、金华猪、藏猪）所检测的频率低；而 AA 型个体出现的频率较引进猪种（杜洛克、长白、大白）低；*FSHβ* 基因的 BB 型个体出现的频率较地方猪种（民猪、金华猪、藏猪）高，但低于引进猪种（杜洛克）。相关研究结果显示，瘦肉型猪种和地方猪种 *ESR* 和 *FSHβ* 基因中的有利等位基因均为 *B*（增加产仔数），BB 型个体的产仔数优于 AB、AA 型[7~11]，与试验得到的结果一致。但试验中 *ESR* 基因的 BB 型个体极少，仅为 12 头；而 *FSHβ* 基因的 BB 型较多，AA 型个体极

少（仅为 8 头）。可能的原因为苏姜猪是姜曲海、杜洛克、枫泾 3 个猪种的杂交后代，而杜洛克血缘占 67.50%，故 ESR 基因的 BB 型和 $FSH\beta$ 基因的 AA 型频率极低。

表 3　不同品种猪 ESR 基因和 $FSH\beta$ 基因多态性检测

品种	基因	基因型 Genotype		
		AA	AB	BB
民猪	ESR	0.200 0	0.425 0	0.375 0
	$FSH\beta$	0.525 0	0.255 0	0.225 0
金华猪 I 系	ESR	0.023 7	0.360 9	0.615 4
	$FSH\beta$	0.982 0	0.012 0	0.006 0
杜洛克	ESR	0.694 4	0.250 0	0.055 6
	$FSH\beta$	0.027 8	0.111 1	0.861 1
长白猪	ESR	0.595 5	0.393 3	0.011 2
	$FSH\beta$	0.044 9	0.483 3	0.471 9
大白猪	ESR	0.417 3	0.575 5	0.007 2
	$FSH\beta$	0.028 8	0.388 5	0.582 7
藏猪	ESR	0.064 4	0.435 6	0.500 0
	$FSH\beta$	0.450 5	0.435 6	0.113 9

2.4　ESR 及 $FSH\beta$ 基因不同多态性间繁殖性能的表现

ESR 基因作为产仔数的主效基因在国内外很多猪种上被报道过。研究一致认为每个 B 基因对于产仔数的效应为 0.13～1.15 头。在含有 50% 梅山猪血缘的猪品系中，对于初产仔数，ESR 的 BB 基因型比 AA 基因型高 2.13 头，对于所有胎次，BB 基因型比 AA 基因型高 1.15 头。在我国地方猪种姜曲海猪、小梅山猪及二花脸猪上，ESR 基因对于总产仔数的影响均达到极显著水平。赵要风等提出 $FSH\beta$ 基因对猪的产仔数有重要影响，试验中 ESR 基因位点上 BB、AB 型总产仔数显著高于 AA 型；且产活仔数 BB 型显著高于 AB 和 AA 型；但初生重中差异并不显著。$FSH\beta$ 基因 3 种基因型间总产仔数、产活仔数和初生重均无显著差异。

3　讨论

（1）根据试验结果，应重点选留 ESR 的 BB、AB 型母猪进入育种核心群，以提高基因 B 的频率，使其产仔数能被快速改良；而对 $FSH\beta$ 基因，群体内的 B 基因频率已比较大，下一步应加大统计群体数量，继续研究其对苏姜猪繁殖性能的影响，以明确是否将其作为分子遗传标记来辅助苏姜猪的选育工作。

（2）在苏姜猪选育过程中，除了以上两个基因适用于选育外，建议再增加适当数量的基因作为遗传标记以使苏姜猪繁殖性状的遗传改良能得到进一步深入，同时能更有效地提高其选种准确度和遗传改良效率，加速遗传进展。

参考文献

[1] Rothschild M F. The estrogen receptor locus is associated with a major gene influencing litter size in pigs [J]. Proc Natl Acad Sci USA，1996，93：201-205.

[2] Rothschild M F，Jacobson C，Vaske D A，et al. A Major gene for litter size in pigs [C]. Proc 5th world Congr on Genet Appl Livest Prod，Guelph，1994，21：225-228.

[3] 赵要风. 猪 FSHβ 亚基基因结构区逆转座子插入突变及其与猪产仔数关系的研究 [J]. 中国科学（C 辑），1999，29（1）：81-86.

[4] J 萨姆布鲁克，E F 弗里奇，T 曼尼阿蒂斯. 分子克隆实验指南 [M]. 第 2 版. 金冬雁，等，译. 北京：科学出版社，1992：464-469.

[5] Short T H，Rothschild O I，Southwood D G，et al. Effect of the estrogen receptor locus on reproduction and production traits in four commercial pig lines [J]. J Anim Sci，1997，75（12）：3138-3142.

[6] 陈克飞，黄路生，罗明，等. 中国动物遗传育种研究进展 [M]. 北京：中国农业科技出版社，1999：199-201.

[7] 陈克飞，黄路生，李宁，等. 猪雌激素受体（ESR）基因对产仔数性状的影响 [J]. 遗传学报，2000，27（10）：853-857.

[8] 李婧，孟和，杨润清，等. 民猪保种群产仔数基因、基因型分布变化分析 [J]. 中国畜牧杂志，2005（7）：25-27.

[9] 徐宁迎，章胜乔，彭淑红，等. 金华猪 3 个繁殖性状主基因的分布及其效应的研究 [J]. 遗传学报，2003，30（12）：1090-1096.

[10] 兰旅涛，周立华，陈东军，等. 3 个外来种猪群 ESR 基因位点多态性及其与繁殖性能相关性分析 [J]. 江西农业大学学报，2003，25（6）：916-919.

[11] 赵中权，甘万华，等. 藏猪雌激素受体（ESR）基因 PvuⅡ多态性分布 [J]. 黑龙江畜牧兽医，2005（5）：38-39.

苏姜猪 *ESR* 和 *FSHβ* 基因多态性及对部分生长性状的影响

王宵燕，孙丽亚，宋成义，霍永久，经荣斌

（扬州大学动物科学与技术学院）

猪的产仔数属低遗传力性状，通过常规育种手段进行选择进展缓慢。Rothschild 等研究发现雌激素受体基因（Estrogen receptor gene，ESR）位点 *B* 等位基因可以显著提高梅山猪合成系的产仔数 1.5 头/窝和产活仔数 1 头/窝[1]，是影响产仔数的主效基因[2]。这个发现引起人们利用候选基因法对产仔数进行标记辅助选择的重视。促卵泡素 β 亚基基因（Follicle-stimulating hormone β gene，FSHβ）的插入突变对产仔数也有显著影响[3]。目前 *ESR* 基因和 *FSHβ* 基因是国内外研究较多的关于产仔数的候选基因，但很少见其与生长等其他重要性状的关联性研究。苏姜猪以姜曲海、杜洛克、枫泾三个猪种为亲本，采用群体继代选育的方法，目前已进入三世代选择阶段。本研究通过对三世代育种群的 *ESR* 和 *FSHβ* 基因进行多态性检测，并与 6 月龄时所测的体尺、体重进行相关性分析，为苏姜猪 6 月龄时的选择提供实验依据。

1　材料与方法

1.1　实验动物

6 月龄三世代苏姜猪 157 头来自江苏省姜堰市种猪场。

1.2　*ESR* 和 *FSHβ* 基因型分析

耳样 DNA 提取采取酚/氯仿抽提法[4]，ESR 基因扩增所用引物、PCR 反应条件及基因型判定见参考文献 [5]、[6]，FSHβ 基因扩增所用引物、PCR 反应条件及基因型判定见参考文献 [3]。

1.3　猪体重、体尺的测量

见参考文献 [7]、[8]。

1.4　数据处理与统计分析

用 SPSS 软件建立数据库。线性模型（Linear model）用于分析 *ESR* 基因、*FSHβ* 基因、*ESR* 基因与 *FSHβ* 基因间的互作和合并基因型影响体尺、体重遗传效应。分析 ESR

基因、$FSH\beta$ 基因和它们间的互作效应时使用模型 I；在互作效应不显著时，使用模型 II 分析合并基因型（即两种基因型统一合并的基因型）的效应。

模型 I：$Y=\mu+$ 个体效应 $+ESR$ 基因型 $+FSH\beta$ 基因型 $+ESR$ 基因与 $FSH\beta$ 基因间的互作 $+$ 残差；

模型 II：$Y=\mu+$ 个体效应 $+$ 合并基因型 $+$ 残差。

2　结果与分析

2.1　苏姜猪 ESR 和 FSHβ 基因型频率和基因频率分布

两个基因在苏姜猪中都为多态性分布。ESR 基因的 B 等位基因频率为 0.299 4，BB 型个体较少，基因型频率仅为 0.057 3（表 1）；对于 $FSH\beta$ 基因，其 A 等位基因频率为 0.158 3，AA 型个体频率仅为 0.050 4，而 BB 型个体频率较高（表 1）。

表 1　ESR 和 FSHβ 基因型与等位基因频率在苏姜猪群中分布

基因	n	基因型频率			等位基因	
		AA	AB	BB	A	B
ESR	157	0.458 6	0.484 1	0.057 3	0.700 6	0.299 4
$FSH\beta$	139	0.050 4	0.215 8	0.733 8	0.158 3	0.841 7

2.2　ESR 和 FSHβ 基因型与体尺、体重差异性分析

ESR、$FSH\beta$ 基因型与体尺、体重相关性分析结果见表 2，ESR 基因 BB 基因型个体的体长、胸围和体重显著低于（$P<0.05$）AB 和 AA 基因型的个体，其中胸围和体重极显著低于（$P<0.01$）AB 和 AA 基因型的个体。BB 型的体高极显著低于 AA 型（$P<0.01$）。$FSH\beta$ 基因 BB 基因型个体的体长显著低于（$P<0.05$）AA 型的个体。BB 型个体的体重有小于 AA 型的趋势，但因个体变异较大，未表现差异显著性。

表 2　ESR 和 FSHβ 基因型与 6 月龄苏姜猪体尺和体重的差异性分析

基因型		n	体高（BH）(cm)	体长（BL）(cm)	胸围（CC）(cm)	体重（BW）(kg)
ESR	AA	72	57.63±3.38aA	102.00±8.75aAB	97.68±6.52aA	75.53±10.71aA
	AB	76	57.38±4.09abAB	103.16±7.20aA	98.03±6.43aA	75.30±11.21aA
	BB	9	53.89±3.48bB	95.44±6.39bB	89.56±6.48bB	62.67±12.72bB
$FSH\beta$	AA	7	56.57±2.37	107.57±8.46a	96.14±8.65	77.29±16.33
	AB	30	57.33±3.95	102.57±8.89ab	96.53±7.69	75.17±12.49
	BB	102	57.11±3.91	100.74±7.52b	96.90±6.97	73.23±11.21

注：上标不同小写字母者差异显著（$P<0.05$），不同大写字母差异极显著（$P<0.01$）。

2.3　合并基因型与体尺和体重差异性分析

由于模型 I 统计表明 ESR 和 $FSH\beta$ 的互作效应不显著（$P>0.05$），因此将依据模型

Ⅱ计算 *ESR* 和 *FSHβ* 基因的合并基因型最小二乘均数总结于表 3。合并基因型对体高、胸围和体重的影响显著（$P<0.05$）。BBBB 个体的体高、胸围、体重均最低，和部分基因型相比达到极显著水平（$P<0.01$）。各合并基因型间体长未表现出显著差异，但 BBBB 个体呈小于其他基因型的趋势（表 3）。从基因代换的效应看，*ESR* 基因 BB 型体重比 AA 型低 12.86kg，*FSHβ* 基因 BB 型比 AA 型低 4.06kg，合并基因型为 BBBB 的个体比 AAAA 合并基因型的个体低 18.80kg，比 AAAB 低 21.58kg，显然合并基因型的遗传效应不是各个基因型效应的简单加和。

表 3　合并基因型与体尺、体重差异性分析

合并基因型		n	体高（BH）	体长（BL）	胸围（CC）	体重（BW）
ESR	FSHβ		(cm)	(cm)	(cm)	(kg)
AA	AA	5	56.80±2.77[abAB]	107.00±10.27	95.00±10.30[ab]	76.80±19.94[aAB]
AA	AB	12	58.83±4.15[aA]	104.08±7.76	99.33±5.30[aA]	79.58±9.49[aA]
AA	BB	40	57.41±3.51[aAB]	100.22±8.68	97.03±6.48[aA]	73.55±9.96[aA]
AB	AB	12	57.00±3.13[aAB]	105.67±7.70	96.33±7.11[aAB]	74.50±11.42[aA]
AB	BB	51	57.25±4.07[aAB]	101.63±6.79	97.63±6.24[aA]	74.25±10.97[aA]
BB	BB	4	52.50±5.20[bB]	97.50±5.32	86.50±8.26[bB]	58.00±10.58[bB]

注：上标不同小写字母者差异显著（$P<0.05$），不同大写字母差异极显著（$P<0.01$）。

3　讨论

自从 Rothschild[1] 和赵要风[3] 等报道 *ESR* 基因和 *FSHβ* 基因的不同基因型产仔数差异显著，可以利用这两个基因做为主效基因间接选择产仔数，研究人员对国内外猪种中 *ESR* 基因和 *FSHβ* 基因的多态性进行了大量的研究。地方猪种民猪和金华猪的 *ESR* 的 *B* 等位基因频率和 BB 型频率较高[9~10]，引入猪种则较低[11]，但引入猪种 *FSHβ* 基因的 *B* 等位基因频率和 BB 型个体频率则较地方猪种高。本试验发现，苏姜猪三世代 *ESR* 基因的 BB 型个体出现的频率要较民猪、金华猪等地方猪种低，*FSHβ* 基因的 BB 型个体出现的频率较民猪、金华猪高，和引进猪种相比，也处于较高水平，可能的原因为苏姜猪是姜曲海、杜洛克、枫泾三个猪种的杂交后代，杜洛克血缘占 67.5%。

6 月龄体尺和体重反映了后备猪的生长发育情况。Rothschild 的研究表明 *ESR* 的 *B* 等位基因与初生重、背膘厚等性状无显著相关[1]。而由本研究结果看 *ESR* 基因对苏姜猪 6 月龄的体尺和体重有较大影响，部分基因型之间达到极显著水平。这说明 *ESR* 基因的突变对生长发育有一定影响。在体内激素与受体的生物学效应密切相关。赵明珍等对 *ESR* 基因 AA 和 BB 两种基因型的小梅山母猪生长期内（30~150d）血清中 GH 浓度进行检测发现 AA 型 GH 浓度均高于 BB 型，且在 45~130 日龄区间显著高于 BB 型（$P<0.05$）[12]。这个结果从内分泌学角度说明了 *ESR* 基因的 BB 型个体生长速度较 AA 型要慢。该基因型对苏姜猪的繁殖性能和生长速度及体尺性状的影响是矛盾的，其原因有待进一步研究。

合并基因型的效应不是单个基因型效应的简单相加。陈克飞等[13] 研究结果表明两基因座的合并基因型 BBBB 总产仔数和产活仔数均最多，本研究发现 6 月龄 BBBB 型个体体尺、体重比其他基因型要小，部分性状达到极显著水平。从单个基因对 6 月龄体尺、体重性状的影响看，效应不完全相同。后备种猪性能测定一般在 5～6 月龄结束，个体除繁殖性能外的重要生产性状都基本表现出来，该阶段是选种的关键时期。目前育种场一般按生长速度和活体背膘厚等生产性状构成的综合育种值指数，对后备猪进行选留或淘汰，苏姜猪仅凭此综合育种值指数来进行选择，会对 BB 型个体不利，可能造成优势等位基因的流失。苏姜猪一世代猪群中的 ESR 基因的 BB 型个体数为零[14]，其原因可能与选择时注重生长速度和体形，没有进行分子标记的辅助选择有关。因此，在苏姜猪的世代选育过程中，除利用常规的选择指数来对后备猪进行选择外，应利用 ESR 和 FSHβ 基因作为分子标记来在早期进行窝产仔数的辅助选择，以保证繁殖性能优良的个体不会因为体尺、体重较小而被淘汰，而达到提高猪群繁殖性能的目的。

参考文献

[1] Rothschild M F，Jacobson C，Vaske D A，et al. A Major gene for litter size in pigs [C]. Proceedings of the 5th world Congress on Genetics Applied Livestock Production，Guelph，1994，21：225-228.

[2] Rothschild M F，Jacobson C，Vaske D A，et al. The estrogen receptor locus is associated with a major gene influencing litter size in pigs [J]. Proceedings of the National Academy of Sciences of the United States of America，1996，93：201-205.

[3] 赵要风. 猪 FSHβ 亚基因结构区逆转座子插入突变及其与猪产仔数关系的研究 [J]. 中国科学（C 辑），1999，29（1）：81-86.

[4] J 萨姆布鲁克，E F 弗里奇，T 曼尼阿蒂斯. 分子克隆实验指南 [M]. 第 2 版. 金冬雁，等，译. 北京：科学出版社，1992：464-469.

[5] Short T H，Rothschild O I，Southwood D G，et al. Effect of the estrogen receptor locus on reproduction and production traits in four commercial pig lines [J]. J Anim Sci，1997，75（12）：3138-3142.

[6] 陈克飞，黄路生，罗明，等. 中国动物遗传育种研究进展 [M]. 北京：中国农业科技出版社，1999：199-201.

[7] 刘震乙. 家畜育种学 [M]. 北京：农业出版社，1987：249.

[8] 杨公社. 猪生产学 [M]. 北京：中国农业出版社，2002：55.

[9] 李靖，孟和，杨润清. 民猪保种群产仔数基因、基因型分布变化分析 [J]. 中国畜牧杂志，2005，41（7）：25-26.

[10] 徐宁迎，彭淑红，章胜乔. 金华猪 3 个繁殖性状主基因的分布及其效应的研究 [J]. 遗传学报，2003，30（12）：1090-1096.

[11] 兰旅涛，周利华，李琳. 3 个外来猪种 ESR 基因位点多态性及其繁殖性能相关性分析 [J]. 江西农业大学学报，2006，28（1）：115-117.

[12] 赵明珍，王宵燕，樊月钢，等. 不同 ESR 基因型小梅山母猪生长期血清激素浓度变化的特点 [J]. 江苏农业科学，2007（6）：196-198.

[13] 陈克飞，黄路生，李宁，等. 猪 FSHβ 及 ESR 合并基因型对猪产仔数性状的影响 [J]. 科学通报，2000，4（18）：963-966.

[14] 王宵燕，经荣斌，宋成义，等. ESR 和 FSHβ 基因在苏姜猪世代选育中遗传变异的研究 [J]. 养猪，2007（4）：30-31.

猪垂体特异性转录因子-1 基因 cDNA 的克隆及序列分析

孙丽亚，宋成义，高波，赵芹，王宵燕，周智慧，
王升智，周辉云，李碧春
（扬州大学动物科学与技术学院）

垂体转录因子（Pituitary transcription factor 1，POU1F1，原称 Pit-1）基因是 *POU* 基因家族的成员之一，是重要的组织特异性转录因子。报道 *POU1F1* 基因在哺乳动物的垂体前叶腺中主要激活生长激素（Growth hormone，GH）、催乳素（Pro-lactin，PRLR）和促甲状腺素 β 亚单位（Thyroid stimulating hormone β，TSHβ）基因的表达，即对上述 3 种基因起正向调控作用[1~2]。研究结果表明，*POU1F1* 基因的突变可以导致垂体的发育不全，也会导致小鼠的矮小性状基因座发生突变和猪早期生长受限制，进而干扰垂体前叶腺的正常发育，从而使 *GH*、*PRLR* 和 *TSHβ* 这 3 种基因的表达受阻，以及相应的细胞类型发育不全和细胞分化被抑制[3~5]，当人的该基因发生突变时，病症表现为身材矮小，神经发育阻滞[6]。猪的 *POU1F1* 基因已经被发现定位于 13 号染色体上的 q46 区域，已知其 cD-NA 序列全长 876bp，编码 292 个氨基酸[7]。Tuggle 等[8] 用 RT-PCR 方法克隆出猪的 cDNA 全序列，并用 RT-PCR 技术鉴定了 *POU1F1* 基因的不同拼接形式，它们分别是 *POU1F1α*（包含 6 个外显子编码 292 个氨基酸）、*POU1F1β*（邻近第 2 外显子处有 26 个氨基酸的插入即插入 78bp 碱基）、■3POU1F1（外显子 3 全部缺失）、■4POU1F1（外显子 4 全部缺失）。

目前多种动物的 *POU1F1* 基因不同拼接形式已被报道，Estela 等[9] 报道绵羊的 *POU1F1* 基因有 4 种拼接形式，分别为 *POU1F1α*（包含 6 个外显子编码 292 个氨基酸）、*POU1F1β*（邻近第 2 外显子处有 26 个氨基酸的插入即插入 78bp 碱基）、*POU1F1γ*（外显子 3 全部缺失）、*POU1F1δ*（外显子 3、4、5 缺失）。鼠的 *POU1F1* 基因有 3 种拼接形式，分别为 *POU1F1α*、*POU1F1β*、*POU1F1γ*[10]。梅山猪在 0、15d 时 *POU1F1α* 在垂体中表达含量基本一致，在 30d 时表达含量降低[11]。

本试验结果发现 *POU1F1α* 在成年梅山公猪与母猪垂体中表达上存在显著的差异，故对猪 *POU1F1* 基因 cDNA 进行克隆，从而进一步对猪 *POU1F1* 基因不同拼接形式功能性研究奠定基础。

1 材料与方法

1.1 材料和试剂

1.1.1 试验猪 试验猪来自江苏姜堰猪场，品种为成年梅山公猪与母猪。

　　1.1.2　菌种及试剂　DH5α 大肠杆菌为本实验室保存；RNA 提取试剂盒 TRI rea-gent、反转录试剂盒 Revert Aid™ First strand cDNA synthesis kit、Ins TA clone PCR cloning kit 购自深圳中晶生物技术有限公司。胶回收试剂盒、rTaqDNA 聚合酶、限制性内切酶等购自大连宝生物公司；其余试剂均为上海生工生物技术有限公司的分析纯级试剂。

1.2　试验方法

　　1.2.1　RNA 的提取　猪垂体总 RNA 的提取按 TRI reagent 说明书进行操作，从猪垂体中提取总 RNA，并测定 RNA 的纯度和含量。

　　1.2.2　RT-PCR 扩增　根据 Revert Aid™ First strand cDNA synthesis kit 说明书进行反转录，合成 cDNA 第一链。根据公开发表的猪 *POU1F1* 基因序列（NM214163）设计 1 对引物，POU1F1α 上、下游引物引入酶切位点 *Hind*Ⅲ，POU1F1α 引物序列如下，上游引物 F：TCAAGCTTATGAGTTGC-CAACCTTTTACTTC；下游引物 R：CTAAGCTT-TTATCTGCATTCAAGATGCTCCT。

　　25μL 的 PCR 反应体系包括 2.5μL 10×缓冲液、2μL 2.5mmol/L dNTP、2μL 模板 cDNA、0.2μL rTaqDNA 聚合酶（扩增 POU1F1α），上、下游引物各 1μL，16.3μL 蒸馏水。PCR 反应条件如下：首先 95℃ 预变性 5min，然后 95℃ 变性 30s，60℃ 退火 40s，72℃ 延伸 1min，反应 35 个循环；最后 72℃ 再延伸 10min。PCR 产物进行常规的琼脂糖凝胶电泳分析后，用胶回收试剂盒回收目的片段。

　　1.2.3　RT-PCR 扩增产物的克隆与序列分析　RT-PCR 扩增产物的克隆按 PTZ57R/T 载体说明书进行。将上述回收物与 PTZ57R/T 载体 16℃ 连接 12～16h，进行转化，转化好后的菌液按碱裂解法抽提质粒 DNA。经限制性酶切鉴定后，将含正确插入片段的重组菌送上海基康生物公司测序，所获序列用 DNAStar 软件与 GeneBank 数据库中公布的已知基因进行序列同源性比较。

2　结果与分析

2.1　猪 *POU1F1* 基因 cDNA 的合成

　　将提取的猪垂体总 RNA 进行电泳检测及浓度的测定，通过 RT-PCR 方法扩增出 *POU1F1* 基因 cDNA 全序列，PCR 产物经琼脂糖凝胶电泳检测，获得 POU1F1α 目的性条带，片段长度为 876bp（图 1）。

2.2　序列分析

　　将上述 PCR 产物克隆入 PTZ57R/T 载体，转化大肠杆菌，挑单菌落接种于 1mL 培养基中 37℃ 过夜培养，提质粒进行限制性内切酶切鉴定和电泳鉴定（图 2），选择含有正确插入片段的重组菌进行序列测定，将所获序列用 DNAStar 软件与已发表猪 *POU1F1* 基因进行序列同源性比较，结果显示 PCR 扩增猪 *POU1F1* 基因序列与 GeneBank 数据库中公布的已知序列同源性为 99.7%。

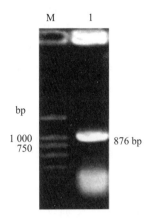

图 1　POU1F1α 的扩增产物检测结果

1：POU1F1α 的扩增产物；M：DL2000 Marker

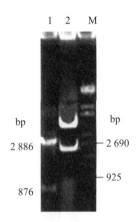

图 2　*Hind*Ⅲ 酶切后检测结果

1：*Hind*Ⅲ 酶切后的质粒；

2：扩增 PCR 产物与 T 载体连接后的质粒；

M：λ-*Eco*T14 I digest Marker

3　讨论

哺乳动物 *POU1F1* 基因是 POU 基因家族的成员之一，由 876 个氨基酸编码，分子质量约 33ku，主要在垂体内分泌细胞中表达，它在胎儿发育的早期就已经开始启动表达，对垂体细胞系分化起着重要的调控作用，对早期发育有重要影响[1~2]。

经研究结果发现 POU1F1β 对 GH 的启动能力较强，甚至高于 POU1F1α。POU1F1α 和 POU1F1β 相互作用对 GH 的启动是野生型单独启动的 2 倍，而 POU1F1γ 和 POU1F1δ 对 GH 的启动起抑制作用，并降低野生型启动激活作用。在小鼠中 POU1F1γ 和 POU1F1δ 对 PRL 的启动无促进作用，仍对 POU1F1α 起抑制作用。在大鼠中 POU1F1β 与 POU1F1α 对 GH 和 PRLR 都起正调控作用，且对 GH 的启动能力相似[9]。

本研究克隆获得的序列经 DNAStar 软件分析与已发表序列同源性为 99.7%，第 78 与 79 位碱基测序为 GG，原序列为 AT，通过对测序图谱分析，结果发现测序峰存在 AT 碱基，出现此现象的原因与荧光染料开始测序有关。本研究结果还发现 POU1F1α 在成年梅山公猪与母猪垂体中表达的含量存在显著的差异，在成年母猪垂体中 POU1F1α 的含量显著低于成年公猪，故克隆获得的序列可以用于后续的研究，为进一步对猪 *POU1F1* 基因不同拼接形式功能性研究奠定了基础。

参考文献

［1］ Ingraham H A，Albert V R，Chen R，et al. A family of POU-domain and PIT 1 tissue-specific transcription factors in pituitary and neuroendocrine development ［J］. Annu Rev Physiol，1990，52：773-791.

［2］ Cohen L E，Wondisford F E，Radovick S. Role of pit-1 in the gene expression of growth hormone prolactin, and thyrotropin [J]. Endocrinol Metab Clin North A, 1996 25: 523-540.

[3] Yu T P, Wang L. Progress toward an internal map for birth weight and early weight quantitative traits loci on pig chromosome 13 [J]. Animal Science, 1997, 75 (Suppl. 1): 145.

[4] Lazar L, Cat-Yablonski G, Pertzelan A, et al. A novel mutation in PIT-1: phenotypic variability in familial combined pituitary hormone deficiencies [J]. J Pediatr Endocrinol Metab, 2002, 15 (3): 325-330.

[5] Taha D, Mullis P E, Ibabez L, et al. Absent or delayed adrenarche in Pit-1/POU1F1 deficiency [J]. Hormone Research, 2005, 64 (4): 175-179.

[6] Rodrigue R, Andersen B. Cellular determination in the anterior pituitary gland: PIT-1 and PROP-1 mutations as causes of human combined pituitary hormone deficiency [J]. Minerva Endocrinol, 2003, 28 (2): 123-133.

[7] Yu T P, Wang L, Tuggle C K, et al. Mapping genes for fatness and growth on pig chromosome 13: a search in the region close to the pig *PIT*1 gene [J]. J Anim Breed Genet, 1999, 116: 269-280.

[8] Tuggle C K, Yu T P, Sun H S, et al. Cloning of the full length pig PIT-1 (POU1F1) cDNA and a novel alternative PIT-1 transcript and functional studies of their encoded proteins [J]. Animal Biotechnology, 2001, 12 (1): 1-19.

[9] Estela B, Silvia A, Alfredo C, et al. Identification and characterization of four splicing variants of ovine *POU1F1* gene [J]. Gene, 2006, 382: 12-19.

[10] Lee B J, Kim, J H, Lee C K, et al. Changes in mRNA levels of a pituitary transcription factor 1 and prolactin during the rat estrous cycle [J]. Eur J Endocrinol, 1995, 132 (6): 771-776.

[11] Sun H S, Anderson L L, Yu T P, et al. Neonatal Meishan pigs show POU1F1 genotype effects on plasma GH and PRLR concentration [J]. Animal Reproduction Science, 2002, 69: 223-237.

PRLR、*RBP4* 基因与苏姜猪繁殖性能的相关性分析

何庆玲，王宵燕，经荣斌，李碧春，王升智，周辉云

（扬州大学动物科学与技术学院）

猪的繁殖力是低遗传力性状，常规的选择反应并不理想。研究人员试图通过标记辅助选择（MAS）的方法来提高繁殖性状的遗传进展，提高育种效率。催乳素与催乳素受体（Prolactin receptor，PRLR）基因共同作用在猪繁殖过程中发挥重要作用。Vincent[1]（1997）通过参考猪家系 DNA 的 RFLP 分析以及体细胞杂交，将 *PRLR* 基因定位到猪 16 号染色体上。*RBP4*（Retinol-binding protein 4，视黄醇结合蛋白 4）主要负责结合、转运全反式视黄醇（维生素 A，VitA），通过视黄酸受体促使转化生长因子的表达，在猪的外胚层伸展期主要由子宫腔、孕体分泌，参与胚胎的早期发育[2~3]。目前关于两个基因产仔数相关性的是研究较多的。苏姜猪是以杜洛克猪、枫泾猪、姜曲海猪 3 个品种猪为亲本，采用群体继代选育的方法结合分子标记进行选育，本次研究检测了苏姜猪两个世代共 126 头猪的 *PRLR* 和 *RBP4* 基因的多态性，并与繁殖性能进行相关性研究。探讨将 *PRLR* 基因、*RBP4* 基因作为标记辅助选择用于苏姜猪核心群选育的可行性，从 DNA 水平上为苏姜猪的选育提供技术支持。

1 试验材料与方法

1.1 实验样品

采集苏姜猪的耳组织在低温条件下带回实验室，并保存与－20℃冰箱中。样品数为 126 头。

1.2 试验方法

1.2.1 DNA 的提取　见参考文献[4]。
1.2.2 PCR 扩增反应条件和酶切反应条件　同参考文献[5]、[6]、[7]。

1.3 数据分析

利用 SPSS 13.0 软件进行统计分析。采用 LSD 法分析基因型与性状间的差异显著性，利用模型 $y_{ij} = \mu + RBP4$ 基因型＋*PRLR* 基因型＋*RBP4* 基因与 *PRLR* 基因间的互作＋残差分析基因间的互作效应。

2　试验结果分析

2.1　PRLR 基因型的分析结果

代表性电泳图谱如图 1 所示。

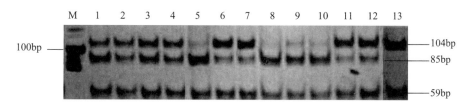

图 1　PRLR 聚丙烯酰胺凝胶电泳检测结果

M 为 DL2000；1、2、3、4、6、7、11、12 的基因型为 AB；

5、8、9、10 的基因型为 AA；13 的基因型为 BB

2.2　*RBP4* 基因扩增及酶切结果

代表性电泳图谱如图 2 所示。

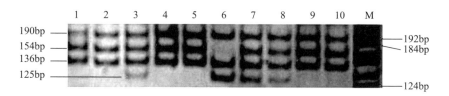

图 2　*RBP4* 聚丙烯酰胺凝胶电泳检测结果

M 为 PBR322；1、2、4、5、9、10 的基因型为 AA；

3、7、8 的基因型为 AB；6 的基因型为 BB

2.3　母猪 *PRLR* 基因和 *RBP4* 基因对繁殖性能的影响

苏姜母猪 *PRLR* 基因有 3 种基因型：AA、AB、BB。从表 1 中可以看出在总产仔数与产活仔数中，均呈现出 BB 大于其他两种基因型的趋势，但没有达到显著差异水平（$P > 0.05$）。

表 1　母猪 PRLR 和 RBP4 基因型对繁殖性能的影响

	基因型	RBP4		PRLR	
		n	数值	n	数值
总产仔数	AA	72	9.42±2.58	36	9.03±2.46
	AB	26	9.35±2.98	72	9.44±2.68
	BB	3	10.33±1.53	18	9.72±2.35

（续）

	基因型	RBP4		PRLR	
		n	数值	n	数值
产活仔数	AA	72	9.06±2.88	36	8.64±2.84
	AB	26	8.85±3.33	72	8.93±2.94
	BB	3	10.00±1.00	18	9.72±2.35
死胎数	AA	72	0.36±1.31	36	0.39±1.05
	AB	26	0.50±1.66	72	0.51±1.60
	BB	3	0.33±0.58	18	0

2.4 母猪 PRLR 与 RBP4 合并基因型对繁殖性能的影响

采用模型Ⅰ分析两基因对于繁殖性状无互作效应，且不同世代对以上性状无显著影响。采用模型Ⅱ分析 *RBP4* 和 *PRLP* 基因的合并基因型对产仔数的影响，由表 2 可以看出 AAAA 型的总产仔数和产活仔数均小于其他基因型。AAAB 型的总产仔数和产活仔数显著（$P<0.05$）高于 AAAA 型，总产仔数接近显著水平（$P=0.057$）。AAAA 型的产活仔数与 AABB（$P=0.084$）和 ABBB（$P=0.090$）相比接近显著水平。

表 2　母猪 PRLR 与 RBP4 合并基因型对产仔性状的影响

合并基因型		n	总产仔数	产活仔数	死仔数
RBP4	PRLR				
AA	AA	16	8.13±1.89[a]	7.63±2.09[a]	0.50±1.32
AA	AB	43	9.86±2.75[b]	9.44±3.14[b]	0.42±1.50
AA	BB	13	9.54±2.37[ab]	9.55±2.37[ab]	0
AB	AA	7	9.71±4.07[ab]	9.14±4.85[ab]	0.57±1.13
AB	AB	14	8.86±2.63[ab]	8.21±2.72[ab]	0.64±2.13
AB	BB	5	10.20±2.49[ab]	10.20±2.49[ab]	0
BB	BB	3	10.33±1.53[ab]	10.0±1.00[ab]	0.33±0.58

注：同列不同小写字母表示差异显著（$P<0.05$）。

3　讨论

PRLR 与 PRL 共同作用通过 cAMP 发挥生理学效应，对猪妊娠过程中胚胎和乳腺发育发挥重要作用。鉴于此，研究人员寻找 *PRLR* 基因突变位点中有利于产仔猪的优势等位基因，试图将其作为产仔数的候选基因用于猪的育种实践中。Vincent[8]、曹果清[1]等研究认为 *PRLR* 基因第四内含子 *Alu* 酶切位点 AA 基因型具有提高产仔数的效应。Drogemuller[5]、李国治[9]等研究认为 B 为优势等位基因。也有研究表明三种基因型对母猪产仔数没有显著影响。Messer[10]等根据研究结果认为，*RBP4* 基因可以作为繁殖性状的候选基因来辅助选择猪的产仔数，国内外众多学者对其与繁殖性状的效应进行了大量的研究[11~17]，$RBP4$ 基因在牛、绵羊的发情、妊娠等不同繁殖阶段以及胎儿、子宫内膜等部位具有特定的表达模式[14~15]。$RBP4$ 基因也在猪的妊娠关键时期表达，在胚胎发育过程中起着重要作用，影响猪的产仔数[16]。Rothschild 等[6]对 6 个品系 1 300 头母猪进行了研究，发现 $RBP4$ 基因 AA 型与 BB 型之间的差异为 0.50 头（总产仔数）和 0.26 头（产活仔数）。Drogemuller 等[5]报道德国猪 AA 基因型 1~10 胎产活仔数比 BB 型多 0.35 头。国内孙延晓等[17]对山东地方/培育猪种的研究认为，$RBP4$ 基因 AA 型母猪的总产仔数和产活仔数比 BB 型母猪平均多产 0.59 头和 0.51 头，引进猪种中 AA 型母猪比 BB 型母猪平均多产分别为 0.72 头和 0.64 头（$P < 0.05$）。而本研究的结果与前人的研究却不尽相同，分析其原因认为，一是 $PRLR$ 基因和 $RBP4$ 基因对产仔数的效应较低，二是对不同品种或品系产仔数的影响不同。

　　研究结果表明，$PRLR$ 基因和 RBP_4 单个基因对母猪繁殖性状的影响没有达到差异显著性水平。但综合前人研究的结果来看，两个基因对产仔数提高的具体效应还没有得出一致的结论，其效应可能随着各品种的遗传背景、各猪场的管理方式等条件不同而不同，造成研究结果的差异。建议进一步扩大研究群体来看两个基因对繁殖性状的影响。

　　虽然单个基因对苏姜猪繁殖性状无显著影响，但 $RBP4$ 和 $PRLR$ 基因的合并基因型 AAAB 的产活仔数显著（$P < 0.05$）高于 AAAA，且总产仔数也接近显著水平。通过广义线性模型分析两基因间无互作效应，这说明合并基因型的效应不是单个基因型效应的简单相加。在生产实践中应考虑合并基因对苏姜猪繁殖性状的选择。

参考文献

[1] 曹果清，李步高，刘建华. 猪催乳素受体（PRLR）基因 Alu I 多态性与产仔数关系的研究 [J]. 山西农业大学学报，2004，24（3）：253-255.

[2] 陈健，陈敏，陈彬，等. 视黄醇结合蛋白 RBP4 可与多种核受体相互作用 [J]. 中国生物化学与分子生物学报，2004，20（5）：696-701.

[3] 罗仍卓么，王立贤，孙世铎. 北京黑猪 RBP4 基因与繁殖性状的关联分析 [J]. 畜牧兽医学报，2008，39（5）：536-539.

[4] 萨姆布鲁克 J，拉塞尔 D W. 分子克隆实验指南 [M]. 第 3 版. 黄培堂，等，译. 北京：科学出版社，2002.

[5] Drogemuller C，Hamann H，Distl O. Candidate gene markers for litter size in different German pig line [J]. J Anim Sci，2001，79：2565-2570.

[6] Rothschild M F，Messer L A，DAY A，et al. Investigation of the retinol binding protein（RBP4）gene as a candidate gene for litter size in the pig [J]. Mammal Genome，2000，11：75-77.

[7] 李隐侠，徐银学，陈杰，于传军. 苏淮猪七个功能基因多态性及其与生产性能相关性研究 [D]. 南京：南京农业大学，2002：14-19.

[8] Vincent A L，Evans G，Short T H，et al. The prolactin receptor gene is associated with increased litter size in pigs [C]. Proc. 6th World Congr Genet Appl1 Livest Prod，Armidale，Australia，1998，27：15-18.

［9］ 李国治，连林生，鲁绍雄. 以催乳素受体基因作为撒坝猪部分生产性能候选基因的研究 ［J］. 养猪，2005 （4）：36-38.

［10］ Messer L A，Wang L，Legualt C，et al. Mapping and investigation of candidate genes for litter size in French large white pigs ［J］. Animal Genetics，1996，27：101-119.

［11］ 施启顺，柳小春，刘志伟. 5 个与猪产仔数相关基因的应分析 ［J］. 遗传，2006，28 （6）：652-658.

［12］ Jacob P，Harney M A，Mirando L C，et al. Retinol binding protein：a major secretory product of the pig conceptus ［J］. Bio Reprod，1990 （42）：523-532.

［13］ 李小平，施启顺，柳小春. 催乳素受体基因对大白、长白猪产仔数的影响 ［J］. 养猪，2005 （6）：19-20.

［14］ MacKenzie S H，Roberts M P，Liu K H. Bovine endometrial retinol-binding protein secretion，messager ribonucleic acid expres-sion，and cellular localization during the estrous cycle and early pregnancy ［J］. Biol Reprod，1997，57 （6）：1445-1450.

［15］ Dore J J，Roberts M P，Godkin J D. Early gestational expression of retinal binding protein mRNA by the ovine conceptus and endo-metrium ［J］. Mol Reprod Dev，1994，38 （1）：24-29.

［16］ Harney J P，Ott T L，Geisert R D. Retinol-binding protein gene expression in cyclic and pregnant endometrium of pigs，sheep and cattle ［J］. Biol Reprod，1933，49 （5）：1006-1073.

［17］ 孙延晓，曾勇庆，唐辉. 猪 *PRLR* 和 *RBP*4 基因多态性与产仔性能的关系 ［J］. 遗传，2009，31 （1）：63-68.

猪 *POU1F1* 基因启动子区克隆、多态分析及其与生长性状的关联

宋成义[1]，赵芹[1]，高波[1]，王霄燕[1]，吴晗[1]，

周辉云[1]，经荣斌[1]，毛九德[2]

（1. 扬州大学动物科学与技术学院；2. 美国密苏里大学动物科学系）

【研究意义】垂体特异转录因子（Pituitary specific transcription factor，POU1F1）是动物垂体前叶特异表达的一种具有重要功能的转录因子[1]。POU1F1 表达产物通过与垂体中 *PRL*（Prolactin）基因、*GH*（Growth hormone）基因、*TSH*（Thyrotropin，thyroid stimulating hormone）基因以及 POU1F1 自身的调控元件结合，调控这些基因的转录，从而对动物的生长发育等起着重要的调控作用[2~3]，对猪 *POU1F1* 基因突变的遗传效应分析，有助于进一步揭示动物生长发育调控的分子机制，同时也为猪分子育种提供理论基础。【前人研究进展】人 *POU1F1* 基因定位于 3 号染色体上的 3p11 区域，全长约 14kb，包括 6 个外显子，mRNA 序列长 1262bp，编码 291 个氨基酸[4]。研究发现一些 *POU1F1* 基因位点的突变导致了人类的生长发育异常，包括生长缓慢和矮小等症状[5~8]。鼠 *POU1F1* 基因位于 16 号染色体上，经研究证实 *POU1F1* 基因与矮小性状基因座（Dwarf locus，dw）存在紧密连锁关系[9~10]。猪 *POU1F1* 基因位于 13 号染色体 q46 区域，cDNA 全长 876bp，编码 292 个氨基酸，包含 6 个外显子[11]。早期研究发现猪 *POU1F1* 基因座位与初生重、背脂厚、瘦肉率和平均日增重等生长性状存在显著关联[12~18]。【本研究切入点】但关于猪 *POU1F1* 基因多态研究主要集中在 POU1F1 基因中下游区域，本实验室前期利用染色体步移法成功获得了猪 *POU1F1* 基因 5′侧翼启动子区域序列，并利用生物信息学分析鉴定了其核心启动子位置[19]。本文利用 PCR 克隆和 PCR-RFLP 技术进一步比较了长白猪和香猪 *POU1F1* 基因上游 1.5kb 启动子区域的序列差异，并分析多态性分布特征及其与生长性状的关联。【拟解决的关键问题】揭示 *POU1F1* 基因启动子区域的多态位点与生长性状的关联程度，以期为猪分子标记辅助选择提供理论依据。

1 材料与方法

1.1 克隆及序列比对

根据染色体步移试验所得序列结果[19]，设计一对引物（上游 POU1F1 F：TAC CCA TGG CAT ATG GAA GC，下游 POU1F1 R：TCC CGG GAG AGT AGA AAA ATG），以香猪和长白猪基因组为模板进行猪 POU1F1 基因启动子区 PCR 扩增，PCR 反应体系为：在

50μL 体系中，5μL 10×缓冲液，5μL 4dNTP（10 mmol/L），引物各 1μL（10μmol/L），模板约 200ng，TaqDNA 聚合酶（5U/μL）0.5μL。PCR 反应程序为：94℃预变性 3min，然后94℃变性 1min，59℃退火 1min，72℃延伸 2min，共 30 个循环，最后 72℃再延伸 10min。将获得的 PCR 产物纯化后克隆入 TA 克隆载体测序，进行序列比对，获得该区域的多态位点。

1.2 PCR-RFLP 分析

在序列比对的基础上，针对其中的一个 5bp 短片段插入或缺失突变，重新设计引物（上游：CATTGTGAAATTGTGATGCTGA；下游：CTCCTTCAGCTTGACTGTGC）进行 PCR-RFLP 分析，分析该多态在 7 个不同品种中的分布，同时在苏姜猪群体中分析该多态与生长性状的关联。PCR-RFLP 分析中的 PCR 反应体系同上，PCR 反应程序为：94℃预变性 3min，然后 94℃变性 30s，59℃退火 30s，72℃延伸 30s，共 35 个循环，最后72℃再延伸 5min，PCR 产物经限制性内切酶 Hpy188Ⅰ酶切 1h 后在 12％的丙烯酰胺凝胶电泳分离，最后银染显色拍照。

其中 7 个品种中的杜洛克猪、大白猪和长白猪均采自安徽省农科院种猪场，梅山猪、二花脸猪采自江苏省苏州市苏太猪育种中心，藏猪采自西藏林芝，香猪采自贵州大学香猪育种场。苏姜猪采自江苏省姜曲海种猪场，均为后备猪，苏姜猪测定的性能包括 6 月龄体高（cm）、体长（cm）、胸围（cm）、体重（kg）和背膘厚（mm）。

1.3 统计分析

对 5bp 短片段插入或缺失突变在 7 个品种中的平衡状态采用卡方适合性检验进行判定。采用 SPSS 16.0 软件 GLM 过程统计分析 POU1F1 基因不同基因型与苏姜猪生产性能的关联性。统计模型如下：$Y_{ij}=\mu+G_i+S_j+e_{ij}$。其中 Y_{ij} 为性状表型值，μ 为该性状的总体均值，G_i 为基因型效应值，S_j 为性别效应值，e_{ij} 为残差效应。

2 结果

2.1 POU1F1 启动子克隆、序列比对及 PCR-RFLP 分析

根据染色体步移测序结果，设计引物进行 POU1F1 启动子克隆，分别获得约 1.5kb 的长白猪和香猪启动子区域 PCR 产物（图1），然后将 PCR 产物切胶回收，TA 克隆，送生物公司测序。获得各自序列，使用 DNAstar 中的 MegAlign，将香猪和长白猪 POU1F1 基因 5′端侧翼序列进行比对，发现存在 5 处碱基突变，它们分别为：TG（长白猪）突变为 CA（香猪）（图 2A 和 2B）；T（长白猪）突变为 C（香猪）（图 2C 和 2D）；A（长白猪）突变为 G（香猪）（图 2E 和

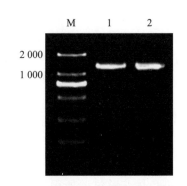

图 1 POU1F1 启动区 PCR 产物

泳道 1 和 2 分别为长白猪和香猪启动子区域 PCR 产物；泳道 M 为 DL2000 Marker（Takara）

2F）；G（长白猪）突变为 A（香猪）（图 2G 和 2H）；5bp 短片段插入或缺失突变，长白猪为 GGAGTG，而香猪该段短序列缺失（图 2I 和 2J）。

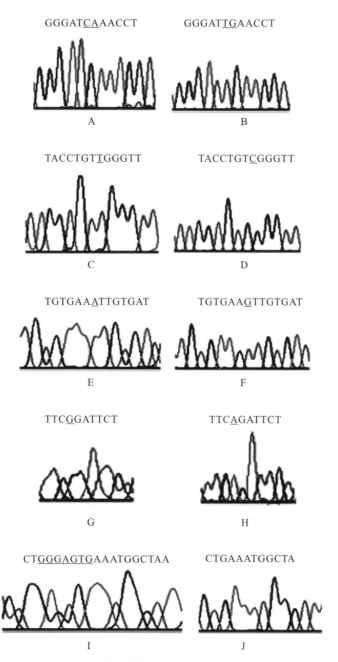

图 2　长白猪和香猪 *POU1F1* 基因启动区测序

根据序列比对结果，利用 PCR-RFLP 技术进一步分析 5bp 短片段插入或缺失突变在 7 个品种中的分布及其与生产性能的关联。对基因组 DNA 进行 PCR 扩增，获得 170bp 的产物，然后经限制性内切酶 *Hpy*188 I 酶切后表现出多态性（图 3），包括 3 种基因型，分别定义为 AA（128bp/42bp）、AB（170bp/128bp/42bp）和 BB（170bp）。

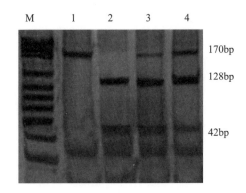

图 3　POU1F1 基因 PCR-RFLP 分析

泳道 1、2、3、4 分别为 BB、AA、AB、AB 基因型；

泳道 M 为 2000bp DNA Marker（Takara）

2.2　POU1F1 基因基因型和基因频率在不同猪种中分布

通过 PCR-RFLP 技术检测 POU1F1 基因启动子区 5bp 短片段插入或缺失突变在 7 个品种中的分布，结果见表 1。杜洛克中所检测样品全为 AA 型纯合子；在大白猪、长白猪中，AA 基因型频率较高，只有少量 AB 基因型，没有发现 BB 基因型纯合子；而在中国地方猪种和培育品种中 AA、AB、BB 三种基因型均存在。培育品种苏姜猪 AA 基因型频率较高，AB 和 BB 基因型频率较低；二花脸猪中 AA 基因型、AB 基因型频率均较高，BB 基因型较少；而梅山猪和藏猪中各基因型分布较均匀，即 A 和 B 的基因频率较接近（表 1）。在所有群体中，整体而言，除藏猪外，AA 基因型和 A 等位基因的频率比较高。此外，与中国地方品种和培育品种相比，A 等位基因的频率在引入品种猪中最高，在培育品种（苏姜猪）中中等，而在中国地方品种中最低（表 1）。卡方检验表明，所有猪种均处于 Hardy-Weinberg 平衡（哈代-温伯格平衡）状态。

表 1　不同品种猪 POU1F1 基因基因型频率和等位基因频率

品种	样本数	AA 基因型	AB 基因型	BB 基因型	A 等位基因	B 等位基因
大白猪	24	0.833	0.167	0.000	0.917	0.083
杜洛克猪	12	1.000	0.000	0.000	1.000	0.000
长白猪	22	0.909	0.091	0.000	0.955	0.045
苏姜猪	154	0.682	0.292	0.026	0.827	0.173
二花脸猪	24	0.500	0.458	0.042	0.729	0.271
梅山猪	26	0.231	0.654	0.115	0.558	0.442
藏猪	29	0.241	0.483	0.276	0.481	0.519

2.3　POU1F1 基因多态性与生长性状关联分析

对 POU1F1 基因启动子区 5bp 短片段插入或缺失多态与苏姜猪 5 个生长性状进行关

联分析（表2），结果表明，该多态位点与苏姜猪6月龄身高、体长、胸围和体重存在显著相关（$P<0.05$），但与背膘厚相关不显著（$P>0.05$）。多重比较分析发现，AA 基因型个体的平均身高、体长、胸围和体重显著高于 AB 和 BB 基因型个体（$P<0.05$），而 AB 和 BB 基因型个体的平均身高、胸围和体重差异不显著（$P>0.05$），但 AB 基因型个体的平均体长显著高于 BB 基因型个体（$P<0.05$）。A 为生长性状的有利等位基因。

表 2　苏姜猪猪 POU1F1 基因多态性与生长性状关联分析

基因型	数量	体高（cm）	体长（cm）	胸围（cm）	体重（kg）	背膘厚（mm）
AA	105	58.25 ± 3.62^a	104.82 ± 7.65^a	100.21 ± 5.45^a	79.41 ± 9.83^a	15.23 ± 4.09
AB	45	56.50 ± 3.04^b	99.37 ± 5.59^b	94.29 ± 5.63^b	71.32 ± 7.96^b	14.45 ± 4.16
BB	4	55.00 ± 4.24^b	96.50 ± 4.95^c	94.00 ± 7.07^b	69.50 ± 5.12^b	15.00 ± 3.60

注：同列数据所标上角字母相异表示差异显著（$P<0.05$），所标字母相同表示差异不显著（$P>0.05$）。

3　讨论

鉴于 POU1F1 基因是生长轴上重要的调控因子，能够调节 GH、PRL、TSHβ 亚基基因的表达，从而对动物胚胎期和整个生长期的生长发育起重要的调控作用[3]，因此，很早以前 POU1F1 就被作为生长性状的候选基因进行研究。目前已在人 POU1F1 基因外显子中发现了多达 14 个的突变位点，其中有 4 个发生在 POU$_{HD}$ 区域内，7 个突变位点集中发生在 POU$_{SD}$ 区域内。研究证明这些突变的遗传效应包括引起 POU1F1 蛋白因子的 DNA 结合特性改变，蛋白结构变化，对下游基因的转录调节活性发生改变，从而导致生长缓慢等症状的发生[6,20]。关于畜禽 POU1F1 基因研究报道主要集中在多态检测及其与生产性能的关联分析上。Woollard 等利用 PCR-RFLP 检测发现牛 POU1F1 基因第 6 外显子上存在 Hinf I 酶切多态性位点，该位点在荷斯坦牛、安格斯牛、秦川牛等多个品种上均表现出多态性[21~23]。Zhao 等通过 PCR-SSCP 对安格斯牛 POU1F1 基因多态性进行了分析。在第 2 内含子至第 6 外显子之间共发现了 4 个多态性位点，但未发现这些位点与生长和胴体性状存在关联[22]。Renaville 等研究发现 POU1F1 基因第 6 外显子上的 Hinf I 酶切多态性位点与奶牛生长和产奶性状存在关联[24]。Nie 等通过变性高效液相色谱分析了 12 个鸡种 POU1F1 基因单碱基多态性（Single nucleotide polymorphism，SNP），共发现了 59 个多态性位点[25]。这些 SNP 位点为研究 POU1F1 基因与鸡的生长性状的相关性提供了分子标记[26]。中国农业大学 Jiang 等对 10 个不同品种鸡的 POU1F1 基因进行 PCR-SSCP 分析后发现，在 POU1F1 开放阅读框 980 位存在 A/T 突变，该突变造成第 299 个氨基酸由精氨酸（Asp）变为异亮氨酸（Ile），进一步研究发现该位点与 8 周龄体重存在关联[27]。

Yu T P 等发现猪 POU1F1 基因存在 BamH I、Rsa I、Msp I 酶切多态性位点，其中 Msp I 酶切多态性位点与初生重和背膘厚存在关联[13]。而 Stanceková 等发现 POU1F1 基因的 Rsa I 和 Msp I 酶切多态性位点与背膘厚存在关联[15]。Franco 等进一步证实了 POU1F1 基因与日增重和背膘厚度存在关联性[14]。宋成义通过 PCR-RFLP 分析证实，猪 POU1F1 基因的第 3 内含子上的 Msp I 多态性位点与体重和平均日增重存在关联[18]，并

在 *POU1F1* 基因的第 1 内含子发现存在一个长片段的插入或缺失（330bp）突变，该突变与早期生长性状存在关联。为进一步研究 *POU1F1* 基因的表达调控机制，宋成义等利用染色体步移法成功获得了猪 *POU1F1* 基因 5′侧翼启动子区域序列，并进行了生物信息学分析，鉴定了其核心启动子位置[19]。本文利用 PCR 克隆等技术进一步比较了长白猪和香猪 *POU1F1* 基因上游 1.5kb 启动子区域的序列差异，发现了 5 个突变位点。在此基础上，利用 PCR-RFLP 技术分析了 5bp 插入或缺失突变在 3 个引入品种、1 个培育品种和 3 个地方品种间的分布，发现 A 等位基因的频率在引入品种猪中最高，培育品种（苏姜猪）中等，中国地方品种最低。提示 A 等位基因可能是生长性状的优势等位基因。关联分析表明，该位点与苏姜猪的 6 月龄身高、体长、胸围和体重存在显著相关（$P<0.05$），进一步证实 A 为生长性状的有利等位基因。该结论与早期猪、牛和鸡等的研究结果相一致[21~28]，提示 *POU1F1* 基因本身可能是生长性状的数量性状位点（Quantitative trait loci，QTL）或者其与生长性状的 QTL 存在紧密连锁。

4　结论

在猪 *POU1F1* 基因的 1.5kb 启动子区域发现了 5 个突变位点。通过 PCR-RFLP 分析表明 5bp 插入或缺失突变 A 等位基因的频率在引入品种猪中最高，在培育品种（苏姜猪）中等，而在中国地方品种最低。关联分析表明该位点与猪的 6 月龄身高、体长、胸围和体重存在显著相关，提示 A 等位基因是生长性状的优势等位基因。

参考文献

[1] Rosenfeld M G. POU-domain transcription factors：powerful developmental regulators [J]. Genes Development，1991，5：897-907.

[2] Tuggle C K, Trenkle A. Control of growth hormone synthesis [J]. Domestic Animal Endocrinology，1996，13：1-33.

[3] Cohen L E, Wondisford F E, Radovick S. Role of Pit-1 in the gene expression of growth hormone，prolactin，and thyrotropin [J]. Endocrinology and Metabolism Clinics of North America，1996，25：523-540.

[4] Ohta K, Nobukuni Y, Mitsubuchi H, et al. Characterization of the gene encoding human pituitary-specific transcription factor, Pit-1 [J]. Gene，1992，122：387-388.

[5] Ohta K, Nobukuni Y, Mitsubuchi H, et al. Mutations in the *Pit*-1 gene in children with combined pituitary hormone deficiency [J]. Biochemical and Biophysical Research Communications，1992，189：851-855.

[6] Cohen L E, Radovick S. Molecular basis of combined pituitary hormone deficiencies [J]. Endocrine Reviews，2002，23：431-442.

[7] Salemi S, Besson A, Eblé A, et al. New N-terminal located mutation（Q4ter）within the *POU1F1* gene（PIT-1）causes recessive combined pituitary hormone deficiency and variable phenotype [J]. Growth Hormone and IGF Research，2003，13：264-268.

［8］ Hendriks Stegeman B I，Augustijn K D，Bakker B，et al. Combined pituitary hormone deficiency caused by compound heterozygo-sity for two novel mutations in the POU domain of the *Pit*1/*POU*1*F*1 gene ［J］. Journal of Clinical Endocrinology and Metabolism，2001，86：1545-1550.

［9］ Li S，Crenshaw E B，Rawson E J，et al. Dwarf locus mutants lacking three pituitary cell types result from mutations in the POU-domain gene *pit*-1 ［J］. Nature，1990，347：528-533.

［10］ Banerje Basu S，Baxevanis A D. Molecular evolution of the homeodomain family of transcription factors ［J］. Nucleic Acids Research，2001，29：3258-3269.

［11］ Chung H O，Kato T，Tomizawa K，et al. Molecular cloning of pit-1 cDNA from porcine anterior pituitary and its involvement in pituitary stimulation by growth hormone-releasing factor ［J］. Experimental and Clinical Endocrinology & Diabetes，1998，106：203-210.

［12］ Brunsch C，Sternstein I，Reinecke P，et al. Analysis of associations of PIT1 genotypes with growth，meat quality and carcass composition traits in pigs ［J］. Journal of Applied Genetics，2002，43：85-91.

［13］ Yu T P，Tuggle C K，Schmitz C B，et al. Association of PIT1 polymorphisms with growth and carcass traits in pigs ［J］. Journal of Animal Science，1995，73：1282-1288.

［14］ Franco M M，Antunes R C，Silva H D，et al. Association of PIT1，GH and GHRH polymorphisms with performance and carcass traits in Landrace pigs ［J］. Journal of Applied Genetics，2005，46：195-200.

［15］ Stanceková K，Vasícek D，Peskovicová D，et al. Effect of genetic variability of the porcine pituitary-specific transcription factor （PIT-1） on carcass traits in pigs ［J］. Animal Genetics，1999，30：313-315.

［16］ Knorr C，Moser G，Müller E，et al. Associations of *GH* gene variants with performance traits in F2 generations of European wild boar，Piétrain and Meishan pigs ［J］. Animal Genetics，1997，28：124-128.

［17］ Kuryl J，Pierzchala M. Association of POU1F1/*Rsa* I genotypes with carcass traits in pigs ［J］. Journal of Applied Genetics，2001，42：309-316.

［18］ Song C，Gao B，Teng Y，et al. *Msp* I polymorphisms in the 3rd intron of the swine *POU*1*F*1 gene and their associations with growth performance ［J］. Journal of Applied Genetics，2005，46：285-289.

［19］ 宋成义，赵芹，高波，等. 猪 *POU*1*F*1 基因 5′ 侧翼区克隆及序列分析 ［J］. 生物信息学，2009，7：184-189.

［20］ Kerr J，Wood W，Ridgway E C. Basic science and clinical research advances in the pituitary transcription factors：Pit-1 and Prop-1 ［J］. Current Opinion in Endocrinology，Diabetes，& Obesity，2008，15：359-363.

［21］ Woollard J，Schmitz C B，Freeman A E，et al. *Hin*f I polymorphism at the bovine PIT1 locus ［J］. Journal of Animal Science，1994，72：3267.

［22］ Zhao Q，Davis M E，Hines H C. Associations of polymorphisms in the *Pit*-1 gene with growth and carcass traits in Angus beef cattle ［J］. Journal of Animal Science，2004，82：2229-2233.

［23］ Zhang C，Liu B，Chen H，et al. Associations of a *Hin*f I PCR-RFLP of *POU*1*F*1 gene with growth traits in Qinchuan cattle ［J］. Animal Biotechnology，2009，20：71-74.

［24］ Renaville R，Gengler N，Vrech E，et al. *Pit*-1 gene polymorphism，milk yield，and conformation traits for Italian Holstein-Friesian bulls ［J］. Journal of Dairy Science，1997，80：3431-3438.

［25］Nie Q，Lei M，Ouyang J，et al. Identification and characterization of single nucleotide polymorphisms in 12 chicken growth-correlated genes by denaturing high performance liquid chromatography ［J］. Genetics Selection Evolution，2005，37：339-360.

［26］Nie Q，Fang M，Xie L，et al. The *PIT*1 gene polymorphisms were associated with chicken growth traits ［J］. BMC Genetics，2008，9：20.

［27］Jiang R，Li J，Qu L，et al. A new single nucleotide polymorphism in the chicken pituitary-specific transcription factor (*POU*1F1) gene associated with growth rate ［J］. Animal Genetics，2004，35：344-346.

［28］Song C Y，Gao B，Teng S H，et al. Polymorphisms in intron 1 of the porcine *POU*1F1 gene ［J］. Journal of Applied Genetics，2007，48：371-374.

ESR 基因在苏姜猪世代选育中的遗传变异及与猪群繁殖性状的关联

王宵燕，何庆玲，经荣斌，宋成义

（扬州大学动物科学与技术学院）

【研究意义】产仔数是一个重要的经济性状，但产仔数的遗传力很低（约为 0.1），变异程度很高，通过常规的育种方法无法使该性状在短时间内得到有效提高。而分子标记辅助选择（Molecular-assisted selection，MAS）为显著改良产仔数的低遗传力性状提供了有效途径。苏姜猪是以产仔数较高的地方猪种姜曲海、枫泾和引入品种杜洛克为亲本，通过亲本性能测定、基础群建立、群体继代选育、综合选择指数和分子遗传标记辅助选择相结合的方法进行选育的具有较高产仔数、肉质优良的瘦肉型新品种，目前已进入 6 世代的选育阶段[1]。

【前人研究进展】ESR 基因定位于猪 SSC1p24-25[2]。Rothschild 等[3]通过候选基因法证明，雌激素受体（Estrogen receptor，ESR）基因是控制猪产仔性状的一个主效基因，并认为 PvuⅡ酶切位点的一个有利等位基因 B 与高初生窝仔数相关联。此后，国内外学者对这一位点进行了大量的研究。大部分的研究结果认为，B 等位基因提高了国外商业猪种[4~8]与中国地方猪种[8~9]的产仔数。因此，可以用于育种实践以改良猪的产仔数。而有研究表明，该位点与母猪繁殖性能之间的相关性不高[10~11]；但也有研究表明，A 等位基因在繁殖性能上具有优势效应[12~13]，可能与猪的品种、饲养水平、样本量及环境不同有关。苏姜猪自第 2 世代开始，每个世代的育种群都检测 ESR 基因 PvuⅡ酶切位点的多态性，通过前期研究证实 ESR 基因与苏姜母猪繁殖性状紧密关联[14]，但优势等位基因 B 对生长性状及背膘厚具有不利影响[15]。

【本研究的切入点】关于 ESR 基因 PvuⅡ酶切位点多态性的遗传效应大多集中于与母猪繁殖性状的关联性研究，且目前未见其在育种过程中的应用研究结果。

【拟解决的关键问题】本研究分析了 2~6 世代的 ESR 基因多态性，并利用已有的繁殖资料分析了不同基因型公、母猪交配后的总产仔数、产活仔数和死仔数，进一步探讨在苏姜猪选育核心群中应用 ESR 基因作为标记辅助选择来提高猪群繁殖性能的实用性，为从 DNA 水平上进行苏姜猪的选育工作提供理论支持。

1　材料与方法

试验用耳朵样品于 2003—2006 年和 2007—2010 年分别采自姜堰市种猪场 2~4 代和

江苏姜曲海种猪场 5～6 世代的苏姜猪，相关分子标记检测试验同期于扬州大学动物遗传繁育与分子设计实验室进行。

1.1 主要试剂

蛋白酶 K、TaqDNA 聚合酶、dNTPs、PBR322、琼脂糖、DNA 片段回收试剂盒、限制性内切酶 *Pvu* Ⅱ 等均购自大连宝生物工程有限公司，酚、氯仿等常规试剂购自上海生物工程技术服务有限公司。

1.2 实验方法

1.2.1 DNA 提取 采取酚/氯仿抽提法[12]提取猪耳样 DNA 并溶于 TE 中，−20℃ 保存。

1.2.2 *ESR* 基因引物与 PCR-RFLP 根据相关文献[3]设计引物。ESR 引物 F：5′-CCTGTTTTTACAGTGACTTTTACAGAG-3′ 和 R：5′-CACTTCGAGGGTCAGTC-CAATTAG-3′。引物由上海基康生物技术有限公司合成。PCR 反应体系为 25μL，包括 10×buffer 2.5μL，dNTPs（2.5mmol/L）2.0μL，上下游引物（10pmol/μL）各 1μL，TaqDNA 聚合酶（5U/μL）0.2μL，DNA 模板（100ng/μL）1.0μL。PCR 反应条件：95℃预变性 5min，94℃变性 45s，57℃退火 45s，72℃延伸 45s，共 35 个循环，72℃延伸 10min，4℃保存。酶切体系为：PCR 产物 5μL，限制性内切酶 *Pvu* Ⅱ（10U/μL）0.5μL，10×buffer 1μL，超纯水 3.5μL；酶切在 37℃水浴 3h。

1.2.3 基因型的判定与测序 将 *ESR* 基因酶切产物在 10% 的聚丙烯凝胶上电泳，将出现 121bp 条带的定义为 AA 基因型，121bp、65bp 和 56bp 条带的定义为 AB 基因型，65bp 和 56bp 条带的定义为 BB 基因型。

选取 AA 和 BB 纯合子基因型各 3 个个体，将 PCR 产物回收，连接到 pMD19-T 载体上，转化 DH5α 感受态细胞中，经培养后挑取克隆菌落，PCR 鉴定正确后送于英潍捷基（上海）贸易有限公司测序。

1.3 数据分析

1.3.1 多态信息含量的计算

$$PIC = 1 - \sum_{i=1}^{k} P_i^2 - \sum_{i=1}^{k-1}\sum_{j=i+1}^{k} 2P_i^2 P_j^2 = 2\sum_{i=1}^{k-1}\sum_{j=i+1}^{k} P_i P_j (1 - P_i P_j)$$

其中：k 为某基因位点所具有的等位基因数；P_i、P_j 为某位点第 i、j 等位基因的基因频率。

1.3.2 杂合度

$$H_e = 1 - \sum_{i=1}^{k} P_i^2$$

其中：k 为某基因位点所具有的等位基因数；P_i 为某位点第 i 个等位基因的基因频率。

1.3.3 *ESR* 基因多态与繁殖性状的相关性分析 利用 SPSS 11.0 的广义线性模型

（GLM）分析公猪 ESR 基因型、世代以及基因型与世代之间的互作对于繁殖性状的遗传效应，模型为 $Y_{ijk} = \mu + G_i + A_j + L_k + e_{ijk}$，其中，$Y_{ijk}$：性状观察值；$\mu$：群体均值；$G_i$：基因型效应；$A_j$：世代效应；$L_k$：ESR 基因与世代的互作效应；$eijk$：随机残差效应。在互作效应不显著时，采用单因子方差分析不同基因型总产仔数、产活仔数及死仔数的影响，LSD 法检测差异显著性分析。

2　结果与分析

2.1　PCR-RFLP 分析结果

基因组 DNA 经 PCR 扩增、酶切之后，产物在 10% 的非变性聚丙烯酰胺凝胶电泳检测分析。RFLP 图谱及测序峰图如图 1 和图 2 所示。由测序峰图可以看出，$Pvu\,\mathrm{II}$ 酶切位点（CAG↓CTG）由于 AA 基因型发生点突变（A-G，T-G）而产生，121bp 的 PCR 产物被 $Pvu\,\mathrm{II}$ 酶切成 65bp 和 56bp，电泳检测出现两条带（65bp 和 56bp）。AA 基因型则出现一条带（121bp），AB 基因型出现了三条带（121bp、65bp 和 56bp）

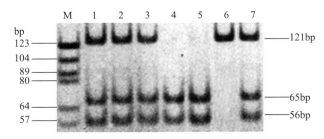

图 1　ESR 基因片段的 PCR-RFLP 分析

M：Marker PBR322；1，2，3，7：AB 基因型；4，5：BB 基因型；6：AA 基因型

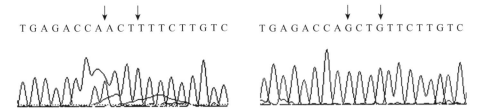

图 2　AA 和 BB 基因型测序

箭头处表示碱基突变的位置

2.2　各世代 ESR 基因型及基因频率分布情况

表 1　苏姜猪 ESR 基因型及基因频率分布

世代	n	基因型频率			等位基因频率		χ^2	杂合度	PIC
		AA	AB	BB	A	B			
2	120	0.36	0.64	0	0.68	0.32	24.18	0.44	0.34

（续）

世代	n	基因型频率			等位基因频率		χ^2	杂合度	PIC
		AA	AB	BB	A	B			
3	151	0.40	0.54	0.06	0.67	0.33	7.06	0.44	0.34
4	221	0.42	0.46	0.12	0.64	0.36	0.15	0.46	0.36
5	194	0.52	0.40	0.08	0.72	0.28	0.09	0.40	0.32
6	220	0.33	0.45	0.22	0.56	0.44	1.41	0.49	0.37

注：$\chi^2 0.05$ (1) $=3.84$；$\chi^2 0.01$ (1) $=6.63$。

由上表可以看出：基因型 BB 个体从 3 世代开始出现，等位基因 B 频率在不断增加。5 世代的 A、B 等位基因频率与 A 等位基因频率下降、B 等位基因频率上升的趋势不符，可能原因为 5 世代猪群正处于更换育种场地的时候，强烈的应激可能会使生长较弱的 BB 个体处于选择劣势而被淘汰[11]。经卡方适合性检验，2 世代和 3 世代猪群极显著地偏离哈代-温伯格平衡（$P<0.01$）。而随后的 4、5、6 世代则符合哈代-温伯格平衡（$P>0.05$）。杂合度和多态性有增加的变化趋势。

2.3 公猪不同 ESR 基因型对繁殖性状的影响

表 2 公猪不同 ESR 基因型对繁殖性状的影响

繁殖性状指标	基因型		
	AA	AB	BB
总产仔数（头）	9.18±2.77	8.69±2.51	11.50±1.76
产活仔数（头）	8.66±2.70	7.99±2.72	10.00±3.52
死仔数（头）	0.52±0.99	0.67±1.61	1.50±3.21

ESR 基因在苏姜公猪中有 AA、AB、BB 三种基因型。采用模型分析不同基因型及世代对于公猪产仔性状无显著影响，且基因与世代对产仔性状无互作效应。从表 2 中可以看出三种基因型在总产仔数和产活仔数中呈现出 AB<AA<BB 的趋势。虽然死仔数呈现出 AA<AB<BB 的趋势，但它们之间的差异没有达到显著水平（$P>0.05$）。

2.4 不同基因型公母猪配种对繁殖性状的影响

采用模型分析公母猪的不同基因型配种对于总产仔数和死仔数有显著效应，且不同世代对产仔性状无显著影响，世代与基因之间无互作效应。采用单因子方差分析可以看出，AAAA、AAAB、ABAA、ABAB、BBAA 五种基因型的总产仔数与产活仔数呈现出（ABAA、ABAB）<（AAAA、AAAB）<BBAA 的趋势，并且 BBAA 型的总产仔数与 ABAA、ABAB 比较，差异显著（$P<0.05$）。随着总产仔数的提高，BBAA 的死仔数显著（$P<0.05$）高于其他基因型。因为样本量的问题，没有发现预期优势组合 BBBB 个体，无法计算出该基因型组合在产仔数的优势。

表 3　不同基因型公母猪配种对母猪繁殖性状的影响

基因型	繁殖性状指标		
	总产仔数	产活仔数	死仔数
AA AA	$9.11^{ab}\pm2.37$	8.39 ± 2.62	$0.72^{a}\pm1.13$
AA AB	$9.28^{ab}\pm3.08$	8.68 ± 2.82	$0.60^{a}\pm1.08$
AB AA	$8.68^{a}\pm2.59$	8.08 ± 2.48	$0.57^{a}\pm1.56$
AB AB	$8.38^{a}\pm2.50$	7.77 ± 2.69	$0.56^{a}\pm1.18$
AB BB	$10.00^{ab}\pm2.24$	8.20 ± 2.95	$1.80^{a}\pm2.49$
BB AA	$12.00^{b}\pm2.00$	9.33 ± 5.03	$2.67^{b}\pm4.62$

注：上标有相同字母者为差异不显著（$P>0.05$），不同字母者为差异显著（$P<0.05$）。

3　讨论

国内外学者对 ESR 基因的 $Pvu\,\mathrm{II}$ 位点进行了大量的研究[1~8]，大部分的研究证明该位点的多态性显著影响母猪的产仔数[1~4,6,8]，但也有研究表明该位点与母猪繁殖性能之间的相关性不高[5,7]，这可能与猪的品种、饲养水平、样本量及环境不同有关。但通过前期研究表明，该位点与苏姜母猪的繁殖性能显著相关[10]。因此，在苏姜猪的世代选育中逐世代检测该酶切位点多态性。通过研究发现 2 世代中 ESR 基因的 BB 型纯合子数量为 0，可能是因为 2 世代群体较小，且前期研究表明 B 等位基因与生长有显著负效应[11]，在选择过程中注重肉质和生长速度的选择会导致 BB 型纯合子被淘汰，而 3 世代以后对种猪以繁殖性能和生长性能相结合来进行选择，结果出现 B 等位基因频率逐渐上升。各世代的苏姜猪 ESR 基因的 B 等位基因频率低于所报道的中国地方猪种，但高于外种猪，原因可能是苏姜猪含有一定血缘比例的杜洛克、姜曲海和枫泾猪，为中外猪种杂交而成。2 世代和 3 世代猪群极显著的偏离哈代-温伯格平衡，可能是因为在世代选育早期适当地利用近交提高猪群的整齐度和生产性能，这样的人工选择对该位点造成了影响。而随着选育群体规模的扩大，以及在后期制订配种计划时考虑近交系数的影响而尽量避免近交，使得 ESR 基因的 $Pvu\,\mathrm{II}$ 酶切位点处于动态平衡中。

衡量基因突变变异程度高低的多态信息含量指标，PIC>0.50 为高度多态位点，$0.50>$PIC>0.25 为中等多态位点，PIC<0.25 为低度多态位点。本试验中 ESR 基因的 $Pvu\,\mathrm{II}$ 位点为中等多态位点。多态信息含量、杂合度都是衡量群体内遗传变异大小的指标，PIC 高、杂合度大，说明群体在该位点的遗传变异性高。ESR 基因的群体杂合度分别为 $0.4\sim$$0.5$，说明苏姜猪目前还存在一定的选择的空间。

产仔数属限性性状，以往的研究注重于 ESR 与母猪的繁殖性状的分析[14]。而公猪对产仔数也具有一定的贡献[15]。有研究表明同样条件下采用人工授精的方式 3 头公猪配种的母猪受胎率可以达到 75%，而第四头公猪只有 33%[16]。本研究发现 ESR 基因对苏姜 1~5 世代公猪无显著效应，但 BB 型有提高产仔数的趋势。但同时考虑交配公母猪的基因型时发现，BBAA 型的总产仔数与 ABAA、ABAB 比较，差异显著（$P<0.05$），与其他

两种基因型相比有提高的趋势。这可能是 ESR 基因对母猪繁殖性能影响的研究结果各不相同的原因之一。公猪的基因型与母猪的基因型是否有相加的效应还有待进一步研究，但可以肯定的是对繁殖性状而言不可忽视公猪的作用。由于在一个特定的季节或一生中，公猪比母猪的后代要多得多。从遗传观点上看，就整个猪群来说，单个公猪比母猪更重要。因此，公猪对后代的遗传影响是相当显著的。因此，对今后苏姜猪的培育工作而言，应关注公猪的繁殖性能及基因型，使得其产仔数能被较快得到改良。虽然随着总产仔数的提高，死仔数也显著提高，但是可以通过孕期合理的饲养管理等措施来降低死仔数，达到提高产仔数的目的。

参考文献

［1］ Rothschild M F，Jacobson C，Vaske D A，et al. A Major gene for litter size in pig［J］. Proceedings of the 5th world Congress on Genetics Applied to Livestock Production，Guelph，1994，21：225-228.

［2］ Rothschild M F，Jacobson C，Vaske D A，et al. The estrogen receptor locus is associated with a major gene influencing litter size in pigs［J］. Proceedings of the National Academy of Sciences，1996，93：201-205.

［3］ Short T H，Rothschild M F，Southwood O I，et al. Effect of the estrogen receptor locus on reproduction and production traits in four commercial pig lines［J］. Journal of Animal Science，1997，75（12）：3138-3142.

［4］ Bárbara Amélia Aparecida Santana，Fernando H Biase，Robson Carlos Antunes，et al. Association of the estrogen receptor gene$PvuⅡ$ restriction polymorphism with expected progeny differences for reproductive and performance traits in swine herds in Brazil［J］. Genetics and Molecular Biology，2006，29（2）：273-277.

［5］ Progemuller C，Hamann H，Distl O. Candidate gene markers for litter size in German pig lines［J］. Journal of Animal Science，2001，79：2565-2570.

［6］ 陈克飞，黄路生，李宁，等. 猪雌激素受体（ESR）基因对产仔数性状的影响［J］. 遗传学报，2000，27（10）：853-857.

［7］ 徐宁迎，章胜乔，彭淑红. 金华猪 3 个繁殖性状主基因的分布及其效应的研究［J］. 遗传学报，2003，30（12）：1090-1096.

［8］ 兰旅涛，周立华，陈东军，等.3 个外来种猪群 ESR 基因位点多态性及其与繁殖性能相关性分析［J］. 江西农业大学学报，2003，25（6）：916-919.

［9］ Distl O. Mechanisms of regulation of litter size in pigs on the genome level［J］. Reproduction in Domestic Animals，2007，42：10-16.

［10］ 孙丽亚，王宵燕，宋成义，等. 苏姜猪 ESR 基因和 $FSH\beta$ 基因的多态性与繁殖性能的相关性研究［J］. 安徽农业科学，2008，36（13）：5457-5458.

［11］ 王宵燕，曹国林，孙丽亚，等. 苏姜猪 ESR 基因和 $FSH\beta$ 基因的多态性及其对部分生长性状的影响［J］. 中国畜牧杂志，2009（13）：1-3.

［12］ 萨姆布鲁克 J，拉塞尔 D W. 分子克隆实验指南［M］. 第 3 版. 黄培堂，等，译. 北京：科学出版社，2002：463-469.

［13］ 孟庆利，刘铁铮. 猪雌激素受体基因 $PvuⅡ$ 酶切片段多态性与产仔性能的关系［J］. 江苏农业学

报，2005，21（1）：49-52.

［14］Bolet G，Bidanel J P，Ollivier L. Selection for litter size in pigs. Ⅱ . Efficiency of closed and open se-lection lines ［J］. Genetics Selection Evolution，2001，33：515-528.

［15］Robinson J A B，Buhr M M. Impact of genetic selection on management of boar replacement ［J］. Theriogenology，2005，63：668-678.

［16］Foote R H. Within-herd use of boar semen at 5℃，with a short note on electronic detection of oestrus ［J］. Reproduction in Domestic Animals，2002，37：61-63.

苏姜猪 *H-FABP* 基因多态性及其与
肉质性状的相关性

周春宝[1]，朱淑斌[1]，赵旭庭[1]，韩大勇[1]，倪黎纲[2]，陶勇[1]
（1. 江苏农牧科技职业学院；2. 江苏姜曲海种猪场）

猪肉是中国人民的主体肉食，占肉类总消费的 84% 左右，随着人民生活水平的不断提高，对猪肉品质也有了更高的要求。在肉质性状中，肌内脂肪（Intramuscular fat，IMF）含量直接影响着肉的品质和风味，一般认为 2%～3% 的肌内脂肪含量可产生理想的口感[1]。正如其他肉质性状一样，肌内脂肪含量的测量只能在动物屠宰时才能进行，传统中采用同胞测定方法，但是该方法对猪肌内脂肪的选育存在盲目性，既浪费时间又浪费资金，且选育周期较长；从这个角度上讲，用 DNA 标记辅助选择（MAS）对提高肉质性状是十分有意义的。

心脏型脂肪酸结合蛋白质（H-FABP）基因是肉质性状的候选基因，其遗传变异是影响肉质的主要因素之一，但在不同猪种中影响不同[2]。H-FABP 是脂肪酸结合蛋白（FABP）家族中重要的一种类型，它又被称为 FABP3，分布非常广泛，在多种组织如肾脏、胃、大脑、睾丸、主动脉、肾上腺和胎盘等都有表达。其主要作用是参与细胞内脂肪酸运输，可将脂肪酸从细胞膜上运到脂肪酸氧化和甘油三酯及磷脂的合成位置。该基因定位在猪的第 6 号染色体上，由 1 600 bp 的上游调控区域、200 bp 的 3′端非转录区、4 个外显子、3 个内含子组成[3]。

本研究利用 PCR-RFLP 方法对培育猪种苏姜猪的 H-FABP 基因多态型以及其对猪肉质性状的遗传效应进行了分析，旨在寻找与苏姜猪肉质性状相关的遗传标记，为提高肉质的研究工作探寻更为简便有效的方法，并进一步为苏姜猪地方猪种种质资源特性及 MAS 研究提供分子生物学参考。

1 材料与方法

1.1 试验材料

取 40 头苏姜猪耳样组织（均来自苏姜猪保种场），用耳号钳剪一小块耳组织（约 0.5g），放入盛有 1.0 mL 70% 乙醇的 1.5 mL 埃普多夫管中，样品于 −20℃ 保存。选取含有不同组合基因型的试验猪进行屠宰，于右半胴体背最长肌中段最后肋与第一、二腰椎间中心部位取样，测定肉质性状。

1.2 试验方法

1.2.1 **DNA 提取** 参照文献［4］方法进行基因组 DNA 的提取，将干燥后的 DNA

溶于 100 μL 的 TE 中，并用 1.5％的琼脂糖凝胶电泳法检测提取物的质量。

1.2.2　**PCR 扩增引物**　参照文献［5］，由上海生工生物工程技术有限公司合成，引物序列、PCR 产物大小及扩增区域见表 1。

表 1　引物序列、PCR 产物大小和位置

内切酶	引　　　　物	PCR 产物大小（bp）	PCR 产物位置
Hinf I	P1：5'-GGACCCAAGATGCCTACGCCG-3' P1：5'-CTGCAGCTTTGACCAAGAGG-3'	693	1 125～1 818
Hae Ⅲ	P2：5'-ATTGCTTCGGTGTGTTTGAG-3' P2：5'-TCAGGAATGGGAGTTATTGG-3'	816	1 401～2 217

（1）PCR 扩增体系（20 μL）　其中 2×Taq Master-mix 10 μL、模板 DNA 2 μL、上下引物（20 μmol/L）各 1μL、灭菌蒸馏水 6 μL；

（2）PCR 扩增条件　预变性 94℃ 3 min；变性 94℃45s，退火 62℃1min，延伸 72℃2 min，共 32 个循环；最后 72℃延伸 10 min，4℃保存。

1.2.3　**PCR 扩增产物的酶切**　用 *Hinf* I 酶切 693 bp 扩增产物，用 *Hae*Ⅲ酶切 816 bp 的扩增产物。酶切体系 20μL，其中，PCR 扩增产物 15μL，10×buffer 1μL，限制性内切酶 1μL，37℃反应 6 h，酶切产物用 2％琼脂糖凝胶电泳分析。

1.2.4　**肉质性状的测定**　肉色、大理石纹、pH、系水力和剪切力测定方法参考文献［6］，肌内脂肪含量测定参照文献［7］采用索氏抽提法进行肌内脂肪提取。

1.3　统计分析

1.3.1　**基因频率和基因型频率的计算**　其计算公式为：$P = [2(ii) + (ij_1) + (ij_2) + \cdots\cdots + (ij_n)]/2n$。式中，$P_i$：第 i 个等位基因的频率；i：纯合的复等位基因；ii：第 i 个等位基因纯合的个体数；j_n 与 i 共显的第 n 个等位基因；ij_n：含有 i 与 j_n 共显性等位基因的个体数；n：为一个群体内个体的总数；j_1，j_2……j_n：与 i 共显的第 1 到第 n 个等位基因。由于 PCR-RFLP 方法的检测结果为共显性等位基因，因此表型频率即为基因型频率。基因型频率＝基因型个体数/测定群体总数。

1.3.2　**基因频率和基因型频率的差异显著性检验**　χ^2 独立性检验：首先根据基因频率计算各种基因型频率的理论值，然后计算 χ^2。由于本研究资料的自由度 df＝1，某些基因型理论值小于 5，因此采用矫正公式：

$$\chi^2 = \sum_i^n \frac{(|A_i - T_i| - 0.5)^2}{T_i}$$

其中，T_i：理论值；A_i：实际观察值；n：等位基因数。

1.3.3　***H-FABP* 基因的纯合度杂合度、有效等位基因数的计算**　纯合度计算公式为：$H_0 = \sum_{i=1}^n P_i^2$。式中，H_0 为某一位点的纯合度；P_i 为第 i 个等位基因的频率；n 为某一位点的等位基因数。

杂合度计算公式为：$H_e = 1 - H_0 = 1 - \sum_{i=1}^{n} P_i^2$。式中，$H_e$：某一位点的杂合度；$P_i$：某一位点上第 i 个等位基因频率；n：某一位点的等位基因数，H_0：遗传纯合度。

有效等位基因数计算公式为：

$$N_e = 1/H_0$$

1.3.4 H-FABP 基因的多态信息含量的计算　多态信息含量（Polymorphism information content，PIC）是由 Bosteind 等[8]提出的用于度量群体多态程度的指标，一个标记在群体中的 PIC 值是根据其等位基因的频率来计算的。其公式为：$PIC = 1 - \sum_{i=1}^{n} P_i^2 - \sum_{i=1}^{n-1} \sum_{j=i+1}^{n} 2P_i^2 P_j^2$。式中，$n$：等位基因数目；$P_i$ 和 P_j：分别为第 i 和第 j 个等位基因在群体中的频率。PIC 值用于对标记基因多态性的估计，$PIC > 0.50$ 为高度多态，$PIC < 0.25$ 为低度多态，$0.25 < PIC < 0.50$ 为中度多态。

1.3.5 H-FABP 基因对肌内脂肪含量的效应分析模型方法　采用固定模型：$Y_{ijklm} = \mu + A_i + B_j + C_k + D_l + R_m + e_{ijklm}$。式中，$Y_{ijklm}$：肌内脂肪含量测量值；$\mu$：群体均值；$A_i$：场效应；$B_j$：品种效应；$C_k$：年龄效应；$D_l$：性别效应；$R_m$：基因型效应；$e_{ijklm}$：随机残差效应[9]。

由于选择的试验群体来自同一猪场的同一品种，屠宰年龄接近，所以去掉场效应、年龄效应和品种效应，以上固定模型简化为 $Y = \mu + D_l + R_m + e_{lm}$。采用 SPSS 13.0 软件包的 GLM（General linear model）过程分析不同 H-FABP 基因型对肉质性状的影响。

2 结果

2.1 苏姜猪 H-FABP 基因 PCR 产物的扩增结果

扩增 PCR 产物用 1.5% 的琼脂糖凝胶电泳进行检测（图 1、图 2）。PCR 结果显示，扩增片段与目的片段大小一致且特异性较好，可直接进行 PCR-RFLP。

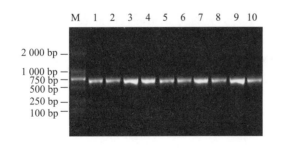

图 1　H-FABP 基因 693bp 的 PCR 产物
M：DL 2000 Marker；1～10：样品 PCR 扩增产物

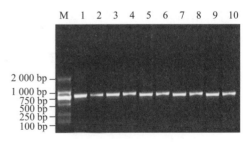

图 2　H-FABP 基因 816bp 的 PCR 产物
M：DL 2000 Marker；1～10：样品 PCR 扩增产物

2.2 苏姜猪 H-FABP 基因 PCR-FLP 结果

2.2.1 Hinf I 酶切结果　H-FABP 基因 PCR 所扩增的片段长度分别为 693 bp 和 816 bp，

由猪 *H-FABP* 基因 X98558 序列可知，在 693 bp 扩增片段上存在 4 个 *Hinf* I 酶切位点，其中第 1324 位为多态性酶切位点。将此酶切位点存在时产生的酶切片段类型定义为等位基因 *H*（339bp+172bp+98bp+59bp+25bp），不存在时产生的酶切片段类型定义为等位基因 *h*（339bp+231bp+98bp+25bp）。酶切产物的琼脂糖凝胶电泳图谱见图 3。

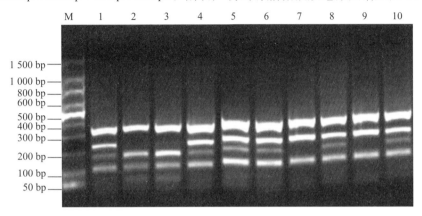

图 3　*Hinf* I 酶切 693bp PCR 产物的琼脂凝胶电泳图谱

M：DL1500 Marker；2、3：HH 基因型；7、9：hh 基因型；1、4～6、8、10：Hh 基因型

2.2.2　*Hae*Ⅲ酶切结果　由猪 *H-FABP* 基因 Y16180 序列可知，在 816 bp 扩增片段中存在 3 个 *Hae*Ⅲ酶切位点，其中第 1811 位是多态性酶切位点。将此酶切位点存在时产生的酶切片段类型定义为等位基因 *d*（405bp+178bp+117bp+16bp），不存在时产生的酶切片段类型定义为等位基因 *D*（683bp+117bp+16bp）。酶切产物的琼脂糖凝胶电泳图谱见图 4。

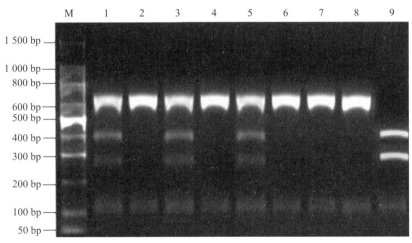

图 4　*Hae*Ⅲ酶切 816bp PCR 产物的琼脂凝胶电泳图谱

M：DL1500 Marker；1、3、5：Dd 基因型；2、4、6～8：DD 基因型；9：dd 基因型

2.3　苏姜猪群的 Hardy-Weinberg 平衡状态检验

经 χ^2 适合性检验，*Hinf* I -RFLP 位点上基因频率和基因型频率都处于 Hardy-Weinberg 平衡状态（$P > 0.05$），HaeⅢ-RFLP 位点的基因频率和基因型频率经卡方适合性检验，χ^2 为 6.55，大于 5.99，未达到 Hardy-Weinberg 平衡状态（$P < 0.05$）。

2.4 苏姜猪 *H-FABP* 基因位点的遗传多态性

从表 2 可以看出：PCR 扩增的 693 bp、816 bp 的 H-FABP 基因片段被 $Hinf$Ⅰ，HaeⅢ 酶切后表现多态，$Hinf$Ⅰ、HaeⅢ 两位点杂合度分别为 0.455 0、0.420 0；有效等位基因数分别为 1.834 9、1.724 1；多态信息含量分别为 0.351 5、0.331 8，均属中度多态。因此该试验结果在一定程度上可作为有效的遗传标记用于该群体遗传资源评价的建议性指标。

表 2　苏姜猪 *H-FABP* 基因 PCR-RFLP 的多态性分析

位　点	基因型分布	基因频率	杂合度 （He）	有效等位基 因数（Ne）	多态信息含量 （PIC）	χ^2	P 值
$Hinf$Ⅰ-RFLP	18（HH）、16（Hh）、6（hh）	0.65（H）	0.455 0	1.834 9	0.351 5	0.58	0.75
HaeⅢ-RFLP	23（DD）、10（Dd）、7（dd）	0.70（D）	0.420 0	1.724 1	0.331 8	6.55	0.04

注：括号中英文字母表示基因型。

2.5 苏姜猪 *H-FABP* 基因不同酶切基因型对肉质性状的影响

利用 SPSS 软件对不同基因型间的肉质性状数据进行统计分析，结果见表 3。苏姜猪 *H-FABP* 基因 PCP-RFLP 的不同基因型的肉色、pH、失水率和剪切力间均无显著差异，而肌内脂肪含量和大理石纹间存在显著差异（$P < 0.05$），$Hinf$Ⅰ-RFLP 位点检测到 3 种基因型，分别是 HH、Hh 和 hh，HH 基因型肌内脂肪含量显著高于 Hh 基因型（$P < 0.05$），而 Hh 基因型又显著高于 hh 基因型（$P < 0.05$），且 HH 基因型大理石纹显著高于 hh 基因型；HaeⅢ-RFLP 位点也检测到 3 种基因型，dd 基因型肌内脂肪含量显著高于 Dd 基因型（$P < 0.05$），而 Dd 基因型又显著高于 DD 基因型（$P < 0.05$），同时 dd 基因型和 Dd 基因型大理石纹显著高于 DD 基因型（$P < 0.05$）。

表 3　*H-FABP* 基因不同酶切基因型肉质性状比较

位点	基因型	肉色	pH	大理石纹	失水率 （%）	剪切力 （N）	肌内脂肪含量 （%）
H-FABP-$Hinf$Ⅰ	HH（$n=18$）	3.03±0.65[a]	6.05±0.48[a]	3.12±0.39[a]	21.93±5.81[a]	22.31±5.24[a]	4.37±0.62[a]
	Hh（$n=16$）	3.00±0.63[a]	6.13±0.66[a]	2.84±0.47[ab]	22.85±5.03[a]	23.05±6.00[a]	3.21±0.28[b]
	Hh（$n=6$）	2.91±0.58[a]	5.91±0.29[a]	2.67±0.51[b]	23.84±7.15[a]	24.57±7.10[a]	2.49±0.32[c]
H-FABP-HaeⅢ	DD（$n=23$）	2.98±0.59[a]	6.09±0.57[a]	2.80±0.47[b]	22.04±4.74[a]	24.10±6.29[a]	3.05±0.42[b]
	Dd（$n=10$）	2.75±0.46[b]	6.08±0.63[a]	3.45±0.44[a]	23.13±5.62[a]	23.81±6.04[a]	4.01±0.21[a]
	dd（$n=7$）	3.13±0.78[a]	5.94±0.73[a]	3.29±0.39[a]	23.60±7.25[a]	23.52±5.63[a]	4.30±0.51[a]

注：竖栏数值后不同小写字母表示处理间差异显著（$P < 0.05$）。

3　讨论

　　猪种基因遗传多态性丰富程度与该品种的遗传基础有着紧密的联系，品种的遗传基础越广泛，其 DNA 多态性就越丰富。苏姜猪 H-FABP 基因 Hinf I-RFLP 和 Hae III-RFLP 位点均检测到全面多态性，可能由于苏姜猪是由杜洛克和苏姜猪、枫泾猪的杂交培育品种，也表现出了丰富的遗传多态性，与赵会静[10]报道的培育品种中畜黑猪结论一致。本研究中，首次检测了培育品种苏姜猪 H-PABP 基因的多态性，在 5′-上游区检测到了 Hinf I 多态酶切位点，等位基因 H 的基因频率是 0.65，H-PABP 基因第 2 内含子中存在 Hae III 多态酶切位点，等位基因 D 的基因频率是 0.70，该结果与杨文平等[11]、张陈华等[12]报道的山西白猪、圩猪检测结果一致，而与朱弘焱等[13]研究结果有差异。

　　中国地方猪种肉质优良，肌内脂肪含量达 3％以上，高的甚至达 6％～7％，明显高于国外猪种[14]。本研究中的苏姜猪是以姜曲海猪、枫泾猪、杜洛克猪为亲本，经过 6 个世代继代选育而成的新品种猪，分别含有姜曲海猪血统 18.75％、枫泾猪血统 18.75％和杜洛克猪血统 62.5％。苏姜猪培育自 1996 年开始，至 2012 年完成选育工作，2013 年通过国家畜禽品种审定委员会审定，被农业部批准为国家级畜禽品种。苏姜猪肌内脂肪含量为 3.34％，远高于引入品种。本研究中，Hinf I-RFLP 位点对猪的肌内脂肪含量和大理石纹的影响达到了显著水平（$P < 0.05$），两者均表现为 HH 基因型＞Hh 基因型＞hh 基因型，HH 为优势基因型 Hae III-RFLP 位点对猪的肌内脂肪含量的影响差异显著（$P < 0.05$），表现为 dd 基因型＞Dd 基因型＞DD 基因型，最小二乘分析结果表明 dd 对肌内脂肪含量的效应值最大。此外，Nechtelberger 等[15]在奥地利大白猪、长白猪和皮特兰猪中还发现该基因的遗传变异和胴体性状相关，可见该基因位点多态性对胴体和肉质多个性状都可能有影响，有必要扩大样本含量，进一步研究。通过分析苏姜猪 H-FABP 基因与肉质性状的关系可得出，目前可通过提高 HH 基因型和 dd 基因型的频率来增加肌内脂肪含量，达到改善肉质的目的，这也为进一步开展苏姜猪肉质性状分子育种提供了参考依据。

参考文献

[1] Wood J D, Richardson R I, Nute G R, et al. Effects of fatty acids on meat quality：a review [J]. Meat Science，2003，66：21-32.

[2] Chmurzyńska A. The multigene family of fatty acid-binding proteins（FABPs）：function，structure and polymorphism [J]. Journal of Applied Genetics，2006，47（1）：39-48.

[3] Qian Q, Kuo L, Yu Y T, et al. A concise promoter region of the heart fatty acid-binding protein dictates tissue-appropriate expression [J]. Journey of the American Heart Association，1999.84：276-289.

[4] J 萨姆布鲁克，E F 弗里奇，T 曼尼阿蒂斯. 分子克隆实验指南 [M]. 第 2 版. 金冬雁，等，译. 北京：科学出版，1992.

[5] Gerbens F, van Erp A J, Harders F L, et al. Effect of genetic variants of the heart fatty acid-binding protein gene on intramuscular fat and performance traits content in pigs [J]. Journal of Animal Sci-

ence，1999，77：846-852.

［6］周贵，王立克，黄瑞华，等．畜禽生产学实验教程［M］．北京：中国农业大学出版社，2006：117-180.

［7］张伟力，曾勇庆．猪肉肌内脂肪测定方法及其误差分析［J］．猪业科学，2008（7）：102-103.

［8］Bosteind，White R L，Skolnick M，et al. Construction of a genetic linkage maps in man using restriction fragment length polymorphisms［J］．The American Journal of Human Genetics，1980，32：314-331.

［9］陈宏权，黄华云，陈华，等．鹅 MC4R 基因 RFLP 及其与胴体和羽绒性状的关联性［J］．畜牧兽医学报，2008，39（7）：885-890.

［10］赵会静．猪 H-FABP 基因和 CAST 基因的多态性及其与肉质性状关系的研究［D］．北京：中国农业科学院，2005.

［11］杨义平，曹果清，刘建华，等．猪 H-FABP 基因多态性与肌内脂肪含量的关联分析［J］．激光生物学报，2007，16（5）：599-602.

［12］张陈华，王阳，丁月云，等．圩猪 H-FABP 基因多态性分析及其与 IMF 含量的相关性［J］．中国农业科学，2011，44（4）：1063-1070.

［13］朱弘焱，苏玉虹，宋衡元．辽宁种猪 H-FABP 和 A-FABP 基因位点多态性研究［J］．畜牧与兽医. 2010（8）：15-18.

［14］赵书广，熊远著，王津，等．中国养猪大成［M］．北京：中国农业出版社，2001.

［15］Nechtelberger D，Pires V，Soolknet J，et al. Intramuscular fat content and genetic variants at fatty acid-binding protein loci in Austrian pigs［J］．Anim Sci，2001，79（11）：2798-2804.

苏姜猪 *Lrh*-1 基因 PCR-SSCP 多态性及其与产仔数的关系

王利红，袁旭红，魏萍萍，张瑞，王维，李丹，林伟

(江苏农牧科技职业学院)

肝受体类似物质-1 (Liver receptor homolog-1，Lrh-1) 是核受体 7 个亚家族成员中的第 5 个，该亚家族包含 4 个不同成员，Lrh-1 是其中第 2 个，故也称其为 NR5 A2 (nuclear receptor subfamily 5，group A，member 2)[1]。Lrh-1 是动物机体中一种重要的核受体，*Lrh*-1 基因首次发现于小鼠肝组织，现已在人、大鼠、马、鸡、羊、鱼、蛙、牛、猪等生物体内均检测到，并已确认在动物早期胚胎发育、分化以及物质代谢活动（如胆固醇代谢、胆汁酸动态平衡、激素生成等）中具有重要作用[2~11]。

苏姜猪是以姜曲海猪、枫泾猪、杜洛克猪为亲本，经过 6 个世代继代选育培育而成的新品种。该品种具有血统来源丰富、繁殖性能良好、肉质性状优良、适应性强等特点。本研究采用 PCR-SSCP 方法首次进行苏姜猪 *Lrh*-1 基因核酸序列检测分析，以期获得苏姜猪 *Lrh*-1 基因多态性及群体遗传分布特点，并与产仔数性状间进行关联分析，为深入研究 *Lrh*-1 基因的结构特点及其与动物繁殖性状间的关系提供理论依据。

1　材料与方法

1.1　试验材料

随机选取 50 头经产苏姜种母猪，用酚-氯仿抽提法提取耳组织 DNA，超纯水稀释至 100ng/uL，−20℃保存备用。

1.2　Lrh-1 引物设计

根据 GeneBank 数据库中猪 *Lrh*-1 基因序列 JQ_527656.1，NM_01267893.1，NC_10452.3，采用 Primer premier 5.0 软件设计 2 对引物（表 1）。

表 1　苏姜猪 *Lrh*-1 基因分析用引物序列、扩增区域及退火温度

引物	引物序列	产物位置*	退火温度(℃)
P1	F：ACTCCCAGTCCATCCCTC；R：GTGCCATTTAGTCATCTTTG	27287491-27287718	50
P2	F：ATTCAGAAGTCATGGAGATATTG；R：GAGATTGTTGTAGGGCAC	27422851-27423077	47

注：* 产物位置依照 NC_010452.3 序列选定。

1.3 PCR-SSCP 检测

依据表 1 中不同引物退火温度，进行样本 *Lrh*-1 基因 PCR 扩增。取 5μL PCR 产物和 10μL 变性剂 [98％甲酰胺、0.025％二甲苯青、10％甘油、10mmol/L EDTA（pH8.0）、0.025％溴酚蓝]，98℃变性 10min，迅速冰浴 10min。变性后产物在 8％非变性聚丙烯酰胺：甲叉双丙烯酰胺（29：1）凝胶中电泳，之后银染显带，拍照分析。

1.4 PCR 产物测序

经 SSCP 电泳后，将不同条带型 PCR 产物送至上海基康生物技术有限公司测序。

1.5 统计分析

试验数据用 SPSS 13.0 统计软件进行差异显著性检验分析。依据哈代-温伯格定律检测相关基因频率群体平衡性。

2 结果与分析

2.1 *Lrh*-1 基因 2 对引物 PCR 扩增结果

Lrh-1 基因 2 对引物 P1 和 P2 PCR 扩增产物经 1％琼脂糖凝胶电泳（图 1），结果显示条带清晰，表明该 2 对引物的 PCR 扩增特异性好。将 PCR 扩增产物测序后，进行 NCBI 数据库 BLAST 分析，结果显示扩增产物与猪 *Lrh*-1 基因序列有高度相似性，引物 P1 和 P2 PCR 扩增产物与 JQ 773337.1，JQ 627655.1 和 NM_001267893.1 序列覆盖区相似度分别为 99％和 98％，表明本试验所扩增的核酸序列在 *Lrh*-1 基因区。

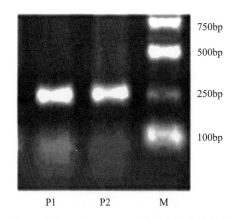

图 1 引物 P1 和 P2 PCR 扩增产物电泳结果

2.2 SSCP 分析

对 *Lrh*-1 基因 2 对引物 PCR 产物进行 SSCP 分析，结果显示均存在多态性。引物 P1 和 P2 PCR 扩增产物分别存在 7、2 种 SSCP 条带类型（图 2、图 3）。

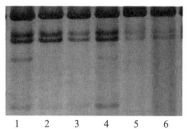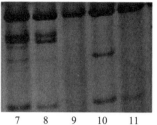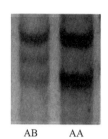

图 2　引物 P1 PCR 扩增产物 SSCP 分析

泳道 1、4、8：SSCP-1 型；泳道 2、3：SSCP-2 型；

泳道 5、6：SSCP-3 型；泳道 7：SSCP-4 型；

泳道 9：SSCP-5 型；泳道 10：SSCP-6 型；泳道 11：SSCP-7 型

图 3　引物 P2 PCR 扩增

产物 SSCP 分析

2.3　SSCP 不同类型核酸序列分析

2.3.1　引物 P1 PCR-SSCP 不同条带类型核酸序列分析　将 SSCP 不同条带类型的引物 P1 PCR 扩增产物序列与 NC_10452.3 进行比对分析，结果显示，不同 SSCP 条带类型核酸序列主要在 NC_010452.3 序列相应的 27287662、27287593、27287535 和 27287511 这 4 个位点存在碱基差异。通过将引物 P1 PCR 扩增产物与 NM_001267893.1 序列进行 BLAST 分析，可知 27287662 与 27287593 位点处于 CDS 区。27287662 和 27287593 位点碱基突变分别为 A→G 和 C→T，且均为同义突变；27287535 和 2728511 位点则均为 A→G 的突变（表 2）。

表 2　引物 P1 PCR-SSCP 不同条带类型核酸序列比对结果

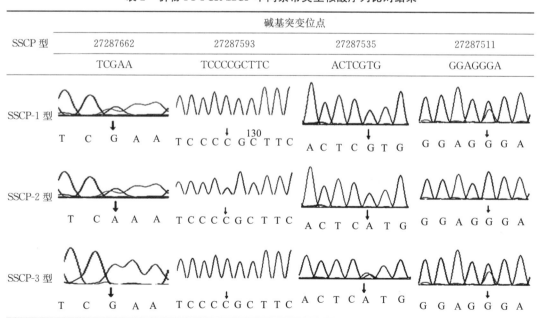

SSCP 型	碱基突变位点			
	27287662	27287593	27287535	27287511
	TCGAA	TCCCCGCTTC	ACTCGTG	GGAGGGA
SSCP-1 型	T C G A A	T C C C G C T T C 130	A C T C G T G	G G A G G G A
SSCP-2 型	T C A A A	T C C C G C T T C	A C T C A T G	G G A G G G A
SSCP-3 型	T C G A A	T C C C G C T T C	A C T C A T G	G G A G G G A

（续）

SSCP 型	碱基突变位点			
	27287662	27287593	27287535	27287511
	TCGAA	TCCCCGCTTC	ACTCGTG	GGAGGGA

SSCP-4 型 T C A A A T C C C C G C T T C A C T C G T G G G A G G G A

SSCP-5 型 T C G A A T C C C C G C T T C A C T C G T G G G A G G G A

SSCP-6 型 T C G A A T C C C C G C T T C A C T C G T G G G A G G G A

SSCP-7 型

  2.3.2　引物 P2 PCR-SSCP 不同基因型核酸序列分析　将引物 P2 PCR 扩增的不同基因型产物序列与 NC_010452.3 进行比对分析，结果显示，在 NC_010452.3 序列对应的 27423038 位点存在 A→C 的同义突变（表3）。

表 3　引物 P2 PCR-SSCP 不同基因型核酸序列比对结果

AB 型	AA 型
27423038	27423038
T G G C A C G	T G G C C C G

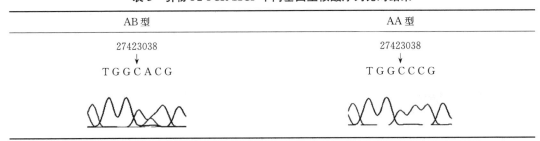

  2.3.3　苏姜猪 Lrh-1 基因群体遗传分析　苏姜猪 Lrh-1 基因引物 P1 和 P2 扩增区不同 SSCP 型频率以及基因频率见表4 至表 6，结果显示，引物 P1 扩增区 SSCP-1 和 SSCP-5 型所占比率较高，在 4 个碱基突变位点中仅 27287662 位点存在 3 种基因型，另 3 个位点均缺少 1 种纯合基因型。根据哈代-温伯格定律，对苏姜猪 Lrh-1 基因引物 P1 和 P2 扩增区进行基因群体平衡性 χ^2 检验，结果表明，引物 P1 扩增区 27287662、27287593、27287535 位点基因分布符合哈代-温伯格定律，处于群体平衡状态（$P>0.05$），27287511 位点基因分布不符合哈代-温伯格定律，处于群体不平衡状态（$P<0.05$）；引物 P2 扩增

区基因分布符合哈代-温伯格定律，处于群体平衡状态（$P>0.05$）（表 7）。

表 4　苏姜猪 *Lrh-1* 基因引物 P1 扩增区不同 SSCP 型频率

SSCP 类型	数量（头）	频率
SSCP-1 型	13	0.26
SSCP-2 型	10	0.20
SSCP-3 型	4	0.08
SSCP-4 型	1	0.02
SSCP-5 型	13	0.26
SSCP-6 型	4	0.08
SSCP-7 型	5	0.10
合计	50	1.00

表 5　苏姜猪 *Lrh-1* 基因引物 P1 扩增区不同突变位点等位基因频率与基因型频率

突变位点																
27287662					27287593				27287535				27287511			
等位基因频率		基因型频率			等位基因频率		基因型频率		等位基因频率		基因型频率		等位基因频率		基因型频率	
C	D	CC	CD	DD	E	F	EE	EF	G	H	GG	GH	M	N	MM	MN
0.62	0.38	0.34 (17)	0.56 (28)	0.10 (5)	0.90	0.10	0.80 (40)	0.20 (10)	0.95	0.05	0.90 (45)	0.10 (5)	0.69	0.31	0.38 (19)	0.62 (31)

注：括号内的数字为个体数。

表 6　苏姜猪 *Lrh-1* 基因引物 P2 扩增区等位基因频率与基因型频率

等位基因频率		基因型频率	
A	B	AA	AB
0.92	0.08	0.84 (42)	0.16 (8)

注：括号内的数字为个体数。

表 7　苏姜猪 *Lrh-1* 基因引物 P1 和 P2 扩增区各基因群体平衡性 χ^2 检验

引物 P1 扩增区突变位点				引物 P2 扩增区突变位点
27287662	27287593	27287535	27287511	27423038
0.91	0.62	0.14	9.18*	0.38

注：* 表示差异显著（$P<0.05$），χ^2, 0.05＝5.99。

2.3.4　*Lrh-1* 基因不同 SSCP 型与产仔数间相关性分析　根据生产记录对苏姜猪进行 *Lrh-1* 基因不同 SSCP 型产仔数统计分析（表 8），结果表明，苏姜猪 *Lrh-1* 基因 P1 和 P2 扩增区不同 SSCP 型第 1 胎和第 2 胎平均产仔数均无显著差异（$P>0.05$）。

表 8　引物 P1 和 P2 不同 PCR-SSCP 类型苏姜猪第 1、2 胎平均产仔数

引物	PCR-SSCP 型	第 1 胎平均产仔数（头）	第 2 胎平均产仔数（头）
	SSCP-1	9.92±1.61	10.08±2.75
	SSCP-2	10.90±3.21	12.20±2.25
	SSCP-3	11.25±2.22	10.25±3.40
P1	SSCP-4	12.00±0.00	14.00±0.00
	SSCP-5	10.69±3.86	11.08±2.61
	SSCP-6	9.25±3.86	12.25±4.57
	SSCP-7	8.20±2.49	10.60±2.30
P2	AB	8.63±3.38	11.43±3.31
	AA	10.55±2.80	11.05±2.73

注：同行数据后未标字母者表示在 $\alpha=0.05$ 水平上差异不显著。

3　结论与讨论

Lrh-1 基因属核受体亚家族，主要表达于动物的肝脏、性腺、胰腺等组织。Lrh-1 具有调节胆汁酸的平衡、类固醇合成、胆固醇逆转运以及早期胚胎发育等功能。最近有研究认为磷脂质是 Lrh-1 潜在的配体。与其他配体激活转录因子的核受体家族成员一样，Lrh-1 具有保守的 DNA 结合域 DBD（DNA binding domain）、可变的 N 末端、铰链区和一个 C 端配体结合域 LBD（Ligand binding domain）[9~11]。

猪 *Lrh*-1 基因位于 10 号染色体，其编码区 CDS（coding sequences）共有 1 332 个碱基，可翻译成含 443 个氨基酸的蛋白质，2 个保守结合 DBD，DBD 区含 2 个 C4 型锌指结构，LBD 分别位于第 40~80，203~443 位氨基酸，含有 3 个特殊识别位：为多肽结合位、配体结合位（也为化学结合位）、辅阻遏物识别位。

本研究通过 PCR-SSCP 方法，首次对苏姜猪 *Lrh*-1 基因序列 LBD 区域部分序列进行了多态性检测。引物 P1 PCR 扩增区共检测到 7 种 SSCP 条带型，其中相对较高的条带型为 SSCP-1 型（26%）和 SSCP-5 型（26%），表明在苏姜猪群体中该区段的碱基差异较大，这可能与其源于多个猪品种的培育有关。对不同 SSCP 型样本核酸序列检测分析，结果显示共存在 4 处碱基突变位点，分别对应于 NC_10452.3 序列的 27287662、27287593、27287535 和 27287511 位点，其中前 2 个位点处于猪 *Lrh*-1 基因 CDS 区。经分析，在 27287662 位点存在 A→G 的碱基突变，位于密码子的最后 1 位，即由原 UUU 密码子变为 UUC，相对应的氨基酸均为苯丙氨酸，处于猪 Lrh-1 蛋白质氨基酸组成的第 345 位，未在特殊功能结合位；在 27287593 位点为 C→T 的碱基突变，也发生在密码子的最后 1 位，即由原 GCG 密码子变为 GCA，相对应的氨基酸均为丙氨酸，处于猪 Lrh-1 蛋白质氨基酸组成的第 322 位，位于配体结合位。然而，这 2 处碱基突变均为同义突变，对 Lrh-IP 结构及功能不会造成影响。引物 P2 PCR 扩增区共检测到 2 种 SSCP 条带类型（AA 型和 AB 型），其中 AA 型（84%）所占比例远高于 AB 型（16%）。通过检测 2 种类型样本的核酸序列得知，在对应的 NC_010452.3 序列 27423038 位存在 A→C 的碱基突变，该碱基位于

密码子第 3 位，使原密码子 CGG 变为 CGU，相对应的氨基酸均为精氨酸，属同义突变，未对 *Lrh*-1 基因结构及功能造成影响，进一步体现 *Lrh*-1 基因 LBD 区域的保守性和功能重要性[1,12]。对于 LBD 区域其他未扩增区段以及 DBD 区核酸序列是否也存在碱基突变情况，将在日后的研究中进一步检测分析。

苏姜猪群体中引物 P1 扩增区 4 个突变位点仅 27287662 位点存在 3 种基因型（CC、CD、DD），其他 3 个突变位点均缺少 1 种纯合型，引物 P2 扩增区也缺少 1 种纯合型。经基因群体遗传平衡分析，除引物 P1 扩增区 27287511 位点未达群体平衡（$P<0.05$）外，其他 4 个碱基突变位点均达群体平衡（$P<0.05$），此现象可能与苏姜猪有针对性地选择培育有关，但在群体中未检测到部分位点的纯合型个体则可能与其他基因或性状存在关联影响，有待深入研究。

Lrh-1 基因在动物卵巢卵泡颗粒细胞和妊娠黄体细胞中通过调控 *SR-BI* 和 *CYP*19 基因的表达，进而调控雌激素的生物合成；敲除小鼠 *Lrh*-1 基因，可影响卵巢卵泡排卵功能。这些现象均表明 *Lrh*-1 基因与动物繁殖机能有重要相关性[9,11,13~18]。本研究将 *Lrh*-1 基因引物 P1 和 P2 扩增区不同 SSCP 类型与苏姜猪产仔数进行关联分析，结果表明，不同 SSCP 类型与第 1、2 胎产仔数间均无显著影响（$P>0.05$）。但从引物 P1 扩增区 4 个碱基突变位点的杂合情况看，苏姜猪第 1 胎 SSCP-7 型平均产仔数相对最低，为 8.20 ± 2.49 头，其 4 个碱基突变位点均为纯合型，而其他 SSCP 型至少有 1 个碱基突变位点为杂合型，表明引物 P1 扩增区相应碱基突变位点的杂合可能有助于产仔数性状的提升。引物 P2 扩增区 2 种基因型在第 1、2 胎产仔数性状上也未达到显著差异水平（$P>0.05$），但相对而言，苏姜猪 AA 型平均产仔数高于 AB 型，表明 27423038 位点碱基的突变可能不利于产仔数性状的提升。

参考文献

[1] Fayard E, Auwerx J, Schoonjans K. LRH-1: an orphan nuclear receptor involved in development, metabolism and steroidogenesis [J]. Trends Cell Biol, 2004, 14 (5): 250-260.

[2] Ellinger Z H, Hihi A K, Laudet V, et al. FTZ-F1-related orphan receptors in Xenopus laevis: transcriptional regulators differentially expressed during early embryogenesis [J]. Mol Cell Biol, 1994, 14 (4): 2786-2797.

[3] Galarneau L, Pare J F, Allard D, et al. The alphal-fetoprotein locus is activated by a nuclear receptor of the drosophila FTZ-F1 family [J]. Mol Cell Biol, 1996, 16 (7): 3853-3865.

[4] Liu D, Le Drean Y, Ekker M, et al. Teleost FTZ-F1 homolog and its splicing variant determine the expression of salmon gonadotropin II subunit gene [J]. Mol Endocrinal, 1997, 11 (7): 877-890.

[5] Kudo T, Suton S. Molecular cloning of chicken FTZ-F1-related orphan receptors [J]. Gene. 1997, 197 (1/2): 261-268.

[6] Boerboom D, Pilon N, Behdjani R, et al. Expression and regulation of transcripts encoding two members of the NRSA nuclear receptor subfamily of orphan nuclear receptors, steroidogenic factor-1 and NR5A2, in equine ovarian cells during the ovulatory process [J]. Endocrinology, 2000, 141 (12): 4647-4656.

［7］ Nak N T, Takase M, Miural I, et al. Two isonomy of FTZ-F1 messenger RNA: molecular cloning and their expression in the frog testis ［J］. Gene, 2000, 248 (1/2): 203-212.

［8］ Taniguchi H, Komiyama J, Viger R S, et al. The expression of the nuclear receptors NR5A1 and NR5A2 and transcription factor GATA6 correlates with steroidogenic gene expression in the bovine corpus luteum ［J］. Mol Reprod Dev, 2009, 76 (9): 873-880.

［9］ 顾月琴, 张伟, 王利红. 小鼠 *Lrh*-1 基因 CDS 区序列克隆及分析 ［J］. 安徽农业大学学报, 2011. 38 (3): 372-375.

［10］ 温海霞, 刘国艺, 倪江. 孤儿核受体同系物-1 以及与雌激素相互调节作用 ［J］. 生殖医学杂志, 2007, 16 (2): 124-128.

［11］ 王利红, 高勤学, 张伟, 等. 湖羊 *Lrh*-1 基因 cDNA 序列及组织表达谱分析 ［J］. 畜牧兽医学报, 2012, 43 (9): 1360-1368.

［12］ Wang L H, Zhang W, Ji J L, et al. Molecular characterization and expression analysis of the *Lrh*-1 gene in Chinese Hu sheep ［J］. Genet Mol Res, 2013, 12 (2): 1490-1500.

［13］ Cao G, Garcia C K, Wyne K L, et al. Structure and localization of the human gene encoding SR -BI/ CLA-1. Evidence for transcriptional control by steroidogenic factor 1 ［J］. J Biol Chem, 1997, 272: 33068-33076.

［14］ Higashiyama H, Kinoshita M, Asano S. Expression profiling of liver receptor homologue 1 (LRH-1) in mouse tissues using tissue microarray ［J］. J Mol Hist, 2007, 38: 45-52.

［15］ Schoonjans K, Annicotte J S, Hub Y T, et al. Liver receptor homolog 1 controls the expression of the scavenger receptor class B type I ［J］. EMBO Rep, 2002, 3: 1181-1187.

［16］ Duggavathi R, Volle D H, Mataki C, et al. Liver receptor homolog 1 is essential for ovulation ［J］. Genes Dev, 2008, 22 (14): 1871-1876.

［17］ Peng N, Kim J W, Rainey W E, et al. The role of the orphan nuclear receptor, liver receptor homo-logue-1, in the regulation of human corpus luteum 3b- hydroxysteroid dehydrogenase type II ［J］. J Clin Endocrinal Metab, 2003, 88: 6020-6028.

［18］ 姚勇, 潘增祥, 张久峰, 等. 二花脸猪 *NR5A2* 基因克隆与卵巢组织转录水平分析 ［J］. 南京农业大学学报, 2013, 36 (3): 133-138.

第3部分

功能基因在苏姜猪中的表达

猪 NPY 受体 Y1 cDNA 的克隆及分析

周春宝[1,2]，倪黎纲[1,2]，丁家桐[3]，包文斌[3]
（1. 江苏畜牧兽医职业技术学院；2. 江苏姜曲海种猪场；
3. 扬州大学动物科学与技术学院）

神经肽 Y（NPY）是一种 36 氨基酸残基的神经递质，属多肽家族[1]。NPY 广泛分布于中枢及外周神经组织的神经元中[2]，参与血管收缩、摄食、激素分泌以及情绪等生理功能的调节[3~4]。NPY 的生理调节功能主要通过与其受体相互作用实现[5]，到目前为止，已发现了 NPY 的 6 种受体亚型：Y1、Y2、Y3、Y4、YS、Y6，它们都是 7 次跨膜，与 G 蛋白相偶联的速激肽受体家族成员[6]。该研究采用 RT-PCR 法克隆猪 *NPY-Y1* 基因序列，以便研究猪 NPY-Y1 受体在猪激素分泌以及发育生理功能调节中的作用。

1 材料与方法

1.1 材料及试剂

1.1.1 **实验动物** 160 日龄初情期的苏姜猪（暂定名）母猪 1 头，体重为 80kg，由江苏姜曲海种猪场（江苏泰州）提供。

1.1.2 **菌种、试剂** DH5α 大肠杆菌为扬州大学动物科学与技术学院繁殖组保存。反转录试剂盒、高保真 PfuDNA 聚合酶、TaqDNA 聚合酶、*Eco*R I 限制性内切酶、胶回收试剂盒等购于大连宝生物工程有限公司；pGEM-T easy 载体购自北京博大泰克生物工程有限公司；RNA 提取试剂盒 Trizol Regrant、氨苄青霉素（Ampicillin）为上海生工生物工程有限公司产品；其余试剂均为上海生工生物工程技术服务有限公司的分析纯试剂。

1.2 试验方法

1.2.1 **样品的采集** 于江苏姜曲海种猪场选取初情期、体重大约为 80kg 的苏姜猪运至实验室，颈动脉放血致死后，迅速取出下丘脑放入液氮中保存、待用。

1.2.2 **RNA 的提取** 按 Trizol Regrant 说明书进行猪下丘脑组织总 RNA 的提取，用紫外分光光度计测定 RNA 的纯度和含量。

1.2.3 **RT-PCR 扩增** 根据反转录试剂盒说明书进行反转录，合成 cDNA 第一链。根据 GeneBank 数据库中公布的已知基因猪 *NPY-Y* 1 受体基因（AF106081），采用 Primer 5.0 引物设计软件进行引物设计，序列如下：

上游引物 F：5′-CTGGAGGCCGAGTAATAGA-3′（606 bp-）；

下游引物 R：5′-TTCACTGGACCTGTATTTAT-3′（-975 bp）。

50μL 的 PCR 反应体系包括 5μL 10×缓冲液、浓度 0.2mmol/L dNTP 1μL 模板（反转录产物）、4U TaqDNA 聚合酶、1U PfuDNA 聚合酶，15 pmol 正向和反向引物。反应条件如下：首先 95℃变性 5 min；然后 95℃变性 30s，62℃退火 30s，56℃延伸 30s，反应 30 个循环；最后 72℃再延伸 10min。PCR 产物进行常规的琼脂糖凝胶电泳分析后，用胶回收试剂盒回收目的片段。

1.2.4 RT-PCR 产物的克隆及序列分析 RT-PCR 扩增产物的克隆按 pGEM-T easy 载体说明书进行。将上述回收产物与 pGEM-T easy 载体连接，反应条件为 16℃，30 min。取 10μL 连接产物加入 200μL 感受态大肠杆菌（氯化钙法制备感受态细胞），混合悬液冰上放置 30 min 后，42℃水浴中热激 45s，迅速置于冰上冷却 2 min 然后向管中加入 1 mL LB 液体培养基（不含氨苄青霉素，Amp^r），混匀后 37℃微振荡培养 1 h，将 200μL 转化菌涂布于预先涂布了 40μL X-gal C（20 mg/mL）和 4μL IPTG（200 mg/mL）的 Amp^{r}平板，经 37℃培养 14～16 h 后，挑取单个白色菌落接种 1ml 含 Amp^{r}的 LB 液体培养液，37℃振荡培养过夜，碱裂解法抽提质粒 DNA。

经 EcoR I 限制性内切酶单酶切及 PCR 鉴定后，将含正确插入片段的重组质粒送上海生工生物工程技术服务有限公司进行序列测定，所获序列用 Blast 程序与 GeneBank 数据库中公布的已知基因进行序列同源性比较。

2 结果与分析

2.1 猪下丘脑组织总 RNA 的提取

将提取的猪下丘脑组织总 RNA 进行电泳检测（图 1），电泳显示 28S RNA、18S RNA、5S RNA 条带清晰，28S、18S 的浓度比约为 2：1，用分光光度计检测 RNA 的纯度和含量，得到 $A_{260}/A_{280}=1.92$，说明提取总 RNA 的完整性良好。

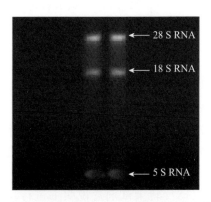

图 1 猪下丘脑组织总 RNA 的琼脂糖凝胶电泳分析

2.2　*NPY-Y1* 基因的扩增

PCR 扩增经 30 个循环后，取 $10\,\mu L$ 扩增产物进行琼脂糖凝胶电泳分析，在溴化乙锭染色后的凝胶上分别出现大小约为 370 bp 的单一条带（图 2），与预计结果相符。

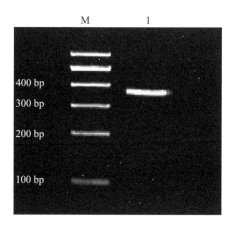

图 2　RT-PCR 扩增猪 NPY-Y1 cDNA 的琼脂糖凝胶电泳分析
1：NPY-Y1 的 RT-PCR 产物；M：1000bp DNA Marker

2.3　PCR 扩增 NDY-Y1 cDNA 序列分析

将上述 PCR 产物克隆入 pGEM-T easy 载体，挑取单个菌落进行液体培养和质粒 DNA 制备。根据限制酶单酶切及 PCR 鉴定结果，选择含正确插入片段的重组质粒进行序列测定，将所获序列用 Blast 程序与已发表的猪 NPY-Y1 序列（AF106081）的序列相比较，结果显示 PCR 扩增 NPY-Y1 cDNA 与 GeneBank 已发表的猪 NPY-Y1 cDNA 序列的同源性为 100%。

3　结论与讨论

研究中采用高保真 RT-PCR 方法扩增出猪 NPY-Y1 cDNA 序列所用的高保真 Pfu 聚合酶具有 $3'{\rightarrow}5'$ 外切酶活性，可提高 PCR 反应的真实性，而 TaqDNA 聚合酶可在 PCR 产物两端加上 1 个 A，便于用 T 载体进行高效率的 T-A 克隆。将获得的猪 NPY-Y1 cDNA 进行序列测定，序列分析结果与 GeneBank 发表的猪 NPY-Y1 序列（AF106081）同源性为 100%，说明使用高保真为 Pfu 聚合酶保证了克隆的正确性和真实性，所获得的序列可以用于实验室后续表达丰度的研究。

神经肽 Y 是 1982 年由 Tatemoto[6]首次从猪脑中分离得到的，是由 36 个氨基酸组成的活性多肽，由于结构中富含酪氨酸故称为神经肽酪氨酸（NPY）。它的结构与同是 3 个氨基酸的胰多肽（PP）和肽 YY（PYY）极其相似，故被认为同属胰多肽家族。NPY 的作用通过其分布广泛的特异受体介导，目前已被克隆的 NPY 受体有 Y1、Y2、Y3、Y4

和 YS 受体亚型，均属 G 蛋白相关联受体超家族[7]。目前研究表明猪 *NPY-Y1* 基因起调控作用是通过与 NPY 的 N 端氨基酸结合，Berglund 等在 1999 年研究发现当去除 NPY 的 N 端氨基酸时，其与 NPY-Y1 的亲和力明显下降[8]。Berglund 等在 1999 年还报道豚鼠 *NPY-Y1* 基因与其他公布的哺乳动物 *NPY-Y1* 基因的同源性可达到 92%～93%[8]，说明哺乳动物 *NPY-Y1* 基因的进化较慢，其基本功能还保持基本相同。该研究结果多方面证实试验所克隆的序列是正确的，这为后续研究工作做了可靠的准备。

参考文献

[1] Tatemoto K，Neuropeptide Y. Complete amino acid sequence of the brain peptide [J]. Proc Natl Acad Sci USA，1982，79 (18)：5485-5489.

[2] Chronwall B M，Dimaggio D A，Massari V J，et al. The anatomy of neuropeptide-Y-containing neurons in rat brain [J]. Neuroscience，1985，15 (4)：1159-1181.

[3] Colmers W F，Bleakman D. Effects of neuropeptide Y on the electrical properties of neurons [J]. Trends Neurosci，1994，17 (9)：373-379.

[4] Grundemar L，Hakanson R. Neuropeptide Y effector system：perspectives for drug development [J]. Trends Pharmacol Sci，1994，15 (5)：153-159.

[5] Gehlert D R. Role of hypothalamic neuropeptide Y in feeding and obesity [J]. Neuropeptides，1999，33 (5)：329-338.

[6] Tatemoto K，Carlquist M，Muit W. Neuropeptide Y：a novel brain peptide with structural similarities to peptide YY and pancreatic polypeptide [J]. Nature，1982，296 (10)：659-660.

[7] Larhammar D. Structural diversity of receptors for neuropeptide Y：a novel brain peptide YY and pancreatic polypeptide [J]. Regulatory Peptides，1996，65 (3)：165-174.

[8] Berglund M M，Holmberg S K，Eriksson H，et al. The cloned guinea pig neuropeptide Y receptor Y1 conforms to other mammalian Y1 receptors [J]. Peptides，1999，20 (9)：1043-1053.

gabra1 基因在小梅山猪和苏姜猪下丘脑中表达量的比较

王海飞，刘萍，赵西彪，张丽，丁家桐

（扬州大学动物科学与技术学院）

  动物及人的 GABA-A 受体为五聚体，由 5 个亚单位组成[1]。目前已发现的亚单位共 6 类 19 种，$\alpha1$-6、$\beta1$-4、$\gamma1$-4、δ、P1-3、ε[2]。虽然 GABA-A 受体单位种类众多，但大多数 GABA-A 受体由至少一种 α 和 β 与 $\gamma2$ 组成[3~4]。$\alpha1$ 与 $\beta2$ 和 $\gamma2$ 组成的受体亚型数量最多[3]，α 亚单位对 GABA-A 受体复合物的组装及功能可能起主要作用[5]。因此，本试验通过检测 gabra1（GABA-A 受体 $\alpha1$ 亚基）的 mRNA 的表达量反映 GABA-A 受体的表达量。

  初情期是动物首次出现发情排卵的年龄，是开始获得繁殖能力的标志。初情期的启动，是由下丘脑 GnRH 神经元控制。初情期前，机体通过各种调节信号抑制或兴奋下丘脑促性腺激素释放激素（GnRH）神经元脉冲式释放 GnRH，以启动初情期。GABA 通过与 GABA-A 受体结合，主要介导神经细胞膜对氯离子通透，引起细胞膜超极化而发挥抑制性作用[6]。GABA-A 受体在初情期启动中的作用说法不一，在对成年大鼠[7]和绵羊[8]的研究中发现 GABA-A 受体抑制排卵前 GnRH 分泌高峰的出现，推迟初情期到来。但是 Isabel R Fragata、Joaquim A 等研究证明，GABA-A 受体在初情期前主要是抑制 GnRH 神经元的分泌，而在初情期 GABA 的分泌量增加，高浓度的 GABA 与 GABA-A 受体结合会刺激 GnRH 神经元的分泌[9]，促进初情期的启动。本试验通过对猪下丘脑 gabra1 基因的表达进行研究，揭示 GABA-A 受体的表达规律，探讨 GABA-A 受体在初情期启动中的作用和地位。为阐明动物生殖机理和早熟品种选种选育提供理论基础。

1 材料和方法

1.1 实验动物及取材

  试验按时序先后从小梅山猪育种中心选取初生、30、60、70、90 日龄和从姜堰市苏太猪保种猪场选取苏姜猪初生、60、120、150、180 日龄体重相近、同窝母猪各两头运至实验室，颈动脉放血致死后，迅速取出下丘脑，放入液氮中保存、待用。

1.2 主要试剂和仪器

  引物探针（ShineGene），DEPC（Sigma），氯仿、异丙醇、无水乙醇（均购自上海化学试剂公司），RT 试剂（ShineGene），荧光定量 PCR 试剂（ShineGene），SYBR Green Ⅰ

（ShineGene）。荧光定量 PCR 仪 FTC2000（Fung Lyn），液氮罐 YDS-3，灭菌锅，烘箱，高速离心机，移液器。

1.3 组织总 RNA 的 RT-PCR

1.3.1 **引物设计** 按照已经发表的人 *gabra*1 基因 mRNA 序列（GeneBank 登录号为 BC030696），利用 Primer Premier 5.0 软件进行引物设计。

p gaba f：CTCTGATTGAGTTTGCCACAGTA，

p gaba r：TGTTAAAGGTTTTCTTGGGTTCTG，产物大小 264bp；

p actin f：ATGGACTCTGGGGATGGGGT，

p actin r：TCGTTGCCGATG-GTGATGAC，产物大小 302bp。

1.3.2 **组织 RNA 提取和 RT-PCR** 用组织研磨器将液氮保存的各种组织分别研碎，按 Trizol Regent Kit 说明书提取总 RNA。提取的总 RNA，先逆转录合成 cDNA，再进行 PCR 扩增。

1.3.3 **荧光定量 PCR** 随机取几个样品进行预实验，然后确定反应条件如下：RT 反应体系的配制（总体积 $30\mu L$）：$15\mu L$ $2\times$RT buffer，$1.5\mu L$ 随机引物（100 pmoL/μL），$1.5\mu L$ Rtase，$6\mu L$ 模板（RNA），$6\mu L$ DEPC 水。

RT 反应条件的设置：25℃ 10min，40℃ 60min，70℃ 10min。

荧光定量 PCR 反应体系的配制（总体积 $50\mu L$）：$25\mu L$ $2\times$PCR buffer，$0.6\mu L\times2$ Primers（25 pmoL/μL），$1\mu L$ 模板（cDNA），$22.8\mu L$ DEPC 水。

荧光定量 PCR 扩增条件的设置：94℃ 4min；94℃ 20s，60℃ 25s，72℃ 25s，循环 40 次。

1.3.4 **Ct 值与标准曲线** 每个模板的 Ct 值与该模板的起始拷贝数的对数存在线性关系，起始拷贝数越多，Ct 值越小。利用已知起始拷贝数的标准品可做出标准曲线，其中横坐标代表起始拷贝数的对数，纵坐标代表 Ct 值。因此，只要获得未知样品的 Ct 值，即可从标准曲线上计算出该样品的起始拷贝数[10~12]。

1.3.5 **统计软件** 荧光定量检测的结果应用 SPSS 统计软件进行差异显著性检验，统计学方法采用单因素方差分析。

2 结果

2.1 总 RNA 提取与目的基因片断的扩增

总 RNA 电泳结果显示，不同组织抽提的 RNA 28S、18S、5S 三带明显，带纹清晰。紫外分光光度计测定表明 $A_{260}/A_{280}>1.8$，表明提取质量较好，提取过程中没有污染，而且 RNA 没有降解，说明拍摄的总 RNA 完整且纯度符合反转录要求。扩增产物用 1%琼脂糖电泳检测，扩增产物位于 PCR Marker 200~300bp 区段，而且特异性较好，无杂带。

2.2 标准曲线的构建

利用已知起始拷贝数的标准品做出标准曲线（图 1、图 2）。

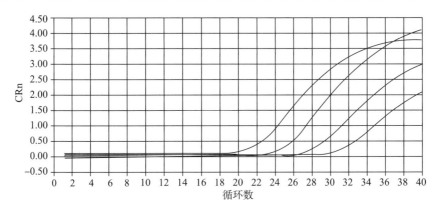

图 1　标准曲线指数

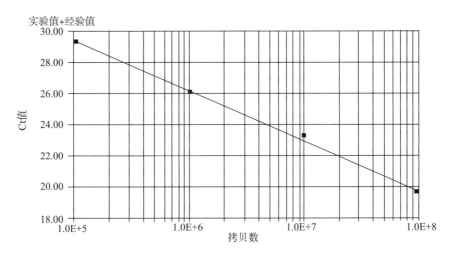

图 2　荧光定量的标准曲线

Ct 值是指每个 PCR 反应管内荧光信号到达设定的域值时所经历的循环数

2.3　荧光定量检测结果

2.3.1　下丘脑中 gabra1 mRNA 表达丰度的比较　同一猪种内，不同发育阶段下丘脑 gabra1 mRNA 表达丰度及其差异显著性，比较结果见表 1、表 2，表中值为目的基因与参照基因的 mRNA 绝对拷贝数的比值，每个样本二次重复，取平均值。

表 1　小梅山猪不同发育阶段下丘脑中 gabra1 mRNA 表达丰度比较

日龄	试管 1	试管 2	试管 3	$\bar{x}\pm$SD
初生	4.15	4.29	4.25	4.23±0.04[a]
30	8.82	8.79	8.88	8.83±0.02[b]
60	11.76	11.93	11.86	11.85±0.05[c]
初情期	15.92	16.13	16.16	16.07±0.08[d]
90	5.23	5.06	5.19	5.16±0.05[c]

注：行间右上角字母不同表示差异显著（$P < 0.05$）；字母相同表示差异不显著（$P > 0.05$）。

从上表可以看出，小梅山猪不同发育阶段 gabra1 mRNA 的表达量从初生到初情期逐渐升高，初情期后表达量下降。不同发育阶段间 gabra1 mRNA 的表达丰度的比较，各发育阶段之间差异均显著（$P<0.05$）。

表 2　苏姜猪不同发育阶段下丘脑中 gabra1 mRNA 表达丰度比较

日龄	试管 1	试管 2	试管 3	$\bar{x}\pm SD$
初生	2.71	2.93	3.00	2.88±0.09[a]
30	3.91	3.76	3.73	3.80±0.06[b]
60	5.30	5.36	5.51	5.39±0.06[c]
初情期	6.46	6.55	6.43	6.48±0.04[d]
90	2.79	2.96	2.83	2.86±0.05[a]

注：行间右上角字母不同表示差异显著（$P<0.05$）；字母相同表示差异不显著（$P>0.05$）。

从上表可以看出，苏姜猪不同发育阶段 gabra1 mRNA 的表达量从初生到初情期逐渐上升，初情期后下降。各发育阶段间 gabra1 mRNA 的表达丰度的比较，初生与 180 日龄间差异不显著（$P>0.05$），其余各发育阶段间差异显著（$P<0.05$）。

2.3.2　小梅山猪与苏姜猪下丘脑中 gabra1 mRNA 表达丰度的比较　比较两种猪初生、初情期和初情期后三个发育阶段下丘脑中 gabra1 mRNA 的表达丰度，结果：两种猪下丘脑中 gabra1 mRNA 表达量在三个发育阶段差异均显著（$P<0.05$）；小梅山猪各发育阶段下丘脑中 gabra1 mRNA 的表达量均显著高于苏姜猪（$P<0.05$）。

3　讨论

3.1　gabra1 在初情期启动中的作用

荧光定量的结果表明，在两种猪中，gabra1 mRNA 在初生时就已经表达，而且随着日龄的增加，gabra1 mRNA 的表达量也逐渐增加，在初情期时达到峰值，随后逐渐下降。gabra1 mRNA 的这种发育性变化说明 GABA-A 受体在初情期的启动中可能有着重要作用。王黎、林浩然实验证明，在成年鲤中，高浓度 GABA（10 μmol/L，100 mol/L）与 GABA-A 受体结合能显著刺激 GnRH 的释放[13]。本试验中，gabra1 mRNA 的表达量在初情期达到峰值，说明 GABA-A 受体达到峰值，刺激 GnRH 神经元的分泌使得 GnRH 脉冲分泌加强，从而刺激促性腺激素的分泌，最终导致卵泡发育和排卵，启动初情期。但是，GABA-A 受体的升高，从与 GABA 结合的作用来说，如何使得由抑制转为刺激难以从机理上做出解释，这其中也许有其他一些内分泌因子或神经肽参与了调节作用，如在初情期前 GABA-A 受体可与 TRH（促甲状腺素释放激素）协同对 GnRH 神经元发挥抑制作用，初情期后 GABA-A 受体与 DA（多巴胺）协同对 GnRH 神经元发挥刺激作用[13]，启动初情期。

3.2　gabra1 mRNA 表达量在两种猪中的差异

为了得到更多证明 GABA-A 受体在猪初情期启动中作用的数据，本试验研究了初情期不同的两种猪-小梅山猪和苏姜猪。小梅山猪性成熟早，70 日龄左右即可达到初情期[10]。苏姜猪以姜曲海猪为母本，导入杜洛克血统，经过若干个世代选育而成，姜堰种猪场的数据表明其初情期在 150 日龄左右。通过比较 GABA-A 受体在这两种初情期不同的猪中的表达规律，进一步证明其在初情期启动中的作用。本试验结果显示，两种猪各日龄 gabra1 mRNA 表达量的比较，小梅山猪各日龄各发育阶段下丘脑的 gabra1 mRNA 表达量都要高于苏姜猪相同日龄与相同发育阶段的表达量。根据既往对小梅山猪生殖激素水平的研究表明，其测值均显著高于国外品种，这是我国地方猪品种的一种种质特性，gabra1 mRNA 表达量同样显示了品种特性。小梅山猪的样本取自小梅山原种场，而山苏姜猪的选育则含有外源血统。小梅山猪的 gabra1 mRNA 表达量应当高于苏姜猪。同时，其表达量均在初情期时出现峰值与拐点，这种生理上的一致性恰好反应 gabra1 对初情期的调控作用。

参考文献

[1] Kumamoto E. The pharmacology of amino-acid responses in septal neurons [J]. Prog Neurobiol, 1997, 52 (3): 197-259.

[2] Wilke K, Gaul R, Klauck S M, et al. A gene in human chromosome band Xq28 (GABRE) defines a putative new subunit class of the GABAA neurotransmitter receptor [J]. Genomics, 1997, 45 (1): 1-10.

[3] McKernan R M, Whiting P J. Which GABAA-receptor subtypes really occur in the brain [J]. Trends Neurosci, 1996, 19 (4): 139-143.

[4] Suzuki T, Mizoguchi H, Noguchi H, et al. Effects of flunarizine and diltiazem on physical dependence on barbital in rats [J]. Pharmacol Biochem Behav, 1993, 45 (3): 703-712.

[5] Fristchy J M, Mohler H. CABAA-receptor heterogeneity in the adult rat brain: differential regional and cellular distribution of seven major subunits [J]. Comp Neurol, 1995, 359 (1): 154-194.

[6] Bormann J. The 'ABC' of GABA receptors [J]. Trends Pharmacol Sci, 2000, 21: 16-19.

[7] Mahesh V B, Brann D W. Neuroendocrine mechanisms underlying the control of gonadotrop in secretion by steroids [J]. Steroids, 1998, 63: 252-256.

[8] Robinson J E. γ-Aminobutyric acid and the control of GnRH secretion in sheep [J]. J Reprod Fertil, 1995, 49: 221-230.

[9] Isabel R Fragata, Joaquim A Ribeiro. Nitric oxide mediates interactions between GABA-A receptors and adenosine Al receptors in the rat hippocampus [J]. European Journal of Pharmacology, 2006, 543: 32-39.

[10] Ke L D, Chen Z, Yung W K. A reliability test of standard-based quantitative PCR: exogenous standard [J]. Mol Cell Probes, 2000, 14 (2): 127.

[11] Becker K, D Pan, Whitely C B. Real-time quantitative polymerase chain reaction to assess gene transfer [J]. Hum Gene Ther, 1999, 10: 2559.

[12] Higgis J A. Nuclease PCR assay to detect *Yersinia pesits* [J]. J Clin Microbiol, 1998, 36: 2284.

[13] 王黎，林浩然. 几种神经内分泌因子对鲤促性腺激素释放激素（GnRH）释放的调节作用：离体研究 [J]. 水生生物学报，2000，24 (6): 597-602.

猪 *GPR54* 基因在下丘脑、垂体、卵巢发育性表达变化的研究

周春宝[1,2]，汪劲能[1]，陆艳凤[1]，丁家桐[1]

（1. 扬州大学动物科学与技术学院；2. 江苏畜牧兽医职业技术学院）

GPR54（又称 AXOR 12，hot7t175）属 G 蛋白偶联受体成员，最初从大鼠脑组织克隆而来。该基因与青春期发育有关，是众多学者竞相研究的热点。Seminara[1] 研究表明 *GPR*54 基因可能与 GnRH 正常生理功能和初情期的启动有关。Plant 等[2] 认为 *GPR*54 基因和由 *KISS*-1 基因所编码的 Kisspeptin 蛋白质分子是启动初情期的关键。下丘脑 Kisspeptin-GPR54 信号通路在活化性腺轴中起着关键作用，Kisspeptin 蛋白质分子能直接作用于 GnRH 神经元上的 GPR54 受体，调控 GnRH 的加工和脉冲性分泌，启动初情期[3]。目前关于猪 *GPR*54 基因的发育性变化尚未见公开报道。苏姜猪是正在培育的瘦肉型新品系，本试验中以苏姜猪为研究素材，检测 *GPR*54 基因在不同组织和不同时期的发育性变化，以探明其在猪性发育过程中的变化规律，揭示其在猪初情期启动过程中的作用，为后期研究提供理论支持与技术指导。

1 材料与方法

1.1 试验设计

分别选取 3 胎龄的经产苏姜猪 5 头，同期进行纯繁，其后代用于试验。试验日粮按瘦肉型猪的营养需要进行配制，自由采食和饮水。仔猪于 28 日龄断奶。分别于初生、60 日龄、120 日龄、初情期、180 日龄随机选取纯种母猪各 4 头屠宰；采集下丘脑、垂体、卵巢组织样，液氮速冻，－70℃冰箱保存。

1.2 主要试剂

pGEM-T easy 载体（Promega 公司）；DH5α 大肠杆菌（由本室制备保存）；Taq 酶、DNA Marker、Wizard DNA clean-up System 试剂盒（大连宝生物工程公司）；Trizol Regrant、cDNA 第一链合成试剂盒（GIBCO 公司）；荧光定量试剂盒（上海闪晶分子生物科技有限公司）。

1.3 GPR54 mRNA 表达实时荧光定量检测

1.3.1 RNA 的提取　各组织总 RNA 用异硫氰酸胍-酚-氯仿一步法提取。用 1％琼脂

糖凝胶电泳和紫外分光光度计分析测定总 RNA 浓度（260 nm）。

  1.3.2　RT-PCR 引物设计　根据 GeneBank 中猪 GPR54 mRNA 全序列（DQ 459346），应用 Primer Premier 5.0 软件设计引物，GPR54 上游引物为：5′-TGTCATCTTCGTCATCT-GTCGC -3′，下游为：5′-AGGCTGGTAGGGGGTAGAGTAG-3′；β-actin 上游引物为：5′-ATGGACTCTGGGGATGGGGT -3′，下游为：5′-TCGTTGCCGATGGTGATGAC -3′。

  1.3.3　RT 反应　将提取的 RNA 样品按照 cDNA 第一链合成试剂盒的说明书进行反转录，反应体系如下：2×RT buffer 5 μL，随机引物（100 pmol/μL）1.5 μL，Rtase 1.5 μL，RNA 模板 6 μL，DEPC 水 6 μL。反应条件为：25℃ 10min，40℃ 60min，70℃ 10min。RNA 经 RT 后就变成 cDNA，cDNA 可以直接作模板用于下一步试验。

  1.3.4　荧光定量 PCR 反应　以 RT 后的 cDNA 为模板，按照荧光定量 PCR 试剂盒的说明进行荧光定量 PCR 反应。反应体系如下：2×PCR buffer 25 μL，F-Primer（25 pmol/μL）0.6 μL，R-Primer（25 pmol/μL）0.6 μL，模板（cDNA）1 μL，DEPC 水 22.8 μL。荧光定量 PCR 扩增条件：94℃ 4min，94℃ 20s，60℃ 25s，72℃ 25s，72℃ 5min，共计 40 个循环，72℃时检测荧光信号。每个样品做 3 个重复，将克隆有目的片段的质粒梯度稀释后作为标准品，制作标准曲线。

1.4　数据分析

  所有数据采用 SPSS 13.0 进行统计，t 检验进行显著性分析，结果以平均值±标准误表示。

2　结果与分析

2.1　总 RNA 的检测

  用紫外分光光度计检测所提 RNA 的质量，$OD_{260}/OD_{280}=1.9$，用 1% 的琼脂糖检测所提 RNA，可以看见 3 条带，分别是 28S、18S 和 5S（图 1），说明所提的 RNA 的完整性较好，无 DNA 及其他杂质污染，可以进行 RT-PCR 反应。

2.2　猪 *GPR54* 基因扩增与克隆测序

  设计 *GPR54* 与 β-*actin* 基因的扩增引物在猪卵巢组织中得到了较好的扩增（图 2），测

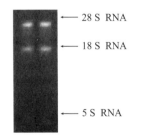

图 1　RNA 琼脂糖凝胶电泳

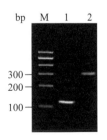

图 2　RT-PCR 扩增产物电泳

M：DNA Marker DL2000；

1：GPR54 RT-PCR 扩增产物；2：β-actin RT-PCR 扩增产物

序发现 *GPR*54 基因扩增片段为 137 bp，与 GeneBank 已发表的 GPR54 cDNA 序列同源性为 100%；*β-actin* 基因的扩增片段为 302bp，与引物设计源序列同源性为 100%，表明 PCR 扩增片段为特异的 *GPR*54 和 *β-actin* 基因。

2.3 下丘脑、垂体与卵巢内 GPR54 mRNA 表达实时荧光定量检测

下丘脑、垂体与卵巢内 GPR54 mRNA 表达实时荧光定量检测结果见表 1 和图 3。下丘脑内 GPR54 mRNA 从初生到初情期表达量逐渐上升，在初情期达到最高，初情期后呈下降趋势。初情期与初生、180 日龄间的 GPR54 mRNA 表达量差异显著（$P<0.05$）；垂体内 GPR54 mRNA 从初生到初情期表达量逐渐上升，在初情期达到最高，初情期后呈下降趋势。初情期与初生、60 日龄、180 日龄间的 GPR54 mRNA 表达量差异显著（$P<0.05$）；卵巢内 GPR54 mRNA 从初生到初情期表达量逐渐上升，在初情期达到最高，初情期后呈下降趋势。初情期与初生、60 日龄、120 日龄、180 日龄间的 GPR54 mRNA 表达量差异显著（$P<0.05$）。

表 1 苏姜猪下丘脑、垂体与卵巢内 GPR54 mRNA 表达实时荧光定量检测

发育阶段	下丘脑	垂体	卵巢
初生	0.26 ± 0.03^a	0.67 ± 0.05^{abd}	0.44 ± 0.07^a
60 日龄	0.51 ± 0.07^{abc}	0.70 ± 0.02^b	0.72 ± 0.07^{bce}
120 日龄	0.62 ± 0.02^{bc}	0.72 ± 0.05^{cbd}	0.83 ± 0.07^{ce}
初情期	0.66 ± 0.02^b	0.83 ± 0.04^c	1.38 ± 0.07^d
180 日龄	0.51 ± 0.04^c	0.40 ± 0.06^d	0.62 ± 0.07^e

注：不同字母分别表示不同日龄 GPR54 mRNA 表达丰度差异显著（$P<0.05$）。

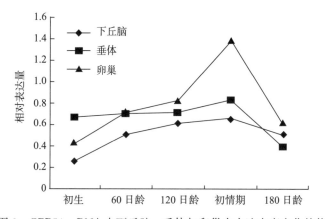

图 3 GPR54 mRNA 在下丘脑、垂体与卵巢内表达丰度变化趋势

3 讨论

3.1 初情期前后 GAPR54 mRNA 在下丘脑-垂体-卵巢内表达丰度的变化

实时荧光定量 PCR 技术已经广泛用于检测基因的表达水平，实时荧光定量 PCR 技术

可以非常可靠、高灵敏地对 mRNA 的表达进行绝对定量[4~8]。本研究用 SYBR Green I 作为荧光染料对苏姜猪初情期前后下丘脑垂体-卵巢轴中的 GPR54 mRNA 表达进行定量。在 PCR 反应体系中，加入过量 SYBR 荧光染料，当其特异性地掺入 DNA 双链后，发射强荧光信号，而不掺入链中的 SYBR 染料分子仅有微弱荧光信号背景，荧光信号的增加与 PCR 产物的增加同步[9~12]。但是，该染料既能与特异性产物结合也能与非特异性产物结合[13]，在试验中，通过优化退火温度、引物浓度及 Ct 值等分析产物的熔解曲线，有效地避免了该情况的发生。同时，熔解曲线分析降低了凝胶电泳分析的肉眼观察误差。本研究中运用实时荧光定量 RT-PCR 技术制定的标准曲线具有很高的线性相关性、敏感性和重复性，使得试验结果更精确并具有很高的可靠性。

为了减少组织样本 RNA 提取、逆转录扩增的差异对荧光定量 PCR 结果带来误差，在测定目的基因的同时测定了一个内源性管家基因 $\beta actin$，用于标准化组织样本[14]。管家基因在各种组织中恒定表达，而且不受试验处理的影响，所以以管家基因的定量作为标准来比较不同样本的基因表达量差异。

本研究中，检测了 GPR54 mRNA 在苏姜猪 5 个不同发育阶段的下丘脑、垂体和卵巢 3 种组织中的表达丰度，结果显示 GPR54 mRNA 表达量均从初生到初情期逐渐上升，在初情期最高，初情期后呈下降趋势。这种表达模式与 LH、FSH、E_2 和 P_4 浓度在不同发育阶段的变化相似[15]。目前国内外关于 GPR54 基因发育性变化的报道很少。2005 年，Shahab 等[16]报道猕猴下丘脑 GPR54 基因初情期的表达量是初生时的 3 倍，本试验所检测到 GPR54 基因的表达变化规律结果与其基本相同。

3.2　GPR54 基因对初情期的影响

动物初情期的启动是动物从幼年发育到获得繁殖能力的标志。初情期出现的早晚直接关系到动物的性成熟和以后的繁殖性能。动物初情期的启动是动物发育到一定阶段生物钟开始启动生殖内分泌轴的结果[17]。Beier 等[18]在对一个发生多个 IHH 的沙特阿拉伯家族进行研究发现，GPR54 与青春期的启动有关。大量的试验表明，哺乳动物初情期需要 GPR54 来启动。Seminara 等[19]则通过构建敲除 GPR54 基因的小鼠，进一步证实了 GPR54 基因在初情期中的作用，GPR54 的表达与大鼠初情期发育密切相关，在初情期启动中可能具有触发启动的作用[20]。缺乏这种受体以及在这种受体突变后，不能经历初情期或青春期，并表现出性腺激素分泌不足的性腺功能衰退和不育。对 Kisspeptins 功能的研究表明，给未成熟的动物持续注射 Kisspeptin-10 能诱导早熟、阴道开张和早期促性腺轴系的活化；在给幼年阶段末期的灵长类动物持续注射 Kisspeptin-10 能提前引发与青春期开始时一样的 GnRH 分泌[21]。

本研究显示 GPR54 mRNA 表达量均从初生到初情期逐渐上升，在初情期最高，初情期后呈下降趋势。在青春期开始前后，大鼠下丘脑中也检测到了非常高的 KISS-1 和 GPR54 mRNA 水平[22]。在灵长类动物中也表现同样的变化规律，从幼年到青春期雌性下丘脑中 KISS-1 和 GPR54 mRNA 的水平显著上升[23]；同样，雄猴下丘脑中 KISS-1 mRNA 水平也在青春期增加，说明灵长类动物青春期 GnRH 释放的增加是通过激活 GPR54 来实现的，这一作用来自下丘脑 KISS-1 的表达和 Kisspeptin 在脑部的释放[2]。GPR54 显著地影响下丘脑-垂体卵巢轴的功能，可能是初情期启动的真正调控因子或关键基因[24]。

参考文献

［1］ Stephanie B Seminara. Metastin and its G protein-coupled receptor，GPR54：Critical pathway modulating GnRH secretion ［J］. Frontiers in Neuroendocrinology，2005，26：131-138.

［2］ Plant T M，Ramaswany S，Dipietro M J，et al. Repetitive activation of hypothalamic GPR54 with intravenous pulses of kisspeptin in the juvenile monkey（Macaca mulatta）elicits a sustained train of GnRH discharges ［J］. Endocrinology，2006，147：1007-1013.

［3］ Elsaesser F，Parvizi N，Schmitz U. Inhibitory feedback action of oestradiol on tonic secretion of luteinizing hormone in pre-and postpubertal gilts ［J］. Anim Reprod Sci，1991，25：155-168.

［4］ Heid C A，Stevens J，Livak J K，et al. Real time quantitative PCR ［J］. Genome Res，1996，6（10）：986-994.

［5］ Livak K J，Schittgen T D. Analysis of relative gene expression data using real-time quantitative PCR and the 2（-Delta Delta C（T））methods ［J］. Methods，2001，25：402-408.

［6］ Higuchir，Fockler C，Dollinger G，et al. Kinetic PCR analysis：real-time monitoring of DNA amplification reactions ［J］. Biotechnology，1993，11（9）：1026-1030.

［7］ Ke L D，Chen Z，Yung W K. A reliability test of standard-based quantitative PCR：exogenous standards ［J］. Mol Cell Probes，2000，14（2）：127-135.

［8］ Becker K，Pan D，Whitely C B. Real-time quantitative polymerase chain reaction to assess gene transfer ［J］. Hum Gene Ther，1999，10：2559-2566.

［9］ Higgis J A. 5′Nuclease PCR assay to detect *Yersinia pesits* ［J］. Clin Microbiol，1998，36：2284-2288.

［10］ Ales T，Michael W P，Andrea D. Tissue specific expression pattern of bovine prion gene：quantification using real-time RT-PCR ［J］. Molecular and Cellular Probes，2003，17：5-10.

［11］ Bustin S A. Absolute quantification of mRNA using real-time reverse transcription polymerase chain reaction assays ［J］. Mol Endocrinol，2000，25：169-193.

［12］ Morrison T，Weisj J，Wittwer C T. Quantification of low-copy transcripts by continuous SYBR Green Ⅰ monitoring during amplification ［J］. Biotechniques，1998，24：954-962.

［13］ David G G. Gene quantification using real-time quantitative PCR：An emerging technology hits the main stream ［J］. Experimental Hematology，2002，30：503-512.

［14］ Siegling A，Lehmann M，Platzer C，et al. A novel multispecific competitor fragment for quantitative PCR analysis of cytokine gene expression in rat ［J］. J Immunol Methods，1994，177（1-2）：23-28.

［15］ 陆艳凤. Ob-Rb 在猪下丘脑、垂体、卵巢的定位及发育性变化 ［D］. 扬州：扬州大学，2007.

［16］ Shahab M，Mastronaardi C，Stephanie B，et al. Increased hypothalamic GPR54 signaling：A potential mechanism for initiation of puberty in primates ［J］. Proc Natl Acad Sci USA，2005，102（6）：2129-2134.

［17］ Quinton N D，Smith R F，Clayton P E，et al. Leptin binding activity changes with age：the Link between leptin and puberty ［J］. J Clin Endocrinol Metab，1999，84：2336-2341.

［18］ Beier D R，Dluhy R G. Bench and beside the G protein-coupled receptor GPR54 and puberty ［J］. N Engl J Med，2003，349：1589-1592.

［19］ Seminara S B，Messager S，Chatzidaki E E，et al. The *GPB*54 gene as a regulator of puberty ［J］.

The New England Journal of Medicine，2003，349（17）：1614-1627.

[20] Nararro V M，Castellano J M，Fernandez R，et al. Developmental and hormonally regulated messenger ribonucleic acid expression of KiSS-1 and its putative receptor，GPR54，in rat hypothalamus and potent luteinizing hormone-Releasing activity of KiSS-1 peptide [J]. Endocrinol，2004，145（10）：4565-4574.

[21] Manuel T S. GPR54 and kisspeptin in reproduction [J]. Human Reproduction Update，2006，12（5）：631-639.

[22] Heather M D，Donald K C，Robert A S. Kisspeptin neurons as central processors in the regulation of gonadotropin releasing hormone secretion [J]. Endocrinology，2006，147（3）：1154-1158.

[23] Han S，Gottsch M L，Lee K J，et al. Activation of gonadotropin-releasing hormone neurons by kisspeptin as a neuroendocrine switch for the onset of puberty [J]. The Journal of Neuroscience，2005，25（49）：11349-11356.

[24] Colledge W H. GPR54 and puberty [J]. TRENDS in Endocrinology and Metabolism，2004，9：448-452.

猪初情期 NPY-Y1 mRNA 在
下丘脑-垂体-卵巢轴的表达定位

王日君[1]，周春宝[1,2]，倪黎纲[1,2]，韩大勇[1,2]

(1. 江苏畜牧兽医职业技术学院；2. 江苏姜曲海种猪场)

动物初情期的启动由生物钟控制，动物发育到一定的阶段，生物钟开始启动繁殖内分泌轴，出现初情期[1]。初情期出现的早晚直接关系到动物的性成熟，以及以后的繁殖性能。1982 年，Tatemoto 首次从猪脑中分离得到神经肽 Y（Neuropeptide Y，NPY）[2]。NPY 是哺乳类中枢神经系统中最丰富的神经肽之一，有许多生理功能，如调节摄食、血压、激素分泌、发育、性行为和生理节律等。NPY 的作用主要通过分布广泛的特异受体介导。目前，其特异性受体至少已经确定有 6 种，即 Y1～Y6，属于 G 蛋白受体家族[3~4]。笔者采用组织原位杂交技术，对 NPY-Y1 受体在猪下丘脑、垂体和卵巢中的分布进行定位，研究其对下丘脑-垂体-卵巢轴的调节作用和初情期启动的调控作用。

1 材料与方法

1.1 实验动物

60 日龄、体重 20 kg，160 日龄、体重 80kg 的初情期苏姜母猪各 3 头，由江苏姜曲海种猪场提供。

1.2 主要试剂

组织冰冻切片 OCT 包埋剂，购自上海西唐生物科技有限公司；猪 NPY-Y1、寡核苷酸探针、非同位素标记猪 ERα 原位杂交试剂盒和原位杂交专用盖玻片，购自武汉博士德生物工程有限公司；原位杂交显色试剂，购自宝灵曼公司。

1.3 样品的采集

首先，按每千克体重 0.2mL 用的速眠新对猪进行麻醉，从颈部分离出两侧颈静脉和颈动脉。然后，将一侧颈静脉切开，向另一侧颈动脉灌注生理盐水，至静脉中无血液流出，再灌注 4% 的多聚甲醛至猪全身僵硬。取出下丘脑、垂体和卵巢，浸入同一固定液中 4h，取出后，再浸入含 200g/L 蔗糖的 PBS 中，组织块下沉后做冰冻切片。

1.4 冰冻切片的制备

经过烘烤处理的载玻片用 0.01% 多聚赖氨酸包被，组织样切小块后，用 OCT 包埋。

最后置于冰冻切片机上，-20℃连续切片，厚度 8μm。

1.5　原位杂交

将切片置于 37℃ 干燥箱过夜，然后进行杂交反应。①预处理：将切片依次用双蒸水清洗，0.5% H_2O_2 的甲醇溶液浸泡 30min，含 3% 胃蛋白酶的柠檬酸溶液作用 30s，再用双蒸水清洗；②预杂交和杂交：将切片置于预杂交液中，40℃温度下预杂交 4h，然后再置于含地高辛标记 RNA 探针的杂交液中，42℃ 杂交过夜；③后处理：将切片充分洗涤，顺次经过封闭液 37℃ 30 min，生物素化鼠抗地高辛抗体 37℃ 60 min，SABC-AP 37℃ 30 min；④显色：BLIP/NBT 显色 20 min，阴性对照原位杂交，用 PBS 代替杂交液。

1.6　核团定位

核团定位参照文献[5]进行。

2　结果与分析

2.1　下丘脑内 NPY-Y1 mRNA 原位杂交定位

由图 1 可见，初情期前期（图 1A）和初情期（图 1B），苏姜猪下丘脑中均发现 NPY-Y1 mRNA 的阳性杂交信号，而杂交对照（图 1C）未出现阳性杂交信号。根据细胞的形态特征发现，下丘脑的阳性杂交信号，主要集中在丘脑室旁核、下丘脑、弓状核、室旁核和室周核等处。弓状核细胞以圆形、卵圆形和梭形为主，腹内侧核主要由数量较少、中等大小的卵圆形细胞组成。另外，杂交信号初情期前较初情期强。

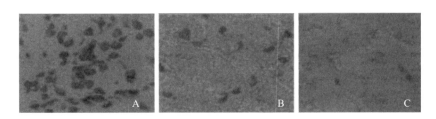

图 1　苏姜猪下丘脑内 NPY-Y1 mRNA 原位杂交
A：60 日龄原位杂交；B：初情期原位杂交；C：原位杂交对照

2.2　垂体内 NPY-Y1 mRNA 原位杂交定位

由图 2 可见，初情期前后，苏姜猪垂体中均发现 NPY-Y1 mRNA 的阳性杂交信号，而杂交对照未出现阳性杂交信号。NPY-Y1 mRNA 在垂体中分布广泛且密集，初情期前杂交信号相对初情期强。

2.3　卵巢内 NPY-Y1 mRNA 原位杂交定位

由图 3 可见，初情期前后，苏姜猪卵巢的各级卵泡颗粒细胞和内膜细胞中均发现了

NPY-Y1 mRNA 阳性杂交信号，间质中也有少量的杂交信号，而杂交对照未出现阳性杂交信号。并且初情期前的杂交信号相对较强些。此外，大卵泡的阳性率明显低于小卵泡。

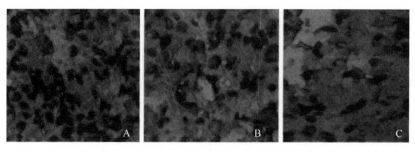

图 2 苏姜猪垂体内 NPY-Y1 mRNA 原位杂交

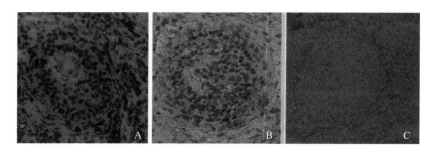

图 3 苏姜猪卵巢内 NPY-Y1 mRNA 原位杂交

3 结论与讨论

目前，关于 NPY-Y1 的定位研究，主要集中在下丘脑的表达定位[6~8]，而关于垂体和卵巢的定位研究报道很少。NPY-Y1 广泛分布于中枢和外周神经组织的神经元中[8]，如脑部的纹状体、下丘脑、海马、延髓、间脑、前皮质层、脊髓、颈上神经节、星状神经节和腹腔神经节等交感神经节细胞。此外，NPY-Y1 也存在于组织、器官及腺体中，如骨骼肌、血管、心、肝脏、脾脏、肺、肾上腺和甲状腺中，而胰腺和肾脏中极少。1996 年，Erickson 等[9]研究发现，NPY-Y1 也可由非神经元细胞合成并释放。例如，大鼠和某些品系小鼠的原始巨核细胞和血小板便可合成和释放 NPY-Y1。随着动物年龄的增长，体内 NPY-Y1 逐渐衰退，其生物功能的调节能力也随之降低。

笔者运用原位杂交手段，对苏姜猪初情期前后，NPY-Y1 mRNA 在下丘脑-垂体-卵巢轴中的表达定位进行了研究。试验结果发现，初情期前后，苏姜猪下丘脑、垂体和卵巢中均检测到了 NPY-Y1 mRNA 阳性杂交信号。这表明苏姜猪在这 3 种组织中均有 NPY-Y1 mRNA 表达。NPY-Y1 mRNA 在初情期前下丘脑内的阳性杂交信号较强，初情期时较弱。但 NPY-Y1 mRNA 在垂体和卵巢内的表达量，在初情期前后都较弱。这表明，NPY-Y1 对下丘脑-垂体-卵巢轴和雌性生殖均具有关键的调控作用。

参考文献

[1] 袁运生，章孝荣. 瘦素对动物初情期启动的调控 [J]. 中国畜牧兽医，2002，4 (2)：36-39.

[2] Tatemoto K. Neuropeptide Y：complete amino acid sequence of the brain peptide [J]. Proc Natl Acad Sci USA，1982，79 (18)：5485-5489.

[3] Genazzani A R，Bernardi F，Monteleone P，et al. Neuropeptides，neurotransmitters，neurosteroids，and the onset of puberty [J]. Ann N Y Aced Sci，2000，900 (1)：1-9.

[4] Pellieux C，Sauthier T，Domenigfieti A，et al. Nenropeptide Y (NPY) potentiates phenylephrine-induced mitogen-activated pnuein kinase activation in primary cardiomyacytes via NPY Y5 receptor [J]. Proc Natl Acad Sci USA，2000，97 (4)：1595-1600.

[5] 王刚牛. 奶山羊下丘脑核团的形态学及细胞构筑学研究 [D]. 杨凌：西北农业大学，1988.

[6] Dumont Y，Fournier A，St-Pierre S，et al. Comparative characterization and autoradiographic distribution of neuropeptide Y receptor subtypes in the rat brain [J]. Journal of Neuroscience，1993，13：73-86.

[7] Chronwall B M，Dimaggio D A，Massari V J，et al. The anatomy of neuropeptide-Y-containing neurons in rat brain [J]. Neuroscience，1985，15 (4)：1159-1181.

[8] Hatakeyama S，Kawai Y，Ueyama T，et al. Nitric oxide synthase-containing magnocellular neurons of the rat hypothalamus synthesize oxytocin and vasopressin and express Fos following stress stimuli [J]. Journal of Chemical Neuroenatomy，1996，11 (4)：243-256.

[9] Erickson J C，Clegg K E，Palmiter R D，et al. Sensitivity to leptin and susceptibility to seizures of mice lacking neuropeptide Y [J]. Nature，1996，381 (6581)：415-418.

猪发育期 NPY-Y1 和 GPR54 受体基因的表达规律研究

周春宝[1,2]，倪黎纲[1,2]，丁家桐[3]，韩大勇[1,2]，朱道仙[1,2]
（1. 江苏畜牧兽医职业技术学院；2. 江苏姜曲海种猪场；
3. 扬州大学动物科学与技术学院）

哺乳动物初情期启动主要是 GnRH 脉冲式释放的调控，在初情期前 GnRH 神经元脉冲发生器（GnRH pulse generator）已具备分泌 GnRH 的能力，但由于受到上游神经元分泌的抑制性神经递质的作用，不能有效地脉冲释放 GnRH[1~2]；初情期由非类固醇介导的中枢机制调控 GnRH 的释放，从而引起动物初情期启动，其中调控因素包括神经肽、神经递质、神经类固醇[3]。然而，调控因素之间的相互关系及其对动物初情期启动的具体作用机理，还有待于进一步研究。

哺乳动物的下丘脑、垂体和卵巢分泌的激素在功能上相互作用，构成一个完整的神经内分泌生殖调节体系，即下丘脑-垂体-卵巢轴，其在生殖活动中起着主要的调节作用[4]。笔者研究了动物发育期神经肽 NPY 受体 *NPY-Y1* 基因和 G 蛋白偶联受体 *GPR*54 基因在下丘脑-垂体-卵巢轴的变化规律，并探讨这 2 个基因之间的相互关系与其在动物初情期启动过程中的作用机理。

1　材料与方法

1.1　实验动物

初生、60 日龄、120 日龄、初情期、180 日龄的苏姜猪（暂定名）母猪各 3 头，由江苏姜曲海种猪场（江苏泰州）提供。试验母猪为同期扩繁纯种苏姜猪母猪。

1.2　质粒和菌株

pGEM-T easy 载体购自北京博大泰克生物工程有限公司，DH5α 大肠杆菌由江苏畜牧兽医职业技术学院实验室保存。

1.3　主要试剂

限制性内切酶 *Eco*R I、高保真聚合酶 DNA Polymera、和反转录试剂盒，均购自大连宝生物（TaKaRa）生物工程有限公司；DEPC 购自 SIGMA 公司；DNA Marker 购自上海申能博彩生物工程公司；Trizol Regrant 和氨苄青霉素（Ampicillin）购自上海生工生物工程有限公司；PCR 试剂购自北京博大泰克生物工程有限公司；其他试剂均为国产分析纯。

1.4　引物设计

试验用于荧光定量分析的内参基因 *β-actin* 引物，根据 GeneBank 中登录的 cDNA 序列（DQ845171）设计，根据 GeneBank 中登录的猪 *NPY-Y1* 基因的 cDNA 序列（AF106081）和猪 *GPR54* 基因的 cDNA 序列（DQ459346），采用 Primer 5.0，Oligo 6.0 等引物设计软件各设计 1 对引物，所用的引物序列如表 1。

表 1　引物序列

基因	GeneBank 登录号	片段大小（bp）	引物序列
猪 *NPY-Y1*	AF106081	158	F：5'-ACCATAACCTCTTGTTCCTGCTC-3'
			R：5'-CACCTCATAGTCATCGTCCCG-3'
猪 *GPR54*	DQ459346	137	F：5'-TGTCATCTTCGTCATCTGTCGC-3'
			R：5'-AGGCTGGTAGGGGGTAGAGTAG-3'
β-actin	DQ845171	302	F：5'-ATGGACTCTGGGGATGGGGT-3'
			R：5'-TCGTTGCCGATGGTGATGAC-3'

1.5　RNA 提取与检测

苏姜猪 5 个不同日龄段试验母猪颈动脉放血致死后，迅速取出下丘脑、垂体、卵巢组织放入液氮中保存，并进行组织总 RNA 的提取，总 RNA 的提取按照 Trizol Regrant 说明书进行操作。

1.6　实时荧光定量标准品的克隆

参照反转录试剂盒说明书进行反转录，合成 cDNA 第 1 链。然后，以 cDNA 第 1 链为模板，利用 PCR 技术扩增内参 *β-actin*、猪 *NPY-Y1*、*GPR54* 目的基因。将 PCR 产物进行常规的琼脂糖凝胶电泳分析后，使用胶回收试剂盒回收目的片段，与 pGEM-T easy 载体连接后，转化入 DH5α 感受态细胞，然后使用限制性内切酶 *Eco*R I 单酶切进行鉴定，将经鉴定的阳性菌送百泰克生物有限公司进行测序分析。

1.7　荧光定量标准曲线的绘制

β-actin、猪 *NPY-Y1*、*CPR54* 目的基因的标准质粒进行 10、10^2、10^3、10^4、10^5、10^6 倍稀释作为制备标准曲线的模板。依次加入 1.5 μL cDNA 模板、9.0 μL SYBR Green I，0.5 μL 上游引物（10 mmol/L），0.5 μL 下游引物（10 mmol/L），加无酶水至总体积 20 μL，建立荧光定量 PCR 反应体系。

1.8　样品中 *β-actin*、猪 *NPY-Y1* 与 *GPR54* 基因的检测

将 *β-actin*、猪 *NPY-Y1*、*CPR54* 目的基因的标准质粒进行 10、10^2、10^3、10^4、10^5、

10^6倍稀释作为模板，样品用试验组和对照组的组织 RNA 的反转录产物作为模板，分别检测样品中 β-actin、猪 NPY-Y1 和 GPR54 目的基因的相对拷贝数。然后，分别计算出 NPY-Y1/β-actin、CPR54/β-actin mRNA 的比值。

1.9 数据处理与分析

试验数据均以"平均值±标准差"表示。利用 SPSS 13.0 软件对试验数据进行统计学分析。

2 结果与分析

2.1 总 RNA 的提取

将提取的猪下丘脑、垂体、卵巢组织总 RNA 进行电泳检测。从图 1 可以看出，28S RNA、18S RNA 条带清晰，浓度比约为 2：1，并且使用分光光度计检测 RNA 的纯度和含量，A_{260}/A_{280} 为 1.8～2.0，说明提取的组织总 RNA 的完整性良好，可以用于后续试验。

2.2 基因扩增与克隆测序

设计的内参 β-actin、猪 NPY-Y1 和 CPR54 目的基因引物在猪下丘脑组织中得到了较好的扩增（图 2），测序结果表明猪 NPY-Y1 目的基因扩增片段为 158bp，与引物设计源序列（GeneBank，AF106081）同源性为 100%；猪 GPR54 目的基因扩增片段为 137bp，与引物设计源序列（GeneBank，DQ459346）同源性为 100%；内参 β-actin 基因扩增片段为 302bp，与引物设计源序列（GeneBank，DQ845171）的同源性为 100%。

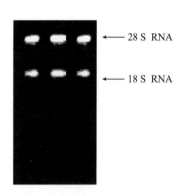

图 1 总 RNA 的琼脂糖凝胶电泳图谱

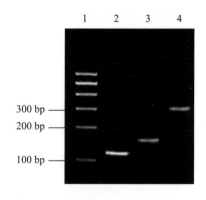

图 2 RT-PCR 扩增猪 NPY-Y1、GPR54、β-actin 基因的电泳图谱

M：DNA Marker；1：NPY-Y1 的 RT-PCR 产物；2：GPR54 的 RT-PCR 产物；3：β-actin 的 RT-PCR 产物

2.3 下丘脑、垂体与卵巢内 NPY-Y1 mRNA 表达的实时荧光定量检测

由表 2 可知，下丘脑、垂体与卵巢内 NPY-Y1 mRNA 发育性变化模式基本相同，从

初生到初情期表达量逐渐下降，在初情期达到最低，初情期后呈上升的趋势。下丘脑内各个时期 NPY-Y1 mRNA 表达量均存在显著差异（$P<0.05$）；垂体内 NPY-Y1 mRNA 表达量 120 日龄与 180 日龄差异不显著（$P>0.05$），其他时期 NPY-Y1 mRNA 表达量均显著差异（$P<0.05$）；初情期与 180 日龄卵巢内 NPY-Y1 mRNA 表达量差异不显著（$P>0.05$），其他时期 NPY-Y1 mRNA 表达量均显著差异（$P<0.05$）。

表 2　苏姜猪下丘脑、垂体与卵巢内 NPY-Y1 mRNA 表达的实时荧光定量检测

时　期	下丘脑	垂　体	卵　巢
初生	3.27 ± 0.02^a	1.82 ± 0.01^a	2.76 ± 0.02^a
60 日龄	2.13 ± 0.01^b	1.52 ± 0.02^b	1.32 ± 0.01^b
120 日龄	1.42 ± 0.00^c	1.25 ± 0.01^c	0.94 ± 0.01^c
初情期	1.14 ± 0.02^d	1.12 ± 0.01^d	0.67 ± 0.00^d
180 日龄	1.56 ± 0.01^e	1.27 ± 0.01^c	0.73 ± 0.03^d

注：同列不同小写字母分别表示不同组织间差异显著（$P<0.05$）。

2.4　下丘脑、垂体与卵巢内 GPR54 mRNA 表达的实时荧光定量检测

由表 3 可知，下丘脑、垂体与卵巢内 CPR54 mRNA 发育性变化模式基本相同，从初生到初情期表达量逐渐上升，在初情期达到最高，初情期后呈下降的趋势。下丘脑内初情期与初生、180 日龄的 CPR54 mRNA 表达量均存在显著差异（$P<0.05$）；垂体内初情期与初生、60 日龄、180 日龄的 GPR54 mRNA 表达量均存在显著差异（$P<0.05$）；卵巢内初情期与初生、60 日龄、120 日龄、180 日龄的 GPR54 mRNA 表达量均存在显著差异（$P<0.05$）。

表 3　苏姜猪下丘脑、垂体与卵巢内 GPR54 mRNA 表达的实时荧光定量检测

时　期	下丘脑	垂　体	卵　巢
初生	0.26 ± 0.03^a	0.67 ± 0.05^{abd}	0.44 ± 0.07^a
60 日龄	0.51 ± 0.07^{abc}	0.70 ± 0.02^b	0.72 ± 0.07^{bce}
120 日龄	0.62 ± 0.02^{bc}	0.72 ± 0.05^{cbd}	0.83 ± 0.07^{ce}
初情期	0.66 ± 0.02^b	0.83 ± 0.04^c	1.38 ± 0.07^d
180 日龄	0.51 ± 0.04^c	0.40 ± 0.06^d	0.62 ± 0.07^e

注：同列不同小写字母表示不同组织间差异显著（$P<0.05$）。

3　讨论

目前，实时荧光定量 PCR 已经广泛用于检测基因的表达水平，通过实时荧光定量 PCR 可以可靠、高灵敏度地对 mRNA 的表达进行绝对定量[5~6]。笔者用 SYBR Green Ⅰ 为荧光染料对苏姜猪初情期前后下丘脑-垂体-卵巢轴中的 NPY-Y1 和 CPR54 mRNA 表达进行定量分析，并探讨它们在动物发育期的表达规律。

3.1 NPY-Y1 的发育性变化

神经肽 Y（Neuropeptide Y，NPY）属胰多肽家族，广泛分布于中枢及外周神经组织的神经元中[7~8]。目前研究表明 NPY 具有血管收缩、摄食、激素分泌以及情绪等多种生理功能的调节[9~10]，并且 NPY 的生理作用主要是通过其分布广泛的特异受体介导，已经确定的至少有 6 种（Y1~Y6），均属于 G 蛋白受体家族[11]。NPY-Y1 是 NPY 最主要的受体，了解 NPY-Y1 在下丘脑-垂体-卵巢轴的发育性变化，将有助于推动对 NPY 发育调节生理功能的进一步研究。该研究表明，苏姜猪从初生到初情期、PY-Y1 mRNA 表达量逐渐下降，在初情期达到最低，初情期后呈上升的趋势，说明 NPY-Y1 对初情期的启动起负调控作用，这与前人的研究报道相一致。Nanohashvili 等[12]研究表明 NPY-Y1 在下丘脑的表达水平与 GnRH 呈负相关。Lado-Abeal 等[13]研究表明，初情期前表达 NPY mR-NA 的细胞明显多于初情期，向雄猴脑室内灌注 NPY-Y1 受体拮抗剂可刺激 LH 的分泌。

3.2 GPR54 的发育性变化

目前，国内外关于 GPR54 的发育性变化的研究报道较少。Muhammad 等[14]研究表明，幼年到初情期阶段雌猴弓状核 GPR54 mRNA 表达水平逐渐增加，下丘脑 GPR54 基因的表达量初情期为初生时的 3 倍。Josephine 等[15]研究表明在灰色鱼初情期的早期阶段以 GPR54 的高水平表达为特征，而相对于初情期的晚期而言，此时脑部的 GnRH（除GnRH1 外）和 drd2 表达量较低；在卵巢中 GPR54 和 GnRH1 表达量在初情期晚期显著升高，说明灰色鱼初情期可能受到 GPR54 和 GnRH1 的联合调节作用。该研究结果表明，下丘脑、垂体与卵巢内 GPR54 mRNA 表达量均从初生到初情期表达量逐渐上升，在初情期达到最高，初情期后呈下降趋势。该研究结果与目前已报道的其他物种的研究结果基本相同，同时也进一步证实了 GPR54 与初情期发育密切相关。

3.3 NPY-Y1 与 GPR54 的表达相关性

目前，关于 NPY-Y1 基因与 CPR54 基因表达相关性的研究报道还未见报道，已有研究表明 CPR54 和 GnRH 可能联合调节垂体，刺激释放 LH 和 YSH 作用，而 NPY 对 Gn-RH 释放的影响是复杂的[16]，据报道 NPY 对 GnRH 既有兴奋作用又有抑制作用[12,17]。该研究表明在动物发育早期 NPY-Y1 表达较多，而 GPR54 释放较少，在发情期 GPR54 大量释放，而检测的 NPY-Y1 表达较少。这可能与 NPY 对 GnRH 的释放抑制作用相关。由此可见，NPY-Y1 基因与 GPR54 基因表达存在负相关性。

参考文献

[1] Kuneke G，Parvizi N，Elsaesser F. Effect of naloxone and pulsatile luteinizing-hormone-releasing hormone infusions on oestradiol-induced luteinizing hormone surges in immature gilts [J]. J Reprod Fertil，1993，97：395-401.

[2] Evansa C O，Odoherty J V. Endocrine changes and management factors affecting puberty in gilts [J].

Livestock Production Science，2001，68：1-12.

［3］崔毓桂，徐智策，王兴海 . 神经肽 Y 与发育的启动 ［J］. 国外医学（计划生育分册），2003，22（2）：111-114.

［4］王凌燕，王树迎，侯衍猛，等 . 哺乳动物下丘脑-垂体-卵巢轴的研究进展 ［J］. 动物医学进展，2005，26（7）：8-11.

［5］Bustin S A. Absolute quantification of mRNA using real-time reverse transcription polymerase chain reaction assays ［J］. Mol Endocrinol，2000，25（2）：169-193.

［6］Morrison T，Weisj J，Wittwer C T. Quantification of low-copy transcripts by continuous SYBR Green I monitoring during amplification ［J］. Bio Techniques，1998，24（6）：954-962.

［7］Genazgani A R，Bernardi F，Monteleone P，et al. Neuropeptides，neurotransmitters，neurosteroids，and the onset of puberty ［J］. Ann N Y Acad Sci，2000，900（1）：1-9.

［8］Pellieux C，Sauthier T，Domenighetti A，et al. Nenropeptide Y（NPY）potentiates phenylephrine-induced mitogen-activated protein kinase activation in primary cardiomyocytes via NPY Y5 receptors ［J］. Proc Natl Acad Sci USA，2000，97（4）：1595-1600.

［9］Chronwall B M，Dimaggio D A，Massari V J，et al. The anatomy of neuropeptide-Y-containing neurons in rat brain ［J］. Neuroscience，1985，15（4）：1159-1181.

［10］Colmers W F，Bleakman D. Effects of neuropeptide Y on the electrical properties of neurons ［J］. Trends Neurosci，1994，17（9）：373-379.

［11］Larhammar D. Structural diversity of receptors for neuropeptide Y，peptide YY and. pancreatic polypeptide ［J］. Regulatory Peptides，1996，65（3）：165-174.

［12］Nanobashvili A，Airaksinen M S，Kokaia M，et al. Development and persistence of kindling epilepsy are impaired in mice lacking glial cell line-derived neurotrophic factor family receptor α2 ［J］. Proc Natl Acad Sci USA，2000，97（22）：12312-12317.

［13］Lado-Abeal J，Hickox J R，Cheung T I，et al. Neuroendocrine consequences of fasting in adult male macaques：Effects of recombinant rhesus macaque leptin infusion ［J］. Neuroendorinology，2000，71（1）：197-208.

［14］Muhammad S，Claudio M，Stephanie B，et al. Increased hypothalamic GPR54 signaling：A potential mechanism for initiation of puberty in primates ［J］. Proc Natl Acad Sci USA，2005，102（6）：2129-2134.

［15］Nocillado J N，Levavisivan B，Carrick F，et al. Temporal expression of G-protein-coupled receptor 54（GPR54），gonadotropin-releasing hormones（GnRH），and dopamine receptor D2（drd2）in pubertal female grey mullet，*Mugil cephalus* ［J］. Genral and Comparative Endocrinology，2007，150：278-287.

［16］Parhar I S，Ogawa S，Sakuma Y. Laser captured single digoxigenin-labeled neurons of gonadotropin-releasing hormone types reveal a novel G protein-coupled receptor（Gpr54）during maturation in cichlid fish ［J］. Endocrinol，2004，145（8）：3613-3618.

［17］Harold G S，Pau K Y，Yang S P. Coital and estrogen signals：a contract in the preovulatory neuroendocrine networks of rabbits and Rhesus Monkeys ［J］. Bio Repro，1997，56：310-321.

第4部分

苏姜猪的营养研究

中草药饲料添加剂及不同饲粮类型
对生长肥育猪肉脂品质的影响

袁书林[1]，经荣斌[1]，杨元青[2]，张金存[2]，宋成义[1]，陈华才[2]

(1. 扬州大学畜牧兽医学院；2. 国营姜堰市种猪场)

随着我国人民生活水平迅速提高，人民保健意识日趋加强，安全优质猪肉的大量生产因而显得尤为迫切。特别是绿色技术壁垒已成为我国加入 WTO 后畜产品进入国际市场的主要障碍，开发能替代抗生素和化学合成药物的绿色饲料添加剂，生产绿色动物食品，已成为国内外的研究开发热点。同时，长期以来我国人民都是利用植物性饲料养猪，近代以来才逐步将动物性饲料如鱼粉等添加于猪饲粮中，在提高猪生长速度的同时也加大了饲养成本，还可能影响到肉脂品质。经验告诉我们，农村中应用植物性饲料特别是大量青绿饲料生产的猪肉，比集约化猪场中应用含动物性饲料的配合饲料生产的猪肉具有更为鲜美的风味。进一步研究饲粮类型与肉质之间的内在联系，对于改善猪肉品质，无疑具有很大的实践意义。

根据猪的生理特点，本试验设计了纯中草药制剂、中草药维生素 E/硒合剂两种饲料添加剂，按一定比例作为添加剂加入全植物性饲粮、含鱼粉饲粮两种类型饲粮，进行生长育肥猪的饲养试验，肉脂品质测定以及肌肉营养成分、肌肉脂肪酸相对含量分析，以研究添加中草药添加剂对生长肥育猪肉脂品质的影响。

1 材料与方法

1.1 供试动物与分组

选取胎次、日龄、体重相近的长白×"苏黑"（姜曲海猪瘦肉型新品系零世代猪）生长肥育猪（来源于姜堰市种猪场）60 头，分为 6 组，每组 10 头，公母各半，按表 1 不同处理水平进行饲养试验。预试期 5d，预试期结束后进入正试期，饲喂方法采用群饲、定量饲喂，日喂 2 次，自由饮水。其他管理按常规方法进行。试验猪 80 日龄左右，体重27kg 左右，试验全期 103d，肥育猪结束体重为 100kg 左右，试验猪全部屠宰，并对背最长肌、背部脂肪进行采样，测定分析其肉脂品质。

表 1 试验猪分组

饲粮类型	处理		
	纯中草药制剂	中草药维生素 E/硒合剂	抗生素
全植物性饲粮	1	3	5

（续）

饲粮类型	处 理		
	纯中草药制剂	中草药维生素 E/硒合剂	抗生素
含鱼粉饲粮	2	4	6

注：纯中草药制剂由黄芪、陈皮、丁香等十余味中草药组成，中草药维生素 E/硒合剂则由纯中草药制剂加维生素 E 和硒组成，饲粮中添加 1% 中草药维生素 E/硒合剂后饲粮维生素 E/硒水平分别为 100mg/kg 和 0.6mg/kg。

1.2 饲粮组成及营养水平

饲粮组成及营养水平见表 2、表 3，各组营养水平一致。

表 2 饲粮组成（%）

组别原料	1		2		3		4		5		6	
	前期	后期	前期	后期	前期	后期	前期	后期	前期	后期	前期	后期
玉米	64	48	64	48	64	48	64	48	64	48	64	48
豆柏	19	12	10	6	19	12	10	6	19	12	10	6
大麦	6.7	18	10.5	18	6.7	18	10.5	18	6.7	18	10.5	18
麦麸	7	9	7	9.6	7	9	7	9.6	8	10	8	10.6
米糠	0	10	0	12	0	10	0	12	0	10	0	12
石粉	1	0.7	0.9	0.5	1	0.7	0.9	0.5	1	0.7	0.9	0.5
磷酸氢钙	1	1	0.4	0.7	1	1	0.4	0.7	1	1	0.4	0.7
食盐	0.3	0.3	0.2	0.2	0.3	0.3	0.2	0.2	0.3	0.3	0.2	0.2
鱼粉	0	0	6	4	0	0	6	4	0	0	6	4
中草药	1	1	1	1	1	1	1	1	0	0	0	0

注：5、6 两组添加 0.1% 的饲料级土霉素或金霉素（土霉素和金霉素轮换使用）。

表 3 饲粮营养水平

阶段	消化能（MJ/kg）	粗蛋白质（%）	钙（%）	磷（%）	赖氨酸（%）	蛋氨酸＋半胱氨酸（%）
前期	13.18	16.0	0.65	0.55	0.76	0.51
后期	12.76	14.5	0.60	0.50	0.70	0.50

2 试验结果与分析

2.1 肌肉食用品质的比较分析

2.1.1 不同添加剂对肌肉食用品质的影响 纯中草药制剂（A 组）、中草药维生素 E/硒合剂（B 组）、抗生素（C 组）三种添加剂对肌肉食用品质影响的测定结果见表 4。

从表 4 可以看出，pH_1 以 B 组最高，与 A、C 组分别达极显著水平（$P < 0.01$），pH_{24} 各组间无显著差异，肉色评分及肉色 OD 值各组间差异不显著，肉色评分和 OD 值均是 A＞B＞C，添加中草药肉色有上升的趋势。失水率、滴水损失 B＜A＜C，各组间均两两达到极显著水平（$P < 0.01$）。嫩度剪切力以 C 组最大，与 A、B 相比分别达极显著水平

（$P<0.01$）。大理石纹 A、B 两组较为丰富且均匀，与 C 组相比差异极显著（$P<0.01$）。

表 4　不同添加剂对肉质的影响（$n=20$）

组别	pH$_1$	pH$_{24}$	肉色评分	肉色 OD 值	失水率（%）	滴水损失（%）	嫩度剪切力（N）	大理石纹评分
A	6.38±0.59^c	5.65±0.10	3.5±0.4	0.579±0.143	26.77±2.41^c	3.22±0.22^c	20.09±2.55^c	3.6±0.3^a
B	6.44±0.74^a	5.68±0.15	3.4±0.4	0.574±0.098	24.21±1.51^e	2.89±0.23^e	19.50±2.06^a	3.8±0.3^a
C	6.34±0.79^c	5.64±0.13	3.3±0.4	0.568±0.093	31.72±1.56^a	3.67±0.25^a	22.44±1.47^a	3.2±0.3^c

注：①同列肩标中有相同字母者差异不显著（$P>0.05$），相邻者差异显著（$P<0.05$），相间者差异极显著（$P<0.01$）。②第 1、2、3、4、5、6 组分别指纯中草药制剂、全植物性饲粮组，纯中草药制剂、含鱼粉饲粮组，中草药维生素 E/硒合剂、全植物性饲粮组，中草药维生素 E/硒合剂、含鱼粉饲粮组，抗生素、全植物性饲粮组，抗生素、含鱼粉饲粮组；每组 10 头猪。

由此可知，应用纯中草药制剂和中草药维生素 E/硒合剂，均能降低失水率和滴水损失，改善嫩度（降低剪切力），且具有较为丰富的大理石纹，其中中草药维生素 E/硒合剂效果最为理想，中草药维生素 E/硒合剂组还具有较高的 pH，纯中草药制剂和中草药维生素 E/硒合剂对 pH$_{24}$ 和肉色无明显影响。

2.1.2　不同饲粮类型对肌肉食用品质的影响　由表 5 可以看出，采用全植物性饲粮（Ⅰ）和含鱼粉饲粮（Ⅱ）两种类型饲粮，两组间 pH$_1$、肉色评分、失水率、滴水损失、嫩度、大理石纹均无显著差异；含鱼粉饲粮组的 pH$_{24}$、肉色 OD 值要大于全植物性饲粮组，但在统计学上无显著差异（$P>0.05$）。

表 5　不同饲粮类型对肉质的影响（$n=30$）

组别	pH$_1$	pH$_{24}$	肉色评分	肉色 OD 值	失水率（%）	滴水损失（%）	嫩度剪切力（N）	大理石纹评分
Ⅰ	6.39±0.78	5.57±0.10	3.3±0.4	0.510±0.073	26.97±0.31	3.21±0.40	21.27±3.92	3.5±0.4
Ⅱ	6.38±0.79	5.74±0.10	3.5±0.10	0.637±0.109	27.75±3.74	3.30±0.40	20.00±2.16	3.5±0.4

2.2　背部脂肪品质的比较分析

2.2.1　不同添加剂对背部脂肪品质的影响　纯中草药制剂（A 组）、中草药维生素 E/硒合剂（B 组）、抗生素（C 组）三种添加剂对背部脂肪品质的影响见表 6。

表 6　不同添加剂对背部脂肪品质的影响（$n=20$）

组别	酸价	碘价	皂化价	氧化值	过氧化值
A	5.20±0.18^c	60.63±3.37	182.39±13.51	12.84±2.39^c	0.0531±0.0093^c
B	4.84±0.35^e	61.13±4.17	181.94±12.74	9.94±1.23^e	0.0482±0.0037^d
C	5.90±0.36^a	60.63±3.73	182.62±6.21	14.69±1.93^a	0.0588±0.0053^a

注：同列肩标中有相同字母者差异不显著（$P>0.05$），相邻者差异显著（$P<0.05$），相间者差异极显著（$P<0.01$）。

由表 6 可以看出，酸价和氧化值在三种添加剂间两两达极显著水平（$P<0.01$），在数值上为 C＞A＞B。过氧化值 C 组极显著高于 A、B 两组（$P<0.01$），A 组显著高于 B 组（$P<0.05$）。说明应用纯中草药制剂和中草药维生素 E/硒合剂，能增强背部脂肪的抗氧化功能，降低其氧化损失程度，特别是饲喂中草药维生素 E/硒合剂后，猪背部脂肪酸价、氧化值和过氧化值大幅度下降，抗氧化功能得到较大程度的改善。三组间碘价、皂化价无显著差异。说明不同饲料添加剂不改变脂肪的不饱和程度和平均分子量。

2.2.2 不同饲粮类型对背部脂肪品质的影响　全植物性饲粮（Ⅰ）、含鱼粉饲粮（Ⅱ）两种饲粮类型对背部脂肪品质的影响见表 7。

表 7　不同饲粮类型对背部脂肪品质的影响（$n=30$）

饲粮类型	酸价	碘价	皂化价	氧化值	过氧化值
Ⅰ	5.31±0.59	59.86±3.62[b]	182.5±8.3	13.39±2.45	0.053±0.0093
Ⅱ	5.30±0.50	61.72±3.63[a]	182.1±13.5	12.61±2.99	0.053±0.0060

由表 7 可以看出，不同饲粮类型间除碘价差异显著（$P<0.05$）外，其余各项指标均无显著差异（$P>0.05$），说明饲喂含鱼粉饲粮使背部脂肪碘价上升，其不饱和程度增加，脂肪变软，品质下降。

2.3　肌肉养分含量的比较分析

2.3.1 不同添加剂对肌肉养分含量的影响　纯中草药制剂（A 组）、中草药维生素 E/硒合剂（B 组）、抗生素（C 组）三种添加剂对肌肉养分含量影响的测定结果见表 8。

表 8　不同添加剂对肌肉营养成分的影响（$n=20$）

组别	水分（%）	粗蛋白质（%）	粗脂肪（%）	粗灰分（%）	钙（%）	磷（%）
A	70.81±1.54[c]	22.24±1.18	4.86±0.34[b]	1.27±0.21	0.045±0.018	0.304±0.023
B	70.93±0.73[c]	23.31±0.55	5.10±0.26[a]	1.37±0.22	0.050±0.016	0.290±0.017
C	72.47±0.82[a]	22.09±0.81	4.07±0.12[d]	1.23±0.19	0.041±0.015	0.294±0.032

注：同列肩标中有相同字母者差异不显著（$P>0.05$），相邻者差异显著（$P<0.05$），相间者差异极显著（$P<0.01$）。

由表 8 可以看出，除水分 C 组极显著高于 A、B 两组（$P<0.01$），粗脂肪 B 组显著高于 A 组（$P<0.05$），极显著高于 C 组（$P<0.01$）外，其余各项指标均无显著差异。说明纯中草药制剂及中草药维生素 E/硒合剂能降低肌肉水分含量、增加肌肉脂肪含量，对其他营养成分没有显著影响，其中中草药维生素 E/硒合剂增加肌肉脂肪含量的效果优于纯中草药制剂（$P<0.05$）。

2.3.2 不同饲粮类型对肌肉养分含量的影响　由表 9 可以看出，两种饲粮类型试验猪肌肉水分、粗蛋白质、粗脂肪、粗灰分、钙、磷各项营养指标均无显著差异（$P>0.05$），说明饲粮类型不改变肌肉营养成分含量。

表 9　不同饲粮类型对肌肉营养成分的影响（$n=30$）

组别	水分（%）	粗蛋白质（%）	粗脂肪（%）	粗灰分（%）	钙（%）	磷（%）
Ⅰ	71.35±1.16	21.17±0.83	4.72±0.53	1.33±0.21	0.044±0.017	0.301±0.027
Ⅱ	71.46±1.47	22.26±0.93	4.63±0.50	1.25±0.22	0.046±0.018	0.291±0.023

2.4　肌肉脂肪酸组成的比较分析

2.4.1　不同添加剂对肌肉脂肪酸组成的影响

三种添加剂对肌肉脂肪酸组成的影响见表 10。

表 10　不同添加剂对肌肉脂肪酸相对含量的影响（%，$n=20$）

组别	月桂酸（12：0）	肉豆蔻酸（14：0）	棕榈酸（16：0）	棕榈油酸（16：1）	硬脂酸（18：0）	油酸（18：1）	亚油酸（18：2）	亚麻酸（18：3）	花生酸（20：0）	饱和脂肪酸（20：0）	不饱和脂肪酸	必需脂肪酸（EFA）
A	0.071±0.035	1.31±0.11[b]	26.33±1.28	3.85±1.18	12.08±1.71[a]	49.30±3.06	6.17±2.35	0.128±0.080	0.688±0.091[a]	39.96±2.82	59.45±2.75	6.30±2.40[a]
B	0.064±0.023	1.36±0.12[ab]	26.22±0.77	3.70±0.74	11.54±0.97[ab]	49.38±0.84	6.31±1.11	0.229±0.023	0.978±0.463[b]	40.17±1.37	59.62±1.09	6.54±1.13[a]
C	0.069±0.019	1.53±0.34[a]	26.87±0.95	3.97±0.47	10.96±1.35[b]	49.49±1.82	5.79±2.01	0.173±0.083	1.199±0.678[b]	39.62±2.20	59.41±1.85	5.96±1.99[b]

注：同列肩标中有相同字母者差异不显著（$P>0.05$），相邻者差异显著（$P<0.05$）。

从表 10 可以看出，肉豆蔻酸（14：0）A 组显著低于 C 组（$P<0.05$），硬脂酸（18：0）A 组显著高于 C 组（$P<0.05$），花生酸（20：0）A 组显著低于 B、C 组，说明不同添加剂的使用，改变了猪肌肉饱和脂肪酸的相对含量；必需脂肪酸（EFA）A、B 两组显著高于 C 组，说明纯中草药制剂和中草药维生素 E/硒合剂的使用，提高了猪肌肉中 EFA 的含量，使其具有较高的营养价值。

2.4.2　不同饲粮类型对肌肉脂肪酸组成的影响

全植物性饲粮（Ⅰ）、含鱼粉饲粮（Ⅱ）两种饲粮类型对肌肉脂肪酸组成的影响见表 11。

表 11　不同饲粮类型对肌肉脂肪酸相对含量的影响（$n=30$）

组别	月桂酸（12：0）	肉豆蔻酸（14：0）	棕榈酸（16：0）	棕榈油酸（16：1）	硬脂酸（18：0）	油酸（18：1）	亚油酸（18：2）	亚麻酸（18：3）	花生酸（20：0）	饱和脂肪酸（20：0）	不饱和脂肪酸	必需脂肪酸（EFA）
Ⅰ	0.704±0.298	1.359±0.163	26.41±1.11	3.60±0.82	11.99±1.20	48.69±1.92	6.58±1.98	0.210±0.186	1.054±0.689	40.52±2.05[a]	59.07±1.79	6.79±1.99[a]
Ⅱ	0.663±0.227	1.444±0.283	25.88±0.83	4.09±0.77	11.06±1.47	50.09±1.94	5.60±1.60	0.143±0.093	1.036±0.549	39.31±2.11[b]	59.92±2.06	5.74±1.60[b]

注：同列肩标中有相同字母者表示差异不显著（$P>0.05$），相邻者差异显著（$P<0.05$）。

从表 11 可以看出，全植物性饲粮（Ⅰ）饱和脂肪酸和 EFA 含量均显著高于含鱼粉饲粮（Ⅱ）（$P<0.05$），说明其脂肪硬、质量好、风味佳（因猪肉质的风味与饱和脂肪酸水平呈正相关），且具有较高营养价值。

3 讨论

从本次试验结果来看，在生长肥育猪饲粮中添加纯中草药制剂和中草药维生素 E/硒合剂，均能显著降低猪背最长肌的失水率和滴水损失，改善其嫩度，且具有较为丰富的大理石纹，表明肌肉食用品质得到较大程度的改善。张先勤等[1]（2002）也有应用中草药饲料添加剂改善肉质的报道，但没有发现对嫩度的改善作用。中草药维生素 E/硒合剂由于含有大量的维生素 E 和硒，其改善肉质的作用显著强于纯中草药制剂，维生素 E 和硒对肉质的改善作用与 Monahan[2~4]、Jensen 等[5]的报道结果一致。肌肉营养价值主要与其蛋白质、脂肪含量有关，肌内脂肪含量与肌肉的多汁性、嫩度和风味等有关[6~11]。在一定范围内，肌内脂肪越多，则肉的多汁性越好，Wood[12]认为肌内脂肪超过 3％，则猪肉具有理想的嫩度。本次试验研究表明，应用纯中草药制剂及中草药维生素 E/硒合剂均能降低肌肉的水分含量，增加肌内脂肪含量，并可能由此导致风味、嫩度、多汁性等一系列性状发生改变，从而改善了肉的食用品质。

猪脂肪既能烹调食用，又是制皂等多种轻工业生产的重要原料，但脂肪有容易水解、氧化酸败、不易贮藏的缺点，因此改善其储存稳定性显得至关重要。从试验结果来看，应用纯中草药制剂及中草药维生素 E/硒合剂，均能增强脂肪的抗氧化功能，降低其氧化损失程度，特别是饲喂中草药维生素 E/硒合剂后，脂肪酸价、氧化值和过氧化值大幅度下降，抗氧化功能得到较大的改善。从而保证了猪脂肪的储存质量。

肌肉风味物质涉及千种以上，如游离氨基酸、糖类、肽类、肌苷类、脂肪类等。其中脂肪酸就是一种重要的芳香物质或芳香物质前体。脂肪酸组成近几年来已普遍用作肉质参数。从本次对猪肌肉中脂肪酸的相对含量的测定结果来看，猪肌肉脂肪酸主要以油酸（约占 49％）、棕榈酸（约占 26％）为主，其次是硬脂酸（约占 11％）、亚油酸（约占 6％）和棕榈油酸（约占 4％），其他脂肪酸（月桂酸、肉豆蔻酸、亚麻酸、花生酸）含量较少。猪肌肉中不饱和脂肪酸的含量（约占 60％）大于饱和脂肪酸的含量（约占 40％）。猪肌肉中必需脂肪酸占总脂肪酸的 6％ 左右。本次研究结果表明，纯中草药添加剂组肉豆蔻酸（14：0）、花生酸（20：0）显著低于抗生素组，而硬脂酸（18：0）要高于抗生素组，表明饱和脂肪酸的相对含量由于纯中草药的使用发生了改变，但中草药维生素 E/硒合剂组与抗生素组之间则没有显著差异。

值得重视的是，纯中草药制剂及中草药维生素 E/硒合剂两组的必需脂肪酸（EFA）含量均显著高于抗生素组。EFA 有许多重要的生理功能[13]。因此，应用中草药饲料添加剂提高猪肌肉中 EFA 含量无疑是改善猪肉品质的措施之一。

从本次试验结果来看，采用全植物性饲粮和含鱼粉饲粮两种饲粮类型，生长肥育猪在肌肉 pH_1、pH_{24}、肉色、失水率、滴水损失、嫩度、大理石纹、肌肉水分、粗蛋白质、粗脂肪、粗灰分、钙、磷、背部脂肪酸价、皂化价、氧化值、过氧化值等多项肉质、脂质指标上均无显著差异。但采取植物性饲粮可以显著增加背部脂肪饱和度、改善其品质，并能显著提高肌肉饱和脂肪酸含量（猪肉质的风味与饱和脂肪酸水平呈正相关）和 EFA 含量，并且有降低血液胆固醇含量的趋势。因此，采用全植物性饲粮，除具有较好的经济效益以外（全植物性饲粮比含鱼粉饲粮价格低 15.22%），还有助于改善猪的肉脂品质。

参考文献

[1] 张先勤，葛长荣，田允波，等．中草药添加剂对生长育肥猪胴体特性和肉质的影响 [J]．云南农业大学学报 [J]．2002，17（1）：87-90.

[2] Monahan F J，Buckley D J，Morrissey P A，et al. Effect of dietary α-tocopherol supplementation on α-tocopherol levels in porcine tissues and on susceptibility to lipid peroxidation [J]. Food Sci Nutr，1990，42：203.

[3] Monahan F J，Gray J I，Asghar A，et al. Effect of dietary lipid and vitamin E supplementation on free radical production and lipid oxidation in porcine muscle microsomal fractions [J]. Food Chem，1993，46：1.

[4] Monahan F J，Buckley D J，Igray J，et al. Effect of dietary Vitamin E on the stability of raw and cooked pork [J]. Meat Sci，1990，27：99.

[5] Jensen C，Hskibsted L，Bertelsen G. Oxidative stability of frozen-stored raw pork chops，chill-stored pre-frozen raw pork chops，and frozen-stored pre-cooked sausages in relation to dietary $CuSO_4$，rape-seed oil and vitamin E [J]. Food Research and Technology，1998，207（5）：363.

[6] 孙玉民，罗明．畜禽肉品学 [M]．济南：山东科技出版社，1993.

[7] Ellis M，Mckeith F K. Pig Meat Quality as Affected by Genetics and Production Systems [J]. Outlook on Agriculture，1995，24（1）：17-22.

[8] Tan Y H，et al. Carcass and muscle characteristics of Yorkshire，Meishan，Yorkshire × Meishan，Meishan × Yorkshire，Fengjing × Yorkshire，and Minzhu × Yorkshire pigs [J]. J Anim Sci，1993，71（12）：3344-3349.

[9] 向涛．家畜生理学原理 [M]．北京：农业出版社，1990：445-448.

[10] Kauffman R G，et al. Meat Composition，Interrelationships of Gross Chemical Components of Pork Muscle [J]. J Food Sci，1964，29：70-74.

[11] Berry BW，Smith G C，Cross H R. Constant Time versus Constant Temperature Cooking of Beef Loin Steaks as Influenced by Marbling Characteristics and Intramuscular Fat Content [J]. J Anim Sci，1981，52（5）：1034-1040.

[12] Wood J D，et al. Manipulating meat quality and composition [J]. Proc Nutr Soc，1999，58（2）：363-370.

[13] 袁书林，经荣斌，王宵燕．必需脂肪酸营养研究进展 [J]．养殖与饲料，2002（4）：3-5.

饲料诱食剂对生长期苏姜猪采食量与生长性能的影响

郝志敏，朱靓婧，王景，王晗，陈娅馨

（扬州大学动物科学与技术学院）

采食量是保证动物生产性能充分发挥的关键因素，是影响肉用家畜体增重和饲料利用率的主要因素，也是提高生产效率的重要前提。随着生产性能的提高，特别是生长速度和瘦肉率的提高，猪的主动采食量却没有增加，造成所采食饲料中用于维持需要的比例增加，降低了生产效率。生产实践中，动物采食量的重要性与作用常被过低估计，这将不可避免地对猪的生长和养殖场的效益产生巨大影响。现将采食量的调节机制、影响采食量的因素及调控采食量的因子研究进展等问题阐述如下。

猪采食量的调控主要靠短期控制，即由物理（机械）控制和化学（代谢）控制共同完成的，感觉系统在采食量的调节中起到一定作用。

采食量的大小是诸多因素相互间复杂作用的结果，采食量受诸多因素的影响和调节，例如：环境因素、健康状况、遗传因素、饲喂频率、营养浓度、饲喂方式等。采食量还受到日粮因素和管理因素的双重影响。日粮因素可以分为日粮的营养成分、日粮的配合和饲料原料的添加水平以及颗粒化饲料的颗粒质量；影响采食量的管理因素则可分为饲料和饮水的供应量、饲养密度和疾病防制等。

采食量受下丘脑的综合调控。早期研究发现，损伤下丘脑腹内侧区（VMH）可引起动物摄食增加、能耗减少，从而导致肥胖；而损伤下丘脑外侧区（LHA）可引起摄食减少、体重下降、动物厌食以致死亡，表明下丘脑在调节摄食行为和能量平衡中起主导作用。VMH 可能有"饱中枢"存在，LHA 可能有"饿中枢"存在。下丘脑通过瘦素、神经肽 Y 和增食因子等各种调节因子对采食量进行精细调节。

本试验采用对仔猪有诱食作用的单胺类氨基酸衍生物、胆囊收缩素（CCK）免疫抗体、增强食欲素等物质，辅以增效剂、调味剂等成分，按照不同比例配制成诱食剂，并在仔猪生产中加以验证，以期为提高仔猪采食量的调控方法提供一定的参考依据。

1 材料与方法

1.1 试验材料

单胺类氨基酸衍生物、CCK 免疫抗体、食欲增强素等试验材料由无锡英尔特生物科技有限公司提供，并按不同比例混合配制成诱食剂 A、B、C、D、E。

1.2 试验设计与实验动物

实验动物为江苏省新培育的瘦肉型猪品种苏姜猪。根据胎次、预产期相近、体重相当的原则，选择 60 头体重 45kg 左右的 90 日龄苏姜猪，随机分成 6 组（表 1），每组 10 头。

表 1 试验设计

组别	添加剂成分
对照组	空白
A 组	氨基酸衍生物
B 组	CCK 免疫抗体
C 组	增强食欲素
D 组	5-肌苷酸二钠
E 组	5-鸟苷酸二钠

1.3 试验日粮处理

试验基础日粮为猪场采用的常规玉米-豆粕型日粮，其组成及营养水平见表 2。对照组饲喂不添加任何诱食成分的基础日粮，试验组在基础日粮上分别添加 500mg/kg 的诱食剂。

表 2 试验基础日粮组成及营养水平

日粮组成		营养水平	
原料	含量	指标	含量
玉米（%）	63	消化能（MJ/kg）	13.14
豆粕（%）	16	粗蛋白（%）	16.05
麸皮（%）	6	钙（%）	0.62
米糠（%）	10	有效磷（%）	0.25
预混料（%）	5	赖氨酸（%）	0.66

注：每千克全价预混料含有 120 000 IU 维生素 A，35 000 IU 维生素 D_2，3 000 000 IU 维生素 E，40mg 维生素 K_3，30mg 维生素 B_1，80mg 维生素 B_2，30mg 维生素 B_6，0.6mg 维生素 B_{12}，225mg 泛酸，450mg 烟酸，10mg 叶酸，1.1mg 生物素，5 000mg 氯化胆碱，2 200mg 铜，3 800mg 铁，2 800mg 锌，600mg 锰，10mg 碘，10mg 硒，10mg 钙。

1.4 饲养管理

正式试验前先用试验料预试 7d，使试验猪适应饲养环境与日粮。正式试验为期 17d，试验期间自由采食，自由饮水，专人管理，各组均给予相同的环境条件，并以组为单位，每天 8：30、11：00、14：00、16：30 分四次观察、记录猪群的采食情况、毛色状况、健康状况等。

正式试验开始和结束时，于清晨 8：00 对各组试验猪进行空腹称重，分组统计各组平均日增重。记录整个试验期间每组的饲料消耗，计算平均日采食量和料肉比。

1.5　数据处理

用 Excel 软件整理数据，采用 SPSS 17.0 软件中的单因子方差分析法进行统计分析，并用 LSD 法进行多重比较，显著性差异水平设为 $P<0.05$，极显著性差异水平设为 $P<0.01$。

2　结果与分析

2.1　诱食剂对仔猪生产性能的影响

由表 3 可知，对照组的平均日增重极显著地低于 A 组、B 组（$P<0.01$），达到 18.4%、18.6%，与 C 组差异达到显著水平（$P<0.05$），为 11.8%。对照组的平均日采食量极显著地低于 A 组、B 组与 E 组（$P<0.01$），分别达到 20.9%、17.6%和 11.7%。

表 3　诱食剂对仔猪生产性能的影响

组别	个数	始重（kg）	末重（kg）	日增重（g）	日采食量（kg）	料肉比
对照组	10	44.84±5.06	54.58±5.38	572.95V190.82^{Aa}	1.53±0.35^A	2.67∶1
A 组	9	46.69±5.63	58.22±7.45	678.43±197.56^{Bc}	1.85±0.38^B	2.72∶1
B 组	8	47.70±4.73	59.25±6.37	679.41±191.75^{Bc}	1.80±0.31^B	2.65∶1
C 组	9	47.93±4.66	58.82±6.59	640.52±231.37^{ABb}	1.72±0.32^B	2.69∶1
D 组	10	44.16±3.62	54.72±3.89	621.18±117.88^{ABab}	1.65±0.15^{AB}	2.66∶1
E 组	10	45.60±3.75	56.44±4.87	637.65±172.71^{ABabc}	1.71±0.27^B	2.68∶1

注：表中同列上标小写字母不同者差异显著（$P<0.05$），上标大写字母不同者差异极显著（$P<0.01$）。

2.2　诱食剂对猪群采食情况的影响

由表 4 可知，对照组休息猪所占比例极显著低于 A 组、B 组、C 组、D 组、E 组（$P<0.01$），分别为 74.6、80.8%、59.7%、59.5%和 57.7%，活动猪所占比例极显著地高于 B 组、C 组、E 组（$P<0.01$），达到 58.4%、33.6%和 59.4%，饮水猪所占比例极显著地高于 A 组与 B 组（$P<0.01$），为 62.6%和 72.1%。

表 4　供试仔猪全天采食情况（%）

组别	休息仔猪	采食仔猪	活动仔猪	饮水仔猪
对照组	35.00±11.46^A	17.22±8.24	35.56±14.13^A	2.22±1.95^A
A 组	61.11±17.99^B	17.22±8.61	20.83±11.86^A	0.83±1.77^B
B 组	63.27±11.09^B	21.60±6.48	14.81±7.48^B	0.2±1.23^B
C 组	55.90±8.48^B	19.44±4.89	23.61±11.28^B	1.04±1.56^{AB}
D 组	55.83±14.52^B	23.06±7.68	19.72±10.27^{AB}	1.39±1.82^{AB}
E 组	55.19±15.16^B	23.33±8.29	14.44±5.27^B	2.22±2.92^A

注：①供试仔猪全天采食情况百分比（%）指休息仔猪、采食仔猪、活动仔猪、饮水仔猪占全体仔猪数的百分比。②表中同列上标大写字母不同者差异极显著（$P<0.01$）。

3 讨论与结论

3.1 诱食剂对仔猪生产性能的影响

　　动物的采食量与其生产性能有直接的关系，在仔猪饲料中添加诱食剂可以增加仔猪的采食量，提供更多的营养物质，减轻了各种应激反应，必然间接促进仔猪的生长发育。张晓驯等（2008）试验证明，饲料中添加强效优生肽 3d 后即逐渐表现出较好的诱食效果，采食量较对照组提高了 0.98%（$P<0.05$），日增重比对照组提高了 16.02%（$P<0.05$），料肉比改善了 2.36%，此结果显示断奶仔猪增重速度的提高主要源于强效优生肽增加断奶仔猪的采食量。刘爽等（2008）试验证明，饲料中添加 8% 甘氨酸可在仔猪断奶后两周内直到良好诱食作用，增重也最多，比对照组高出 41.2%（$P<0.05$）。余冰等（2009）结果表明，添加含 CCK 抗体卵黄粉可提高仔猪全期平均日增重（ADG）和平均日采食量（AD-F1），降低料肉比（F/G）。本试验中，试验 A、B、C、D、E 组的平均日采食量与日增重都显著或极显著地高于对照组，分别达到 20.9%、17.6%、12.4%、7.8%、11.7% 和 18.4%、18.6%、11.8%、8.4%、11.3%，试验结果进步验证了氨基酸及其衍生物对仔猪有一定的诱食作用，能有效增加猪的采食量，提高生产性能。

3.2 诱食剂对猪群采食情况的影响

　　猪的摄食受神经体液系统的共同调节，其采食中枢由饱中枢（Ventromedial hypothalamus，VMH）和饿中枢（Lateral hypothalamus，LHA）组成。正常生理情况下，动物在摄食控制上，饿中枢的作用是最基本的，而饱中枢是接受动物体内各种反馈信号的主要部位，许多外在因素（如环境因素、饲粮组成等）和内在因素（如代谢、激素）等通过特定的反馈途径将信号传递到采食中枢，从而调节动物的采食量。诱食肽可以有效增强猪的摄食欲望，并通过调节采食中枢达到提高猪采食量、增强免疫力、静栏肯睡的目的。本试验结果表明，与对照组相比，诱食剂组均可减少仔猪的活动，而使猪保持安静休息的状态。

第5部分

苏姜猪的疾病控制研究

苏姜猪新品种及其亲本对猪肺炎支原体感受性评价

金文，陈章言，贺生中，胡新岗，张伟，倪黎刚，卞桂华，庄勋，周艳

（江苏农牧科技职业学院）

猪肺炎支原体（MH）不仅是猪地方流行性肺炎的主要病原体，还可以引发以慢性无痰干咳、高发病率、低死亡率为特征的猪支原体肺炎。同时，猪肺炎支原体也是猪呼吸道综合征的细菌性原发病原体之一，同病毒性原发病原体（如猪繁殖呼吸道综合征病毒、圆环病毒 2 型、伪狂犬病毒）等致病因子协同作用，导致育肥猪严重的呼吸道疾病，形成"18 周生长障碍"。猪群极易感染猪肺炎支原体，一旦感染很难清除，不仅形成慢性消耗性呼吸道症状，还会减少平均日增重、降低饲料转化率。当发生继发感染时，还会导致猪体温升高、食欲不振、呼吸困难，严重时可形成消耗性体征甚至死亡[1~2]。猪肺炎支原体具有品种特异性，太湖系列地方品种猪，如姜曲海猪、梅山猪等较易感染，而以杜洛克猪、长白猪、大白猪以及多元杂交配套系对猪肺炎支原体感受性较低。苏姜猪是以杜洛克猪、姜曲海猪、枫泾猪为亲本，经过 6 个世代选育而成的瘦肉型猪新品种。苏姜猪含有67％以体格强健、抗病力强著称的杜洛克血统及 18.75％产仔性能优良的姜曲海猪血统，在多年繁育过程中，苏姜猪表现出较强的抗病性，特别是对猪气喘病的敏感性较低。本研究通过临床症状、肺病变指数评价及血清学方法对苏姜猪新品种核心育种场、扩繁场的苏姜猪群及姜曲海猪群进行猪肺炎支原体感受性评价。

1　材料与方法

1.1　材料

以分布于江苏省泰州市、扬州市、南通市、盐城市的 1 个苏姜猪核心育种场以及 10 个扩繁场的苏姜猪群及其亲本姜曲海猪群为对象，对保育猪、育成育肥猪以及母猪等各阶段的猪群进行了猪肺炎支原体感受性评价。生产方式为自繁自养，基础母猪存栏数为 100～400 头。

1.2　方法

1.2.1　**临床症状调查**　猪肺炎支原体的临床症状以慢性无痰干咳为主要特征，强制猪运动后，持续观察一段时间，特别在夜间、清晨喂料、打扫猪舍时，检查并记录干咳、喷嚏症状。当猪躺卧休息时，检查呼吸的次数、深度，观察是否有腹式呼吸现象出现。干咳、喷嚏、腹式呼吸中有 2 个症状同时出现即认为符合猪肺炎支原体的临床表现。猪气喘病临床症状判断标准[3]：保育猪：低发病率＜5％，高发病率为 5％～10％，严重感染率＞

10%；育成育肥猪：低发病率<8%，高发病率为8%～16%，严重感染率>16%；母猪：低发病率<3%，高发病率为3%～10%，严重感染率>10%。

1.2.2 肺病变指数评估 根据各肺叶体积占整个肺体积的比例定义各个肺叶百分数：左右尖叶各10%、左右心叶各10%、左右膈叶各25%、副叶10%。将各肺叶实变的比例进行相加求和，确定总的实变组织百分率。依据肉眼观察所见的实变组织表面积占该肺叶表面积的比例对流行性肺炎的严重程度进行指数化评级：1%～10%记为1，11%～20%记为2，21%～30%记为3，31%～40%记为4，>40%记为5。统计每个屠宰猪的肺部病变指数，将各个评级的猪数乘以该评级的指数，然后进行相加求和，再除以被评估的猪总数即为全群的平均肺病变指数。

1.2.3 血清学方法 采用美国IDEXX公司的肺炎支原体ELISA试剂盒（Herdcheck）。用样品稀释液将阳性/阴性对照物、被检血清进行40倍稀释；取抗原包被板，将100 μL 40倍稀释的阳性/阴性对照物、被检血清加入各孔，在（21±4）℃下孵育30 min，孵育结束后，用洗涤液洗涤微孔，在上述加样孔中加入100 μL 抗猪HRPO酶标物，在室温（21±4）℃下孵育30 min，然后洗涤，再在孔中加入100 μL TMB底物，避光于室温（21±4）℃下孵育15min，加入100 μL 终止液终止反应。将样品置于ELISA测定仪中，以650 nm波长测量并记录样品、所有对照的吸光度，$S/P>0.4$ 判断为阳性，$S/P<0.3$ 判断为阴性，S/P 在0.3～0.4之间为可疑。

1.2.4 统计学分析 采用Pearson χ^2 检验或单因素方差分析进行统计学分析，用SPSS 17.0统计软件分析数据。

2 结果与分析

2.1 临床症状调查

对苏姜猪核心场、8处扩繁场的苏姜猪、姜曲海猪群进行猪肺炎支原体主要临床症状观察。检查并记录了强制运动条件下出现干咳、喷嚏、腹式呼吸症状的猪头数（表1）。在9 898头苏姜猪中，有399头发病，发病率为4.0%；在1 290头姜曲海猪中，共有186头猪发病，发病率为14.4%。在育成育肥时期，苏姜猪发病率为5.7%，姜曲海猪则达到18.4%，发病率较高。苏姜猪在育成育肥阶段发病率最高，在母猪阶段最低。姜曲海猪也同样表现出育成育肥阶段发病率高、母猪阶段低的特点。

表1 苏姜猪、姜曲海猪肺炎支原体发病情况

猪群类型	苏姜猪			姜曲海猪		
	样本数（头）	发病数（头）	发病率（%）	样本数（头）	发病数（头）	发病率（%）
保育猪	5 516	171	3.1	677	85	12.6
育成育肥猪	3 702	211	5.7	515	95	18.4
母猪	680	17	2.5	98	6	6.1
合计	9 898	399	4.0	1290	186	14.4

2.2　肺病变指数评估

屠宰时对肺脏进行病变指数化记分是评价猪群肺炎支原体感染严重程度的主要手段。肺病变评估按照批次进行，每批次评估选择 30～40 头临近出栏的猪，从苏姜猪核心场、4 处扩繁场选择苏姜猪 187 头、姜曲海猪 92 头进行肺病变指数评价。由表 2 可知，苏姜猪的平均肺病变指数为 1.15，低于姜曲海猪 2.05 的平均指数。屠宰检测群中没有猪支原体肺炎特征性病变的苏姜猪有 57 头，占苏姜猪总数的 30.5%，姜曲海猪有 6 头，占姜曲海猪总数的 6.5%，表明苏姜猪对猪肺炎支原体的耐受性明显高于姜曲海猪。

表 2　苏姜猪、姜曲海猪的肺病变指数

肺病变指数	苏姜猪		姜曲海猪	
	各指数所占头数（头）	平均指数	各指数所占头数（头）	平均指数
0	57		6	
1	59		20	
2	56	1.15	34	2.05
3	15		27	
4	0		5	
5	0		0	

2.3　血清学方法

血清学方法是了解气喘病感染情况的重要手段。挑选未使用过猪肺炎支原体疫苗的苏姜猪核心场、3 处扩繁场，共 441 头份苏姜猪、姜曲海猪血清，使用 IDEXX ELISA 试剂盒进行血清学监测，检测结果如表 3 所示。苏姜猪整体抗体阳性率为 25.6%，姜曲海猪阳性率达 50.0%。苏姜猪仔猪的抗体阳性率为 13.2%，远低于姜曲海猪。在母猪阶段，虽然苏姜猪 67.9% 的阳性率要低于姜曲海猪 88.5% 的阳性率，但是两者的阳性率都较高，表明母猪阶段的感染率都偏高。

表 3　苏姜猪、姜曲海猪气喘病抗体检测结果

猪群类型	苏姜猪			姜曲海猪		
	样本数（头）	阳性数（头）	阳性率（%）	样本数（头）	阳性数（头）	阳性率（%）
仔猪	265	35	13.2	63	18	28.6
母猪	78	53	67.9	35	31	88.6
合计	343	88	25.7	98	49	50.0

3　结论与讨论

评估猪肺炎支原体感染的流行病学方法及诊断途径主要有：临床症状观察、屠宰后肺

病变评估、血清学方法。此外，通过屠宰时检查肺脏，并对其进行肺病变指数评估是评价肺炎支原体危害严重程度的主要手段，也被用于评估疫苗对野毒感染、试验条件下感染猪的保护力。考虑到临床症状、肺病变指数评估缺乏诊断特异性，并且猪肺炎支原体单独感染，不伴随其他继发感染时，可以呈现亚临床感染，猪不会表现咳嗽、干咳等临床症状，因此还需要特异性血清学诊断方法相配合。临床症状观察表明：苏姜猪、姜曲海猪肺炎支原体的多发时期都集中在育成育肥期，其次是保育期，母猪阶段发病率最低，这可能是由于苏姜猪、姜曲海猪的育种场、扩繁场均采用统一的生产方式，饲养管理、环境管理较为合理，仔猪在保育阶段健康状况较好，继发感染被推延到育成育肥阶段。育成育肥阶段苏姜猪干咳、喷嚏、腹式呼吸现象及强度明显少于或弱于其亲本姜曲海猪。本研究表明，苏姜猪的平均肺病变指数低于姜曲海猪，并且苏姜猪的屠宰检测群中有 57 头猪没有支原体肺炎特征性病变，姜曲海猪只有 6 头，苏姜猪对猪肺炎支原体的耐受性明显高于姜曲海猪。在表现猪肺炎支原体特征型病变的猪当中，苏姜猪肺炎支原体导致的肺病变主要表现在肺脏的尖叶、心叶，而姜曲海猪在尖叶、心叶的病变面积更大，膈叶的前端，甚至副叶也有发生，并且苏姜猪的肺脏病变区域呈灰红色，与周围未感染组织界限不明显，表现为渐进型病变。姜曲海猪主要发生组织实变，慢性型病变呈现暗紫色，表面较周边健康组织缩陷，界限分明。猪肺炎支原体在全世界广泛存在，在许多国家发病率达 $35\%\sim50\%$，我国部分省份的感染率达 70% 以上，给包括中国在内的全世界养猪业造成重大经济损失[4]。尽管猪肺炎支原体抗体阳性不能说明猪处于发病状态或者隐性带毒，但是能反映猪肺炎支原体的感染情况。血清学结果显示：苏姜猪的抗体阳性率要显著低于姜曲海猪，这和苏姜猪表现出来的发病率也远低于姜曲海猪的特点相同。尽管苏姜猪母猪的阳性率偏高，但也低于姜曲海猪的阳性率。苏姜猪、姜曲海猪母猪表现出较高的阳性率，但是较少发病，这主要是由于成年母猪对气喘病的耐受力较强，母猪感染风险因子高，感染或曾经潜伏带毒，但是较少发病。苏姜猪比其亲本姜曲海猪对猪支原体肺炎耐受力更强。

参考文献

[1] Sibila M, Calsamiglia M, Vidal D, et al. Dynamics of *Mycoplasma hyopneumoniae* infection in 12 farms with different production systems [J]. Canadian, Journal of Veterinary Research, 2004, 68 (1)：12-18.

[2] Sorensen V, Ahrens P, Barfod K, et al. *Mycoplasma hyopneumoniae* infection in pigs：duration of the disease and evaluation of four diagnostic assays [J]. Veterinary Microbiology, 1997, 54 (1)：23-34.

[3] 邵国青. 猪喘气病的控制与净化方法的建议 [J]. 养猪, 2010 (6)：65-69.

[4] 辛勤，李永志. 猪气喘病的防治措施 [J]. 中国畜禽种业, 2009 (6)：103-104.

第6部分

苏姜猪的杂交利用研究

姜曲海猪瘦肉型培育品系杂交利用的研究

夏新山[1]，周春宝[2]，赵旭庭[2]，韩大勇[2]，倪黎纲[2]

（1. 泰州市农业委员会；2. 江苏畜牧兽医职业技术学院）

　　姜曲海猪优质瘦肉型品系是在我国国家级畜禽保护品种名录"姜曲海"猪的基础上，导入枫泾猪、杜洛克猪的血统，培育而成的瘦肉型新品系，是江苏省"九五""十五"重点攻关课题，其目标是使新品系在保持姜曲海猪较高繁殖力和优良肉质的基础上，进一步提高其生长速度和胴体瘦肉率。目前姜曲海种猪场已经完成姜曲海猪优质瘦肉型品系5个世代的培育工作，组建了12个血统的姜曲海猪优质瘦肉型品系基础群。本研究主要测定了姜曲海猪瘦肉型品系第5世代的杂交性能及杂交利用的遗传稳定性，探讨其作为杂交母本的优势，旨在为瘦肉型新品系猪种质特性的研究利用提供必要的基础资料。

1　材料与方法

1.1　试验猪

　　以江苏姜曲海种猪场（江苏，泰州）新培育的姜曲海猪瘦肉型品系第5世代为研究对象，随机选择12个血统中3个为母本血统（分别为A、B、C血统），大约克为杂交父本，杂交生产的商品猪为试验猪，各血统试验猪样本数为5头。

1.2　饲养日粮与管理

　　试验猪进行2个阶段育肥，第1阶段35～60 kg，第2阶段60～90 kg。日粮参考我国瘦肉型猪饲养标准和美国NRC（1998标准）生长、肥育猪营养需要配制成配合饲料，见表1。

表1　日粮配方

体重	原料组成（%）							
(kg)	玉米	麸皮	豆粕	米糠	4%预混料	石粉	磷酸氢钙	食盐
35～60kg	57.00	10.40	18.00	10.00	2.50	0.70	1.10	0.30
60～90kg	55.00	12.50	16.00	12.60	2.00	0.60	1.00	0.30

　　试验于2008年6月24日至9月12日在江苏姜曲海种猪场进行，试验由专人负责，每天细心观察猪的采食情况、粪便和精神状况，每天投料3次，猪自由饮水，圈舍保持清洁干燥，通风良好，温度保持在18℃左右，湿度保持在60%左右。

1.3 生长试验

试验猪达 35、60、90 kg 时分别称重一次，空腹 12h 后称重并做记录，每日记录各组猪的采食量，并计算全期的平均采食量和饲料转化率。

1.4 屠宰试验

屠宰前在自由饮水条件下禁食 24 h，然后称重，分别测定胴体重、胴体斜长、三点膘厚、眼肌面积等指标，并进行胴体分离，计算瘦肉率。

1.5 肉质分析

以猪左半胴体背最长肌为测定材料，测定内容包括：①肉色：按 5 分制肉色标准评分图目测评分；②大理石纹：按 5 分制大理石纹标准评分图目测评分；③pH：用 PHS-3C 精密酸度计测定，测定时电极直接插入背最长肌中，深度不小于 1cm，将电极头部完全包埋在肉样中，读取数值；④失水率：加压称重法；⑤熟肉率：蒸煮法；⑥嫩度：用 C-LM 嫩度仪测剪切力。

1.6 数据处理与分析

数据均使用 SPSS 11.5 for Windows 软件包的 LSD 多重比较进行统计分析及显著性检验，试验结果表示为平均值±标准差。

2 结果与分析

2.1 生长性能

图 1 姜曲海猪瘦肉型公猪

图 2 姜曲海猪瘦肉型母猪

由表 2 可知，3 个血统的杂交猪日增重分别为 689.80g/d，681.23g/d 和 685.67g/d，之间不存在显著差异（$P>0.05$）；3 个血统杂交猪的料肉比分别为 3.07：1、3.19：1 和 3.05：1，之间也不存在差异。

表 2　3 个血统杂交猪生长性能的测定结果

组别	样本量	育肥时间（d）	始重（kg）	末重（kg）	日增重（g）	料肉比
A	5	81	36.10±0.78	91.96±2.12	689.80±16.70	3.07∶1
B	5	81	35.70±1.66	90.88±1.17	681.23±16.67	3.19∶1
C	5	81	32.86±0.72	88.40±1.98	685.67±16.66	3.05∶1

2.2　屠宰性能

由表 3 可知，3 个血统之间的屠宰率、瘦肉率、三点膘厚和眼肌面积均不存在显著差异（$P>0.05$）。杂交猪 90 kg 体重屠宰时平均瘦肉率达到 60.55%，平均眼肌面积达到 40.86 cm²，符合瘦肉型种猪的性能要求。

表 3　3 个血统的杂交猪屠宰性能和胴体品质的测定结果

组	样本量	屠宰率（%）	瘦肉率（%）	胴体长（cm）	三点膘厚（cm）	眼肌面积（cm²）
A	5	73.60±0.55	60.81±1.05	83.8±1.12	2.55±0.13	39.01±1.52
B	5	71.37±1.67	60.41±1.40	81.8±2.08	2.64±0.17	42.01±0.95
C	5	73.65±0.62	60.42±1.66	82.3±1.32	2.44±0.22	41.57±2.21

2.3　胴体品质

由表 4 可知 3 个血统之间熟肉率、大理石纹、肉色、压力法系水力等方面均不显著存在显著差异（$P>0.05$），各个指标均符合优质种猪要求，而且各指标数据稳定，变异度非常小。

表 4　3 个血统的杂交猪肉质性状的测定结果

组别	样本量	pH	熟肉率（%）	大理石纹	肉色	干物质（%）	粗脂肪（%）	粗蛋白（%）
A	5	5.39±0.05	61.31±0.96	2.60±0.10	2.70±0.12	26.04±0.96	1.45±0.22	22.04±0.75
B	5	5.56±0.14	59.42±1.16	2.90±0.10	2.90±0.24	26.77±1.07	1.32±0.19	21.39±0.73
C	5	5.73±0.11	59.46±1.56	2.70±0.12	3.00±0.22	27.19±1.02	1.53±0.21	20.45±0.19

3　讨论

从各方面的数据看，姜曲海猪优质瘦肉型品系第 5 世代生长性能、屠宰性能和胴体品质均符合良种瘦肉型种猪性能要求，生长速度快、饲料报酬率高、眼肌面积较大、瘦肉率较高、肉质鲜嫩，符合当前人民生活对猪肉品质的要求。

从姜曲海猪瘦肉型品系第 5 世代 3 个母本血统杂交后代样本的数据看，各组数据之间不存在显著差异，表明姜曲海猪优质瘦肉型品系作为杂交母本杂交性能上已经基本稳定，变异度非常小，达到培育品种遗传稳定性。

姜曲海猪优质瘦肉型品系为母本，大约克为杂交父本，杂交商品后代在 30～90 kg 体重阶段，平均日增重 685.57g，料肉比 3.10：1，90kg 体重屠宰时，胴体瘦肉率为 60.55％，平均眼肌面积达到 40.86 cm²，熟肉率为 60.06％，肉色 2.87，各个指标均符合优质瘦肉型种猪的要求，体现了优良的经济性能，是一个较为理想的杂交母本。

苏姜猪不同杂交组合生产性能的对比试验

陶勇[1]，周春宝[1,2]，赵旭庭[1]，韩大勇[1,2]，倪黎刚[1,2]，经荣斌[3]

（1. 江苏畜牧兽医职业技术学院；2. 江苏姜曲海种猪场；

3. 扬州大学动物科技学院）

苏姜猪是利用江苏省地方猪种姜曲海猪以及杜洛克、枫泾猪为亲本，采用传统育种方法与现代分子育种手段相结合的方法，历经 10 余年培育而成的瘦肉型母系新品种[1]。目前，在江苏省"九五""十五""十一五"等科技攻关项目支持下，苏姜猪的选育已经进入第 6 世代，育种工作接近尾声[2]。本研究主要测定苏姜猪第 6 世代的生产性能及其杂交生产情况，旨在为苏姜猪的推广利用提供参考。

1   材料与方法

1.1   试验猪

第 6 世代苏姜猪生长肥育猪 56 头，以及其与长白猪、大白猪的杂交后代各 30 头。试验猪日龄相近、体重相似。

1.2   日粮配方与营养水平

试验猪分两个阶段进行肥育：25～60 kg 与 60～90 kg。日粮参照我国瘦肉型猪饲养标准[3]和美国 NRC（1998）生长、肥育猪营养需要配制成全价配合饲料，日粮配方及营养水平见表 1。

表 1   日粮配方及营养水平

猪体重	原料组成（%）								营养水平			
（kg）	玉米	麸皮	豆粕	米糠	磷酸氢钙	石粉	食盐	预混料	粗蛋白（%）	能量（MJ/kg）	钙（%）	磷（%）
25～60	56.5	10.4	18	9	1.1	0.7	0.3	4	16	12.8	0.67	0.42
60～90	54.6	12.5	16	11	1	0.6	0.3	4	15	13.3	0.6	0.4

1.3   饲养管理

试验于 2011 年 3 月 22 日在江苏姜曲海种猪场进行，专人负责，每天细心观察试验猪的采食、排泄和精神状况。每天投料 3 次，自由饮水，圈舍保持清洁干燥，通风良好，温度保持在 18℃左右，湿度 60%左右。

1.4 测定指标

试验猪分别在试验开始与结束时空腹称重，每天记录采食量，并计算饲料转化率。试验结束后，每组随机选取部分试验猪进行屠宰分割和肉质分析，测定膘厚、眼肌而积、肉色、大理石纹等指标。

1.5 数据处理与分析

数据均使用 SPSS 11.5 软件包进行统计分析及显著性检验，分析结果以"平均值±标准差"表示。

2 结果与分析

2.1 肥育性能

不同组合的平均日增重与料肉比见表 2。从表 2 中可见，苏姜猪的平均日增重为 667.26 g，超过了我国培育猪种的指标要求。而大白猪、长白猪与苏姜猪杂交后代的平均日增重均达到了 700g 左右，分别比苏姜猪提高了 6.35% 和 3.73%，充分体现了外种猪与培育品种间的杂种优势。

表 2 苏姜猪及其杂交组合的生长性能

组别	样本（头）	始重（kg）	末重（kg）	平均日增重（g/d）	料肉比
苏姜猪	56	27.16±3.42	92.97±3.52	667.26±64.37	3.18：1
大白×苏姜	30	33.29±1.85	91.83±2.16	709.61±89.72	2.92：1
长白×苏姜	30	34.63±2.11	90.18±1.87	692.13±99.84	2.99：1

2.2 胴体性状

苏姜猪与大白猪、长白猪杂交后，杂交后代的胴体性状均有较大的改进，结果详见表 3。从表 3 可见，在 90 kg 左右屠宰时，杂交后代猪的屠宰率平均为 72.45%，与苏姜猪的屠宰率非常接近。平均背膘厚明显降低，分别降低了 20.08% 和 14.57%。后腿比例变化不大，均在 31% 左右。瘦肉率明显提高，分别提高了 9.08% 和 6.91%。

表 3 苏姜猪及其杂交组合的胴体性状

组别	样本数（头）	屠宰率（%）	平均背膘厚（cm）	眼肌面积（cm²）	后腿比例（%）	瘦肉率（%）
苏姜猪	20	73.19±3.72	2.54±0.74	33.93±5.63	30.15±2.44	56.28±2.98
大白×苏姜	10	71.85±3.18	2.03±0.29	40.41±2.73	31.36±3.36	61.39±2.85
长白×苏姜	10	72.05±3.83	2.17±0.31	39.82±3.13	31.53±2.87	60.17±3.26

2.3　肉质性状

不同组合猪的肌肉品质见表 4。从表 4 可知，试验猪的 pH_1 为 6.0 左右，肉色在 3～4 分之间（5 分制标准肉色板），无 PSE 肉。肌内脂肪的比例也较高，范围在 2.38％～3.11％，处于优质瘦肉型猪肉的范围之内。

表 4　苏姜猪及其杂交组合的肉质性状

组别	样本数（头）	pH_1	肉色（5 分制）	大理石纹（5 分制）	嫩度（N）	肌内脂肪（％）
苏姜猪	20	6.04±0.54	3.05±0.57	3.23±0.13	25.52±5.76	3.11±1.16
大白×苏姜	10	5.83±0.47	3.13±0.09	2.96±0.12	28.27±4.38	2.49±0.27
长白×苏姜	10	5.76±0.51	3.02±0.11	3.02±0.14	27.92±4.69	2.38±0.17

注：pH_1 为宰后 45min 测得。

3　结论与讨论

本研究表明，苏姜猪第 6 世代肥育猪 25～90kg 阶段，平均日增重 667.26g，料肉比 3.18：1，90kg 屠宰时的屠宰率达 73.19％，胴体瘦肉率为 56.28％，眼肌面积为 33.93cm²，肌内脂肪含量达 3.11％。数据资料表明，苏姜猪生长速度快，饲料报酬率高，眼肌面积较大，瘦肉率较高，肉质鲜嫩，符合当前消费者对猪肉品质的要求[4]。

苏姜猪作为瘦肉型杂交母本，大白猪、长白猪作为杂交父本，杂交商品后代猪的各项生产性能均得到较大的提高，体现出了较好的杂种优势。25～90 kg 体重阶段的平均日增重、料肉比，体重 90 kg 屠宰时的胴体瘦肉率、眼肌面积、肌内脂肪等指标均符合优质瘦肉型猪肉的要求，体现了优良的经济性能。杂交数据表明，苏姜猪与大白猪、长白猪杂交，均能达到较理想的效果，是一个较为理想的杂交母本。

参考文献

[1] 韩大勇，周春宝，倪黎纲，等 . 姜曲海猪瘦肉型新品系繁殖性能测定 [J]. 江苏农业科学，2011，39（3）：256-257.

[2] 周春宝，赵旭庭，韩大勇，等 . 姜曲海猪优质瘦肉型新品系生长和胴体品质测定 [J]. 江苏农业科学，2010（5）：294-295.

[3] 周光宏 . 瘦肉型猪饲养技术 [M]. 北京：金盾出版社，2008.

[4] GB 8467—1987 瘦肉型种猪性能测定技术规程 [S]. 北京：中国标准出版社，1987.

苏姜猪杂交配合力测定与分析

倪黎纲[1,2]，赵旭庭[1]，朱淑斌[1]，陈章言[2]，

金文[2]，周春宝[1]，陶勇[1]

（1. 江苏农牧科技职业学院；2. 江苏姜曲海种猪场）

苏姜猪新品种以姜曲海猪、枫泾猪和杜洛克猪为亲本素材，经过杂交、横交固定，继代选育而成的优质新品种猪[1]，该品种含杜洛克猪血统 62.5%、枫泾猪猪血统 18.75%，姜曲海猪血统 18.75%，2013 年 8 月，通过国家新品种猪的审定，获得新品种证书（证书编号：农 01 新品种证字第 22 号）。苏姜猪培育目的是作为优质高产母本品种，与国外引进瘦肉型父本品种进行杂交生产商品猪。因此，本试验以苏姜猪新品种为母本，大白猪、长白猪、巴克夏猪、皮特兰猪为父本，进行杂交试验，测定杂交商品猪生长、胴体和肉质，筛选具有较好配合力的杂交组合，在苏姜猪扩繁过程中进行推广。

1　材料与方法

1.1　试验猪

以苏姜猪新品种为母本，大白猪、长白猪、巴克夏猪、皮特兰猪为父本，杂交生产 F_1 代商品猪为试验猪，各组合杂交 F_1 代试验猪样本数为 14 头。

1.2　饲养日粮与管理

试验猪进行了 3 个阶段饲养，第 1 阶段 6~30kg 保育期，第 2 阶段 31~60 kg 育成期，第 3 阶段 61~90 kg 育肥期，3 个阶段营养水平表见表 1。

表 1　试验猪各阶段营养水平（每千克饲料中养分含量）

项目	消化能（MJ）	粗蛋白（%）	赖氨酸（%）	钙（%）	磷（%）
6~30kg 保育期	13.18	18	0.95	0.70	0.6
31~60kg 育成期	12.88	16	0.65	0.55	0.5
61~90kg 育肥期	12.14	14	0.63	0.50	0.4

试验在江苏姜曲海种猪场进行，试验期为 2014 年 3—8 月，试验由专人负责，每天细心观察猪的采食情况、粪便和精神状况，每天 2 次投料，自由饮水，圈舍保持清洁干燥，通风良好，温度保持在 20℃左右，湿度保持在 60%左右。

1.3　生长试验

试验猪达 6、30、60、90 kg 时，空腹 12 h 后称重 1 次，每日记录试验猪的采食量，

并计算全期的平均采食量和饲料转化率。

1.4　屠宰试验

屠宰前在自由饮水条件下禁食 24 h，然后称重，屠宰测定方法及各项指标参考文献[2]，分别测胴体、体重、三点膘厚、眼肌面积等指标，并进行胴体分离，计算瘦肉率。

1.5　肉质分析

以猪左半胴体背最长肌为测定材料，测定方法参考文献[3]，测定内容包括肉色、大理石纹、pH、失水率、剪切力等。

1.6　数据处理与分析

数据均使用 SPSS 11.5 for Windows 软件包的 LSD 多重比较进行统计分析及显著性检验，试验结果表示为平均值±标准差。

2　结果与分析

2.1　生长性能

由表 2 可知，4 个组合杂交 F_1 代 6～30 kg 阶段日增重分别为 509.93、504.40、528.66 和 439.72 g/d，皮特兰×苏姜杂交 F_1 代的生长速度最慢，与其他 3 个组合均存在显著差异（$P \leqslant 0.05$），4 个组合杂交 F_1 代的料肉比分别为 1.96：1、1.92：1、1.86：1 和 2.18：1，之间均不存在差异（$P > 0.05$），从数值上看皮特兰×苏姜杂交 F_1 代料肉比最低，巴克夏×苏姜杂交 F_1 代料肉比最高。

表2　各组合杂交 F_1 代 6～30kg 阶段生长性能

组合	样本量（头）	育肥天数（d）	始重（kg）	末重（kg）	平均日增重（g/d）	料肉比
大白×苏姜	14	50	6.30±1.08	31.80±3.29	509.93±55.24[a]	1.96：1
长白×苏姜	14	50	6.11±1.22	31.33±2.87	504.40±50.21[a]	1.92：1
巴克夏×苏姜	14	50	6.55±1.67	32.99±3.42	528.66±49.69[a]	1.86：1
皮特兰×苏姜	14	50	4.87±1.14	25.96±4.90	439.72±80.86[b]	2.18：1

注：同列上标字母不同者差异显著（$P < 0.05$）。

由表 3 可知，4 个组合杂交 F_1 代 31～90 kg 阶段日增重分别为 693.48、689.05、684.01 和 628.06 g/d，皮特兰×苏姜杂交 F_1 代的生长速度最慢，与其他 3 个组合杂交 F_1 代均存在显著差异（$P \leqslant 0.05$）4 个组合杂交 F_1 代的料肉比分别为 3.02：1、3.03：1、2.93：1 和 3.13：1，之间均不存在显著差（$P > 0.05$），从数值上看皮特兰×苏姜杂交 F_1 代料肉比最低，巴克夏×苏姜杂交 F_1 代料肉比最高。

表3 各组合杂交 F₁ 代 31～90kg 阶段生长性能

组合	样本量（头）	育肥天数（d）	始重（kg）	末重（kg）	平均日增重（g/d）	料肉比
大白×苏姜	14	92	31.80±3.29	96.20±3.42	693.48±33.00[a]	3.02：1
长白×苏姜	14	92	31.33±2.87	94.89±6.55	689.05±48.89[a]	3.03：1
巴克夏×苏姜	14	92	32.99±3.42	95.91±7.29	684.01±57.00[a]	2.93：1
皮特兰×苏姜	14	92	25.96±4.90	83.74±8.01	628.06±50.22[b]	3.13：1

注：同列上标字母不同者差异显著（$P<0.05$）。

2.2 屠宰性能和胴体品质

由表4可知，4个组合杂交 F₁ 代之间屠宰率、平均背膘厚和眼肌面积均不存在显著差异（$P>0.05$），大白×苏姜杂交 F₁ 代与皮特兰×苏姜杂交 F₁ 代的胴体瘦肉率之间存在显著差异（$P\leq0.05$），长白×苏姜杂交 F₁ 代、皮特兰×苏姜杂交 F₁ 代胴体瘦肉率与大白×苏姜、巴克夏×苏姜杂交 F₁ 代均不存在显著差异（$P>0.05$），皮特兰×苏姜杂交 F₁ 代胴体瘦肉率最高，达到63.84%。

表4 各组合杂交 F₁ 代屠宰性能和胴体品质

组合	样本量（头）	宰前活重（kg）	屠宰率（%）	胴体瘦肉率（%）	平均背膘厚（mm）	眼肌面积（cm²）
大白×苏姜	6	98.60±5.46	72.27±0.96	58.47±3.69[a]	2.71±0.25	40.36±3.66
长白×苏姜	6	93.14±3.78	71.55±3.11	59.02±4.63[ab]	2.67±0.55	39.96±3.56
巴克夏×苏姜	6	97.37±4.03	72.40±1.83	60.26±4.69[ab]	2.58±0.51	40.73±5.25
皮特兰×苏姜	6	86.05±13.58	71.73±2.34	63.84±2.69[b]	2.46±0.37	41.52±10.28

注：同列上标字母不同者差异显著（$P<0.05$）。

2.3 肉质性状

由表5可知，4个组合杂交 F₁ 代之间 pH₁、大理石纹、剪切力等方面均不存在显著差异（$P>0.05$），皮特兰×苏姜杂交 F₁ 代失水率分别与其他3组杂交 F₁ 代之间均存在显著差异（$P\leq0.05$），皮特兰×苏姜杂交 F₁ 代的失水率最高，达到41.34%。皮特兰×苏姜杂交 F₁ 代肉色均与其他3组杂交 F₁ 代之间存在显著差异（$P\leq0.05$），皮特兰×苏姜杂交 F₁ 代的肉色较差，为2.32。

表5 各组合杂交 F₁ 代肉质性状

组合	样本量（头）	pH₁	失水率（%）	大理石纹	肉色	剪切力（N）
大白×苏姜	6	6.11±0.45	30.89±8.42[a]	2.10±0.22	2.90±0.42[a]	23.58±7.07
长白×苏姜	6	6.13±0.49	31.55±7.48[a]	2.15±0.55	2.88±0.35[a]	22.11±6.24
巴克夏×苏姜	6	6.25±0.22	32.42±7.13[a]	2.05±0.61	2.92±0.38[a]	22.47±5.26
皮特兰×苏姜	6	6.07±0.33	41.34±7.24[b]	1.89±0.89	2.32±0.39[b]	24.14±3.12

注：同列上标字母不同者差异显著（$P<0.05$）。

3 讨论与结论

本次试验主要以大白×苏姜、长白×苏姜、巴克夏×苏姜、皮特兰×苏姜4个组合的杂交F_1代为研究对象，测定和分析各组合杂交F_1代商品猪的生长性状、屠宰胴体性状和肉质性状，其目的是选择具有最佳性能的组合，在苏姜猪扩繁过程中进行推广。

一是，生长性能。日增重、料肉比指标是杂交商品猪生长性能评价的重要参考指标，提高日增重、降低料肉比是生猪养殖追求高效益的重要措施[4]。从本试验生长数据看，苏姜猪与大白猪、长白猪、巴克夏杂交F_1代表现出良好的生产性能，大白×苏姜、长白×苏姜和巴克夏×苏姜杂交F_1代6～30 kg阶段日增重分别为509.93、504.40和528.66 g/d，31～90 kg阶段日增重分别为693.48，689.05和684.01 g/d。皮特兰×苏姜杂交F_1代的生长速度较慢，6～30 kg阶段日增重为439.72 g/d，30～90kg阶段日增重为628.06 g/d。皮特兰×苏姜杂交F_1代的料肉比也最低，6～30 kg阶段料肉比为2.18：1，31～90 kg阶段料肉比为3.13：1，巴克夏×苏姜杂交F_1代料肉比最高，6～30 kg阶段料肉比为1.86：1，31～90 kg阶段料肉比为2.93：1。

二是，屠宰性能和胴体品质。屠宰性能和胴体品质也是选择杂交商品猪重要依据，屠宰率和胴体瘦肉率高说明该商品猪具有较好的产肉性能，较高的经济价值[4]。从本屠宰试验数据看，4个组合杂交F_1代之间屠宰率、平均背膘厚和眼肌面积均不存在显著差异（$P>0.05$）。胴体瘦肉率方面，皮特兰×苏姜杂交F_1代胴体瘦肉率最高，达到63.84%，高于大白×苏姜、长白×苏姜和巴克夏×苏姜杂交F_1代的胴体瘦肉率为58.47%、59.02%、60.26%，这可能与皮特兰猪具有较高的胴体瘦肉率相关[5]。

三是，肉质性状。肉质是一个复杂的概念，它是鲜肉或深加工肉的外观、适口性、营养价值等各方面理化性质的综合，目前所说的肉质性状主要指pH、大理石纹、肉色、嫩度、失水率等[6]。从本试验肉质数据看，4个组合杂交F_1代之间pH_1、大理石纹、剪切力等方面均不显著存在显著差异（$P>0.05$）。失水率方面，皮特兰×苏姜杂交F_1代的失水率最高，达到41.34%，显著高于大白×苏姜、长白×苏姜和巴克夏×苏姜杂交F_1代的失水率为30.89%、31.55%、32.42%，存在显著差异（$P\leqslant0.05$）。肉色方面，皮特兰×苏姜杂交F_1代的肉色较差，为2.32，显著低于大白×苏姜、长白×苏姜和巴克夏×苏姜杂交F_1代的肉色2.90、2.88、2.92。本试验看出皮特兰×苏姜杂交F_1代的失水率较高、肉色较差，说明该杂交组合肉质性状较差，这可能与皮特兰猪具有较高比例应激综合征基因相关，导致肉质较差[6]。

本次试验各方面的数据显示：在生长和肉质性状方面，苏姜猪与大白猪、长白猪、巴克夏的杂交F_1代商品猪优越于与皮特兰的杂交F_1代，苏姜猪与大白猪、长白猪、巴克夏具有较好的杂交配合力，与皮特兰杂交配合力较差。因此，在苏姜猪新品种推广过程中，如果生产白色F_1商品猪，建议使用大白或长白公猪，如果生产黑色F_1商品猪，建议使用巴克夏公猪。

参考文献

[1] 经荣斌，王宵燕，李庆岗．苏姜猪仔猪若干数量性状的发育研究［J］．猪业科学，2007（5）：86-89.

[2] NY/T 825—2004 瘦肉型猪胴体性状测定技术规范［S］.

[3] NY/T 821—2004 猪肌肉品质测定技术规范［S］.

[4] 于丽丽．经济杂交猪父本与母本品种的选择农技服务［J］．农技服务，2011，28（5）：658.

[5] 王玉涛，刘孟洲．基于杂交猪肉质研究分析的皮特兰猪的种用价值［J］．农业现代化研究，2008，29（1）：124-127.

[6] 张建，陈伟，张天阳．猪肉质性状遗传改良研究进展［J］．山东农业大学学报：自然科学版，2012，43（4）：641-644.

第7部分

附　件

⊙苏姜猪新品种证书

⊙苏姜猪新品种现场审定会合影

⊙苏姜猪新品种选育研究试验照片

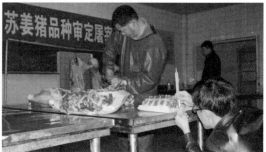

⊙苏姜猪新品种照片

公 猪

母 猪

⊙苏姜猪新品种原始及基础亲本

姜曲海母猪

枫姜母猪

杜洛克公猪

苏姜猪候选群

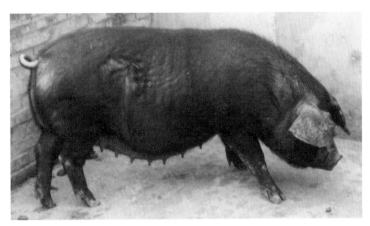

杜枫姜母猪

杜枫姜公猪

杜杜枫姜母猪

⊙育种方法发明专利证书

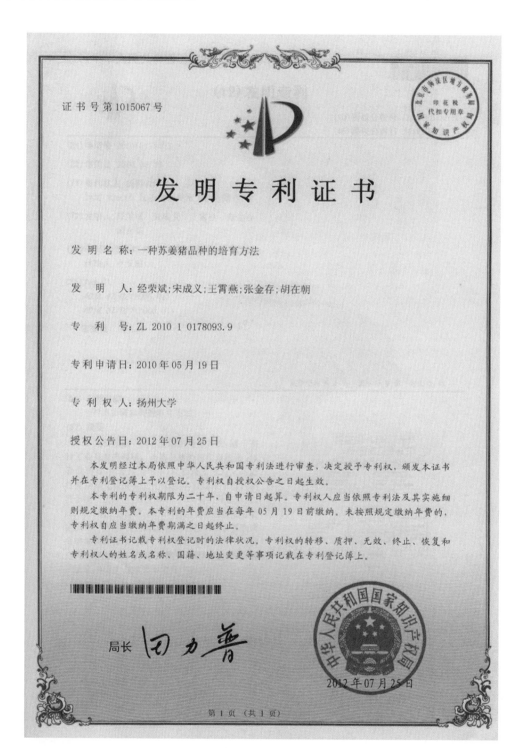

⊙江苏省泰州市地方标准——苏姜猪

ICS 65.020.20
B 45

DB3212

江 苏 省 泰 州 市 地 方 标 准

DB3212/T 125—2012

苏 姜 猪

Sujiang pig

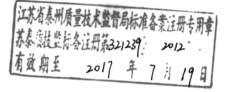

2012-07-20 发布　　　　　　　　　　　　　　　2012-07-20 实施

江苏省泰州质量技术监督局　发布

DB3212/T 125—2012

前　言

为进一步加强苏姜猪的选育和推广应用，特制定本标准。

本标准按GB/T 1.1-2009《标准化工作导则　第1部分：标准的结构和编写》的要求进行编写。

本标准由泰州市农业委员会提出。

本标准主要起草单位：扬州大学动物科学与技术学院、江苏畜牧兽医职业技术学院、江苏姜曲海猪种猪场。

本标准主要起草人：经荣斌、吉文林、宋成义、周春宝、王宵燕、倪黎纲、韩大勇、许琴瑟。

DB3212/T 125—2012

苏 姜 猪

1 范围

本标准规定了苏姜猪的特征特性、种猪等级评定、种猪评定原则、种猪出场标准和饲养记录标准。

本标准适用于泰州地区苏姜猪品种鉴定和种猪等级评定。

2 规范性引用文件

下列文件对于本文件的应用是必不可少的。凡是注日期的引用文件，仅注日期的版本适用于本文件。凡是不注日期的引用文件，其最新版本（包括所有的修改单）适用于本文件。

NY/T 821-2004 猪肌肉品质测定技术规范

NY/T 822-2004 种猪生产性能测定规程

DB3212/T 126-2012 苏姜猪饲养管理技术规程

3 品种特征特性

苏姜猪是以杜洛克猪、姜曲海猪、枫泾猪为亲本，经过 6 个世代继代选育而成的瘦肉型猪新品种，分别含有杜洛克猪血统 62.5%、姜曲海猪血统 18.75%和枫泾猪血统 18.75%。

3.1 外貌特征

全身被毛黑色，耳中等大小，嘴中等长而直，背腰平直，腹线不下垂，四肢结实，后躯丰满，乳房发育良好，有效乳头 14 个以上。

3.2 生长发育

3.2.1 成年公猪平均体重 205kg，成年母猪平均体重 169kg。

3.2.2 6 月龄后备公猪体重 75~80kg，体长 100~105cm，体高 60~65cm；6 月龄后备母猪体重 70~75kg，体长 95~100cm，体高 55~60cm。

3.3 繁殖性能

苏姜猪母猪初情期为 159d，发情周期为 20d，初配体重为 78kg。在正常饲养条件下，三至六胎母猪每窝总产仔数 13.5 头以上，产活仔猪数 12 头以上，初生个体重 1.1kg，20 日龄窝生 48kg，28 日龄断乳体重 6.0kg 以上。

3.4 肥育性能、肉质

3.4.1 生长肥育猪 25~90kg，前 期（25~60kg）、后期（60~90kg），日粮分别含可消化能 12.88 MJ/kg、12.14MJ/kg，粗蛋白质分别含 16%、14%。全期日增重 650g 以上，料重比 3.25:1。

3.4.2 在体重 90kg 屠宰时，屠宰率 72%以上，平均背膘厚 2.5cm，胴体瘦肉率 56%以上。

3.4.3 肉质优良，pH$_1$6.0 以上，肉色评分 3.0 以上，肌内脂肪含量 3.0%以上。

4 种猪等级评定

4.1 评定必备条件

4.1.1 体形外貌符合本品种特征，发育正常；

4.1.2 无遗传疾患；

4.1.3 来源和血缘清楚。

4.2 评定阶段及评定标准

种猪分 2 月龄、6 月龄、和 24 月龄三个阶段进行评定。评定时种猪体重值采用四舍五入法。成年种猪等级分特级、一级、二级、三级和等外猪。

4.2.1 2 月龄种用仔猪评定

由一、二级种公猪和三级以上母猪交配所生的仔猪在 2 月龄时按 2 月龄体重评定分级定分级（表 1）。

表 1 二月龄种用仔猪评定标准　　　　　　　　单位：kg/头

性别	一级	二级	三级
公	20	16	12
母	18	14	10

4.2.2 6 月龄后备种猪评定

被评定的后备种猪必须是通过 2 月龄评定合格的种猪。以 6 月龄时本身体重、体长和活体背膘厚为评定指标，三项评定分值分别为 30 分、30 分和 40 分，满分为 100 分（表 2、表 3、表 4）。

将 6 月龄后备种猪的体重、体长和活体背膘厚度三项评分相加即为种猪 6 月龄时的综合评分。规定 90 分以上为一级后备种猪，75 分以上为二级后备种猪，60 分以上为三级后备种猪，60 分以下为等外猪。

表 2 6 月龄后备种猪体重评定标准　　　　　　单位：kg/头

性别	一级		二级		三级	
	标准	分数	标准	分数	标准	分数
公猪	80	27	75	22.5	70	18
母猪	75	27	70	22.5	65	18

注：各等级体重值为标准下限值。一、二级、三级在标准下限值基础上每增加 1kg，加 1.0 分。

表 3 6 月龄后备种猪体长评定标准　　　　　　单位：cm

性别	一级		二级		三级	
	标准	分数	标准	分数	标准	分数
公猪	105	27	100	22.5	95	18
母猪	103	27	100	22.5	95	18

注：各等级体长值为标准下限值。公猪一、二级在标准下限值基础上每增加 1cm，加 1.0 分，母猪加 2.0 分。

公、母猪三级在标准下限值基础上每增加 1cm，均加 1.0 分。

表 4 6 月龄后备种猪活体背膘厚度　　　　　　单位：mm

性别	一级		二级		三级	
	标准	分数	标准	分数	标准	分数
公猪	10	36	14	30	16	24
母猪	11	36	15	30	17	24

注：各等级活体背膘厚为标准下限值。公、母猪一、二级背膘厚每减少 1mm，加 1.5 分；三级背膘厚每减少 1mm，加 5.0 分。

4.2.3 12 和 24 月龄种猪评定

种猪 12 月龄、24 月龄依据本身繁殖成绩进行评定。评定项目为本身窝产仔数和 28 日龄仔猪平均断乳体重。凡生殖器官有疾患而屡配不孕，后代中出现遗传缺陷者不予评定（表5）。

DB3212/T 125—2012

表 5　12 和 24 月龄种猪评定　　　　　　　　　　单位：头、kg

阶段	项目	一级		二级		三级	
		标准	分数	标准	分数	标准	分数
12 月龄	产仔数	11	55	9	45	7	36
	断乳体重	6	35	5	30	4	24
24 月龄	产仔数	13	55	11	45	9	36
	断乳体重	7	35	5	30	4	24

注：（1）各等级母猪产仔数，仔猪断乳体重标准为下限值。12 月龄种猪一、二级在标准下限值基础上每增加 1 头仔猪，加 9 分；每增加 0.1kg 体重，加 4.5 分。三级种猪在标准下限值基础上每增加 1 头仔猪，加 8.0 分；每增加 0.1kg 体重，加 5.5 分。（2）24 月龄种猪一、二级在标准下限值基础上每增加 1 头仔猪，加 9 分；每增加 0.1kg 体重增加 2.1 分。三级种猪产仔数，断乳体重评分加分同 12 月龄种猪。（3）以上两项指标评分相加，即为 12、24 月龄种猪繁殖性能成绩的综合评分。（4）种公猪的繁殖成绩以 3 头同胞的平均繁殖成绩计算。（5）种猪的最综评定等级以（6 月龄综合评分×0.55）+(12/24 月龄综合评分×0.45)所得总分计算，100 分以上为特级，90 分以上为一级，75 分以上为二级，60 分以上为三级，60 分以下为等外猪。

5　种猪评定原则

5.1　本标准营养水平以苏姜猪饲养管理技术规程为依据。

5.2　各项性状指标按 NY/T 821、NY/T 822 规定的方法测定。

5.3　活体测背膘厚度要求在种猪 6 月龄时进行测定，用超声波测定仪，测定部位为在胸腰椎结合处，距背中线 4cm 处，种猪应姿势正常，站立稳定，操作必须符合要求。

5.4　活体背膘厚度必须是校正到标准体重的背膘厚度。

6　种猪出场标准

6.1　出售的种公猪等级为二级以上，种母猪为三级以上。

6.2　按规定程序免疫，经动物检疫合格，取得防疫合格证明。

6.3　有种猪出场合格证，见附录 A。

7　饲养记录标准

7.1　做好引种、配种、产仔、哺乳、断奶、猪群变动、饲料消耗、添加剂使用情况、生长发育等生产记录。

7.2　做好消毒、防疫、用药、发病和治疗情况等疫病防治记录。

7.3　做好猪苗来源、饲料来源、无害化处理情况、出场猪号、销售等记录。

7.4　资料应尽可能长期保存，最少保留 2 年。

⊙苏姜猪的免疫程序

根据苏姜猪新品系生理特点，当地的疫情情况以及各种疫苗的免疫保护期，经抗体监测，江苏畜牧兽医职业技术学院制订出科学的免疫程序（表1、表2、表3）。在使用免疫程序时，可结合生产实际情况做适当调整。

表1　商品猪的免疫方案

免疫时间	疫苗名称	免疫方法	备　注
1 日龄	猪瘟弱毒疫苗*	1头份/肌内注射	哺乳前2h
7 日龄	猪喘气病灭活苗	1头份/肌内注射	注意过敏
20 日龄	猪瘟弱毒疫苗	2头份/肌内注射	生理盐水稀释
25 日龄	高致病性猪蓝耳病灭活苗	3mL/肌内注射	
28 日龄	猪喘气病灭活苗	1头份/肌内注射	
30～35 日龄	链球菌C型灭活苗	3mL/肌内注射	
	口蹄疫灭活苗	1mL/肌内注射	注意过敏
	传染性萎缩性鼻炎灭活苗#	肌内注射	参考说明书
40 日龄	猪伪狂犬基因缺失弱毒疫苗	1头份/肌内注射	
45 日龄	高致病性猪蓝耳病灭活苗	4mL/肌内注射	
55 日龄	链球菌C型灭活苗	4mL/肌内注射	
60 日龄	猪瘟弱毒疫苗	2头份/肌内注射	
65 日龄	传染性萎缩性鼻炎灭活苗#	肌内注射	参考说明书
70 日龄	口蹄疫灭活苗	2mL/肌内注射	注意过敏

注：*猪瘟弱毒疫苗建议使用脾淋疫苗。在母猪带毒严重，垂直感染引发哺乳仔猪猪瘟的猪场实施。#根据本地疫病流行情况或选择进行免疫。

表2　种母猪的免疫方案

免疫时间	疫苗名称	免疫方法	备　注
每4～6个月	口蹄疫灭活苗	3mL/肌内注射	
	猪伪狂犬基因缺失弱毒疫苗	1头份/肌内注射	春秋各免一次
初产母猪	猪瘟弱毒疫苗	4头份/肌内注射	配种前免疫
	高致病性猪蓝耳病灭活苗	4mL/肌内注射	配种前免疫
	猪细小病毒灭活苗	1头份/肌内注射	配种前免疫
	猪伪狂犬基因缺失弱毒疫苗	1头份/肌内注射	配种前免疫

（续）

免疫时间	疫苗名称	免疫方法	备　　注
经产母猪	猪瘟弱毒疫苗	4 头份/肌内注射	仔母同免
	高致病性猪蓝耳病灭活苗	4mL/肌内注射	产后
母猪产前	大肠杆菌双价基因工程苗	1 头份/肌内注射	产前 40d、20d
	猪传染性胃肠炎-流行性腹泻二联苗*	选择性免疫	参考说明书

注：①后备种猪 70 日龄前免疫程序同商品猪。②乙性脑炎流行或受威胁地区，每年 3—5 月（蚊虫出现前1～2 个月）使用乙型脑炎疫苗，每月免疫 2 次。③猪瘟弱毒疫苗建议使用脾淋疫苗。＊ 根据本地疫病流行情况可选择进行免疫。

表 3　种公猪的免疫方案

免疫时间	疫苗名称	免疫方法	备　　注
每隔 4～6 个月	口蹄疫灭活苗	3mL/肌内注射	
每隔 6 个月	猪气喘病疫苗	4mL/肌内注射	
	猪瘟弱毒疫苗	4 头份/肌内注射	
	高致病性猪蓝耳病灭活苗	4mL/肌内注射	
	猪伪狂犬基因缺失弱毒疫苗	1 头份/肌内注射	春秋各免一次

注：①种猪 70 日龄前免疫程序同商品猪。②乙性脑炎流行或受威胁地区，每年 3—5 月（蚊虫出现前1～2 个月）使用乙型脑炎疫苗，每个月免疫 2 次。③猪瘟弱毒疫苗建议使用脾淋疫苗。

⊙江苏省泰州市2010、2015年科技进步一等奖

⊙江苏省2002年科技进步三等奖